"教育质量与评价"丛书

中国学者国际合作
学术论文影响力研究

全 薇◎著

湖南大学出版社
·长沙·

图书在版编目（CIP）数据

中国学者国际合作学术论文影响力研究/全薇著. —长沙：湖南大学出版社，2023.12

ISBN 978-7-5667-3244-6

Ⅰ.①中…　Ⅱ.①全…　Ⅲ.①科学研究工作—国际合作—研究—中国　Ⅳ.①G322

中国国家版本馆 CIP 数据核字（2023）第 173022 号

中国学者国际合作学术论文影响力研究
ZHONGGUO XUEZHE GUOJI HEZUO XUESHU LUNWEN YINGXIANGLI YANJIU

著　　　者：全　薇	
丛书策划：吴海燕	
责任编辑：龚　仪	
印　　装：长沙市雅捷印务有限公司	
开　　本：710 mm×1000 mm　1/16	**印　张**：19.25　**字　数**：360 千字
版　　次：2023 年 12 月第 1 版	**印　次**：2023 年 12 月第 1 次印刷
书　　号：ISBN 978-7-5667-3244-6	
定　　价：68.00 元	

出 版 人：李文邦

出版发行：湖南大学出版社

社　　址：湖南·长沙·岳麓山　**邮　编**：410082

电　　话：0731-88822559（营销部），88649149（编辑室），88821006（出版部）

传　　真：0731-88822264（总编室）

网　　址：http://press.hnu.edu.cn

电子邮箱：627913106@qq.com

前　言

在大科学时代，科研工作的复杂度和对精密技术的需求已经超出了个人或单一机构的承受能力，需要多学科、跨部门和跨国合作才能取得更好的成果，这使得科研合作成为推动科研创新的主要模式。

首先，跨国科研团队的合作已经成为新时期科研工作的常态。全球范围内的科研工作者能集结起来，借助各自的专业知识和资源共同推进科学研究的进展。其次，在全球化的背景下，各国科研机构和企业在面临前所未有的科技创新机遇的同时，也遭遇了许多挑战，国际科研合作已经成为科研创新工作的重要组成部分。此外，为了应对日益复杂的科研问题，科研合作也向跨领域综合发展。不同领域的科研团队共同工作，以便从不同角度分析问题，提出创新的解决方案。国际科研合作是提升国家科技实力、建设创新型国家的重要战略，不仅拓展了国家科技发展的深度和广度，也成为提升国家软实力，并在全球科研竞争中获取优势的重要途径。国际合作学术论文是国际科研合作的成果之一，其质量和数量直接反映出国家科研实力和国际影响力的水平。这些论文的完成和发布，为我们深入研究中国学者在国际科研合作中的角色、在全球科研领域的影响以及国际学术话语权提升的影响因素等方面提供了重要的依据。随着中国学者国际合作学术论文数量的增长、科研经费投入的增长，以及中国学者在国际间的流动的增强，我们看到中国的学术成果在世界范围内的影响力和知名度正在逐步增强。为此，对中国学者国际合作学术论文的影响力进行评估和研究，对于优化我国的科研管理策略，提升国际合作的效能，以及推进"双一流"大学建设具有重要的理论和实践意义。

本书首先深入探讨了国际科研合作的动机、特征以及规律。从文献计量学的视角出发，分析了国际科研合作形成的机制，详细梳理了影响国际科研合作的诸多因素。在此基础上构建了一个用于评估中国学者国际合作学术论文影响力的综合模型。其次，本书将焦点集中在中国学者国际科研合作学术论文的数量特征上，阐述分析了中国学者参与国际科研合作的学术论文数量的增长趋势，深入探索中国学者在国际科研合作中的地理区域、学科领域、合作机构分布特征等。最后，本书从科学评价的视角，对中国学者国际科研合作学术论文的影响力进行了全面的评价研究，揭示了具有高影响力的国际合作学术论文的关键特征，为提升中国学者在国际科研合作中的影响力提供了科学的理论框架和实用的参考策略。总体来说，本书旨在为读者提供一种全新的视角，以更深入、更系统的方式理解和评估中国学者在全球科研合作中的角色和影响力，从而为提升中国的国际学术话语地位提供参考。

全书的研究内容共7章，包括理论基础、研究方法以及实证研究。具体研究内容如下：

第1章为绪论，主要是对研究的框架、概念与内容体系进行了梳理与分析。对科研合作、国际科研合作以及中国学者国际科研合作学术论文等术语进行了概念界定，明晰了本研究的数据来源，梳理和分析了国际科研合作的动机、引文分析的方法与指标、数学建模（回归分析与评价模型）的相关理论与方法。

第2章为相关研究文献综述，主要是通过文献梳理对国际科研合作的基础理论、研究现状、学术效应进行了分析。探究了国际科研合作的多种影响因素，以及国际科研合作对中国学者国际合作学术论文影响力提升的作用等。

第3章是中国学者国际合作学术论文影响力的研究框架构建。首先，分析了中国学者国际合作学术论文的影响力指标构成，对学术论文的原生、次生影响力要素进行了分析，构建了中国学者国际合作学术论文的原生、次生影响力指标体系；其次，对中国学者国际合作的影响因素进行系统的归纳与总结，主要包括对国家、机构和学者三个层面的影响因素的梳理、总结与归纳，在此基础上对各影响因素的效用进行分析；最后，构建了中国学者国际合作学术论文的影响力研究框架，分析了中国学者国际合作学术论文影响力构成要素与引文数量之间的相关性并构建了影响力评价模型。

第4章是中国学者国际合作学术论文的原生影响力分析。主要包括对国家、机构、学科层面的合作幅度，以及合作的规模（作者数量、机构数量和国家数量）、领导力分布、经费资助分布的分析。对中国领导完成与非中国领导完成的论文在合作国家、学科间的分布特征，以及不同合作规模、经费资助条件下的领导力分布情况进行了分析。着重探究了自1980年以来的中国学者国际合作学术论文的合作规模演化趋势，从合作的平均作者数量、机构数量和国家数量三个层面分析了中国学者国际合作学术论文平均合作规模的发展态势。

第5章是中国学者国际合作学术论文的次生影响力分析。包括不同影响力构成要素的相对引文影响力分析，以及不同合作规模（作者数量、机构数量和国家数量）、经费资助和领导力模式下中国学者国际合作学术论文相对引文影响力和高被引论文的分布分析。同时，分析了中国参与的大规模国际合作学术论文的分布状况，着重分析了中国领导与非中国领导两种合作模式下的论文相对引文数量随合作规模的变化情况，以探究中国学者国际合作学术论文的合作规模与论文引文影响力的相关关系。最后，对比研究非资助论文与被资助论文的相对引文影响力，并对经费资助项数与高被引论文的占比进行统计。

第6章是中国学者国际合作学术论文影响力的实证研究。首先，对影响因素与影响力指标的相关性进行了分析，通过建立多元线性回归模型分析各个影响因素对影响力指标的影响程度，主要选择合作科技强度、合作规模、经费资助、替代计量学（Altmetrics）指标对引文数量的影响进行分析，并分析了选择的 8 个 Altmetrics 指标与 Altmetric 关注得分（Altmetric Attention Score，AAS）之间的影响显著性。其次，通过建立中国学者国际合作学术论文综合影响力评价模型，计算论文的影响力得分，按论文影响力分值进行排名，并归纳分析了高影响力论文的特征。最后，根据对中国学者国际合作学术论文综合影响力评价指标与高影响力论文特征的分析，提出了中国学者国际科研合作的优化建议与对策。

第7章是本书的研究结论与展望，在对本书研究内容进行全面总结的基础上，提出了未来的研究展望。

本书的研究得到了诸多学术同行的帮助，武汉大学中国科学评价研究中心（RCCSE）主任赵蓉英教授及其团队对本书的研究方法部分提供了指导；加拿大蒙特利尔大学江文森（Vincent Larivière 的中文名）教授及其团队在研究数据方面提供了支持。本书的出版还得到了中央高校基本科研业务费专项资金和国家社会科学青年基金（22CTQ039）的支持，同时得到了湖南大学教育科学研究院、湖南省教育科学规划教育评价改革研究基地的支持。在此，谨向以上个人和单位表示诚挚谢意！

在本书的研究与写作过程中，作者虽然倾注了大量时间和精力，但难以避免存在不足之处，恳请广大读者及学术界同仁给予批评指正。

全 薇

目　录

图表目录

图目录

表目录

第1章 绪 论

1.1 研究背景与意义

1.1.1 研究背景

大科学背景下，科研合作已经成为科学生产的主要模式。中国经济的高速发展为科学与技术的发展提供了充足的资金保障，特别是近年来，随着经济全球化的发展，科技国际化已经成为未来的发展趋势，中国在日益开放的经济与社会环境中逐渐实现科学与技术的国际化发展。在大学科建设的背景下，国际科研合作已经成为我国科技发展的重要战略之一，学术论文是国际科研合作最重要和最直接的成果形式，对国际合作产生的学术论文的研究分析能探究中国学者国际科研合作的现状、规律以及发展趋势。基于此，本书的研究背景主要有以下三个方面：

（1）国际合作学术论文数量不断增加，学术国际化显示度逐步提高。随着经济的高速发展，中国对高等教育的投入力度也随之增大，教育经费占国内生产总值（GDP）的比重不断提高。例如，教育部公布的统计数据显示①，2017 年全国的教育经费总投入为 42557 亿元，比 2016 年增长了 9.43%。同年，国家统计局公布的数据显示②，2017 年全年 GDP 为 827122 亿元。据此

---

① 教育部. 2017 年全国教育经费统计快报发布 ［EB/OL］. （2018-05-08）［2018-07-24］. http：//www. moe. gov. cn/jyb_ xwfb/gzdt_ gzdt/s5987/201805/t20180508_ 335292. html.

② 国家统计局. 2017 年四季度和全年国内生产总值（GDP）初步核算结果 ［EB/OL］. （2018-01-19）［2018-07-24］. http：//www. gov. cn/xinwen/2018-01-19/content_ 5258346. htm.

可以发现 2017 年中国教育经费的支出占到当年 GDP 的 5.1%，教育经费的增加推动了中国高校学术研究的国际化发展。

在国际学术期刊上发表论文，是学术国际化的重要表现形式。近年来，中国学者发表在国际学术期刊上的论文数量持续增加，以科学网（Web of Science，WoS）数据库中收录的论文数据统计来看，中国发表的国际学术论文数量占世界论文的比例总体保持不断增长的趋势，并在 2006 年超过其他国家成为仅次于美国的科研论文产出国，2019 年已经成为超过美国的科研论文产出国（如表 1-1 所示）。例如，对 Web of Science 数据库中收录的中国论文检索后发现，随着中国发表的国际学术论文数量的增加，中国发表的国际学术论文数量占当年世界发表论文总量的比例也从 2001 年的 4% 增加到了 2019 年的 23%〔仅统计论文（Article）〕，对中国发表的国际学术论文的研究将为进一步推动科研国际化发展提供重要参考。

表 1-1　中国学者国际学术论文数量世界排位（2001—2019 年）

年份	发文量/篇	占世界发文量比例/%	世界排位
2001 年	35366	4	6
2002 年	39558	4	6
2003 年	47794	5	6
2004 年	59383	5	5
2005 年	71972	6	5
2006 年	86043	7	2
2007 年	95563	7	2
2008 年	109301	8	2
2009 年	126364	8	2
2010 年	139403	9	2
2011 年	162952	10	2
2012 年	189484	10	2
2013 年	222860	12	2
2014 年	256415	13	2

续表

年份	发文量/篇	占世界发文量比例/%	世界排位
2015 年	287311	14	2
2016 年	315667	14	2
2017 年	339928	15	2
2018 年	405980	21	2
2019 年	496708	23	1

同时，中国科学技术信息研究所的统计报告显示[1]，在 Web of Science 数据库收录的科学引文索引（Science Citation Index，SCI）论文中，中国学者参与发表的国际合作论文数量也在不断增加，特别是近年来已经占当年发表全部国际学术论文数量的 20%以上。例如，Web of Science 数据库 2013 年收录的中国学者发表的国际合作学术论文为 56076 篇，比 2012 年增加了 9339 篇，增长了 19%，中国学者发表的国际合作学术论文占到了 2013 年中国发表国际学术论文总量的 25.2%。

随着国际合作的不断深入和合作能力的提升，中国的国际合作国家（地区）范围不断扩大，根据中国科学技术信息研究所的统计，2013 年中国合作的国家（地区）数量已经有 138 个，其中中国学者作为第一作者的合作论文为 37802 篇，占国际合作学术论文总量的 66.1%，这表明当年中国发表的国际合作学术论文主要由中国学者主导完成[2]。

（2）对国际合作的经费资助力度加大，学术国际化影响力增强。科研经费是科研产出的重要推动力量，多元化的经费投入对中国的科研国际化发展产生了重要推动作用。中国在科研经费上的大量投入不仅体现在教育经费占 GDP 的比例的增长，还体现在经费来源的多样化方面，国家自然科学基金委

---

① 中国科学技术信息研究所. 2012 年度中国科技论文统计与分析：年度研究报告 ［M］. 北京：科学技术文献出版社，2014.

② 中国科学技术信息研究所. 2012 年度中国科技论文统计与分析：年度研究报告 ［M］. 北京：科学技术文献出版社，2014.

员会（National Natural Science Foundation of China，NSFC）的报告显示[①]，2016 年，外国青年学者研究基金资助项目申请数量比 2015 年增加了 27.7%，从 108 项增加到 240 项，资助经费 2768 万元。2016 年全年共收到 4772 项各类国际（地区）合作与交流申请，共有 1056 项获得资助，资助经费为 8.79 亿元；与 34 个资助和研究机构共同资助了 42 批次 251 项合作研究项目，资助经费 5.41 亿元；与 19 个资助和研究机构共同资助了 14 批次 267 项合作交流项目。国际交流合作科研经费的增加极大地推动了中国学术国际化的发展。通过文献检索发现，Web of Science 数据库中收录的 2016 年中国学者国际合作论文中，共有 35497 篇论文得到了国家自然科学基金的资助，占到了当年发表国际合作论文数量的 43%，数据显示这一比例还在不断提高。

科研经费的逐年增加不仅促进了中国学者国际科研论文数量的增加，对中国学者国际合作论文的影响力也产生了积极影响。国际合作提高了中国学者的国际学术影响力，科睿唯安（Clarivate）和国家科技评估中心联合发表的《中国国际科研合作现状报告》[②] 显示，中国学者国际科研合作学术论文的引文影响力（citation impact）不断提高，显著高于总体论文的引文影响力。其中，中国与英国、意大利和加拿大等国合作论文的引文影响力高于中国与印度、日本等国合作论文的引文影响力。

中国学者国际合作学术论文影响力的提升还表现在国际合作中的平等对话、平等合作，并逐渐掌握合作学术话语权等方面。1980 年，中国发表的国际论文为 413 篇，其中发表的国际合作论文数量为 48 篇，中国学者作为第一作者或通讯作者的比例约为 31%，这一比例随着时间的推移不断增加。2016 年发表的国际合作论文中，中国学者作为第一作者或通讯作者的比例约为 56%，这表明，目前中国在国际合作中已经逐渐发挥自己的领导能力，从早期的跟随与参与逐渐发展为领导与主导，这也是中国国际科研影响力提升的重要表现之一。

（3）科研人才国际性流动增强，学术国际化成为新趋势。随着经济的全

---

① 杨卫，何鸣鸿，王长锐，等. 国家自然科学基金委员会 2016 年度报告 [R/OL]. (2016-12-30) [2018-07-24]. http：//www. nsfc. gov. cn/nsfc/cen/ndbg/2016ndbg/07/index. html.

② 王瑞军，郭利，杨云，等. 中国国际科研合作现状报告 [R]. 2017. ncste. org/uploads/www/201712/200927062x7h. pdf.

球化发展，国际化已经深入到社会活动的各个领域。特别是在学术研究领域，学者将研究成果发表于国际期刊上，更有助于与国际同行进行交流，提高国际学术影响力。长久以来，发表科学引文索引（SCI）或社会科学引文索引（Social Science Citation Index，SSCI）论文已经成为许多高校对学者进行评价的一项重要指标[1]，高校给予发表高水平国际期刊论文的学者科研奖励以提高高校的学术国际化水平，并且，一些高校将发表国际期刊论文作为教师职称晋升的重要指标之一[2][3]，这些极大地促进了高校科研人才的国际化交流。研究显示，中国已经成为目前学术人才国际化流动的强国之一，人才的国际化流动为学术的交流发展带来了新的活力[4]。

"世界一流大学"与"世界一流学科"建设的背景下，加快提升高校的国际合作程度和国际科研影响力成为关键。在这一背景下，改善中国以往在科研合作中的被动地位，在国际科研合作中更多地发挥主导作用、建立国际合作的联合实验室、在国际期刊上发表国际合作论文、鼓励学者进行国际性的学术交流与合作等都是提高学术影响力的重要方式。已有研究显示[5]，和邻国日本对比发现，中国学者从欧洲获得学位的数量高于从北美地区获得学位的数量，这也从学术人才培养的角度显示了中国与欧洲国家之间的学术交流紧密程度，说明学术人才流动的方向，并为构建科研合作网络提供了参考。在经济全球化的时代，"读万卷书"与"行万里路"成为学者在学术领域成功的关键，特别是现代便捷的通信技术与交通工具让"行万里路"更具可行性。在中国，经济的高速发展极大地促进了跨越地理边界的国际化学术交流

① Quan W, Chen B, Shu F. Publish or impoverish: An investigation of the monetary reward system of science in China (1999—2016) [J]. *Aslib Journal of Information Management*, 2017, 69 (5): 486–502.

② Shu F, Quan W, Chen B, et al. The role of Web of Science publications in China's tenure system [J]. *Scientometrics*, 2020, 122 (3): 1683–1695.

③ 段夕瑜，朱亚鑫，曲波. 基于 SCI 的我国医学教育研究国际影响力实证分析 [J]. 复旦教育论坛，2023, 21 (2): 120–128.

④ Nicolas Robinson-Garcia, et al. The many faces of mobility: Using bibliometric data to track scientific exchanges [EB/OL]. (2018-03-09). http://arxiv.org/abs/1803.03449.

⑤ 吴娴. 中日大学教师国际流动性的比较研究：基于亚洲学术职业调查的分析 [J]. 苏州大学学报（教育科学版），2017, 5 (2): 120–128.

活动。据统计，近年来，中国学者前往欧洲进行学术交流的数量显著增加①，国际学术交流产生的研究成果数量也在不断增加，学者的国际性流动成为中国科研走向国际化的重要途径。

1.1.2　研究意义

全球化背景下，科研成果国际化是实现中国学术国际化的重要方法。开展国际科研合作，是提高科研国际化程度的重要方法，特别是作为发展中国家，加快科研国际化进程的重要举措就是积极与发达国家进行科研合作，实现共赢。长久以来，中国的科研成果国际化显示度较低，随着科研投入的增加和科研评价政策的有效引导，科研人才的国际化流动性增强，近年来中国的学术国际化显示度有了显著提升。因此，对中国学者国际合作学术论文的影响力进行研究，有利于科研人员了解国际科研合作的规律，提升国际科研合作的效率与影响力，使其在国际合作中处于优势地位；也有利于国家对整体科研态势进行评估，更好地调配科研资源，推动我国学术人才培养、科研国际化发展和科技创新。

随着"双一流"建设的深入，提升科研国际化影响力成为高校学术话语权构建的重要内容。研究中国学者国际合作学术论文影响力的构成要素、国际合作学术论文影响力的影响因素及作用机制，构建国际合作学术论文影响力评价模型，对中国学者国际合作学术论文影响力进行深入探究，是逐步提升我国高校学术国际化程度和学术论文的国际影响力的重要途径。

基于此，本书的研究将从归纳总结影响中国学术论文国际合作的影响因素出发，将从国家（宏观）、机构（中观）以及学者（微观）层面梳理出对中国学者国际科研合作产生重要影响的关键因素，并对这些影响因素的效用进行分析；同时，将对中国学者国际合作学术论文的分布特征，以及这些特征随时间的演进趋势进行分析，并结合影响因素探究中国学者国际合作学术论文的影响力；在此基础上，本书还将探讨各影响因素与中国学者国际合作

---

① Leung M W H. Read ten thousand books, walk ten thousand miles: Geographical mobility and capital accumulation among Chinese scholars [J]. *Transactions of the Institute of British Geographers*, 2013, 38 (2): 311-324.

学术论文影响力的相关性，从而进一步提出提高我国国际合作学术论文影响力的建议以供参考。本书研究内容的学术意义主要体现在以下三个方面：

（1）有利于探究中国学者国际合作的现状与规律。大科学时代，科学研究问题的复杂性、资金需求性和周期性不断增加、扩大，导致一些研究已经超过了单个机构或国家的承受范围。因此，进行国际科研合作成为必然趋势。研究国际科研合作的现状、影响因素以及效用等可以帮助我们更深入地理解国际科研合作。我们可以了解中国学者主要与哪些国家展开国际科研合作，哪些机构最具吸引力，以及学科的交叉融合是否促进了国际合作模式的转变。采用大量样本数据对中国学者国际合作学术论文进行研究，将能分析其数量特征，归纳总结数量分布规律、合作规模规律以及合作规模与影响力的相关关系等。同时，我们还需要关注这些现状随着时间推移的演进过程。这些研究能够帮助我们全面深入地探索中国的国际科研合作，从宏观、中观和微观层面进行分析，并在此基础上为未来的国际科研合作、科研经费投入和政策制定提供参考。

（2）有利于"双一流"大学的建设。了解中国学者国际合作学术论文的状况对于"双一流"大学的建设非常重要。2015年11月国务院印发的《统筹推进世界一流大学和一流学科建设总体方案》①明确，要提高我国的教育发展水平和国家核心竞争力，建设世界一流的大学和学科。其中明确提出要拥有活跃在国际学术前沿的科学家，并建设一批国际一流的学科。这就对高校的总体国际化水平和科研人员的国际化水平提出了新的要求。本书从1980年以来的国际科研合作现状、国际科研合作的影响因素以及合作学术论文的影响力出发，研究分析了中国学者国际合作学术论文的特征、规律，为提高中国学者在国际合作中的影响力提供积极建议，对于建设世界一流大学和世界一流学科具有促进作用。

（3）有利于中国学者国际科研合作话语权的提升。科研影响力是评估国家、机构和科研工作者科研成果质量的重要指标，增加科研影响力是提升国

---

① 国务院. 国务院关于印发《统筹推进世界一流大学和一流学科建设总体方案》的通知［EB/OL］.（2015-10-24）［2018-11-10］. http：//www. gov. cn/zhengce/content/2015-11/05/content_10269. htm.

际科研合作话语权的重要途径。国际科研合作话语权是指在国际科研合作中，各参与方对于科研成果享有的权益①。这包括但不限于权益分配、成果发表、知识产权授予和管理等。保护合作方的学术权利，有助于促进公平的合作关系，提高科研过程的透明度，并鼓励更多的学者参与国际合作。随着中国科研实力的提升，中国学者国际科研合作目标从追求在国际科研合作中增加曝光度逐渐发展为不断提高影响力、探索国际科研前沿问题。在科研国际化的时代背景下，当国际科研产出数量达到一定规模时，如何提高中国学者国际合作学术论文的影响力就成为一个突出的问题。因此，本书研究的重点是对影响中国学者国际科研合作的因素进行归纳分析，并研究这些因素对中国学者国际科研合作的效用。

1.2 概念与内容体系

1.2.1 概念界定

根据本书的研究主题"中国学者国际合作学术论文影响力"，我们需要对研究对象进行概念界定，明确研究对象的内涵与范围以作为后续研究的基础。根据研究主题，本节将分别对"中国学者""国际合作学术论文"和"中国学者国际合作学术论文"进行界定。

（1）中国学者。

在将"中国学者"作为研究对象的研究论文中，对"中国学者"这一研究对象的界定，主要是将作者的所属机构为中国的学术论文作为中国学者发表的学术论文。目前对于"中国学者"这一研究对象的确定，主要有以下两种方法：

首先，通过学者所属机构的地理位置进行划分，可以发现对于作者所属机构的划分主要有"中国大陆学者""中国学者"以及"我国学者"等。例如，在研究中国学者在国际顶级期刊的发文时，作者为了获得研究数据，在

---

① 林歌歌，侯海燕，王亚杰，等. 基于合作率与主导性视角的中国国际科研合作地位变迁研究 [J]. 信息资源管理学报，2023，13（2）：108-124.

Web of Science 数据库的高级检索中设置"CU＝China"①，以中文数据库的学术论文来研究中国学者国际合作现状是目前常用的方法之一②③，例如学者陈晓红在分析中国学者的人才流失问题时，没有对中国学者进行定义而是直接选择中文数据库收录的论文进行分析④。

从上述分析来看，对"中国学者"进行研究的主要方法是将论文中的作者所属机构的地理信息作为划分的依据，例如在检索中用"PEOPLES R CHINA"来限定机构的归属。从地理区域来看，中国学者应该包括中国内地（大陆）、香港、澳门以及台湾地区的学者。通过检索发现，在 Web of Science 数据库的高级检索中，地区路径分别以"HONG KONG"和"MACAO"进行检索，共得到收录的香港地区论文 37800 篇，时间跨度为 1902—2003 年，澳门地区论文 267 篇，时间跨度为 1978—2005 年，同时发现数据库中收录的香港和澳门地区学术论文有部分机构的归属地为"PEOPLES R CHINA"。这些现象说明，Web of Science 数据库近期收录的香港和澳门地区论文已经统一归属"PEOPLES R CHINA"。以检索路径为"TAIWAN"进行检索时得到 644975 篇论文，其中归属地为"PEOPLES R CHINA"的有 33277 篇，起始时间为 1953 年。说明 Web of Science 收录的台湾地区论文数量较多，如果增加台湾地区的论文对本书的研究结果影响较大。

为了避免数据统计时的重复计算，以及香港、澳门和台湾地区的学术论文数量对本书研究结果的影响，本书在进行数据检索时将机构地址路径设置为"PEOPLES R CHINA"，并在检索结果中剔除掉不涉及与其他国家合作的论文，仅保留内地（大陆）学者与香港、澳门、台湾地区学者间合作的论文，以及香港、澳门和台湾地区学者间合作的论文。

---

① 赵蓉英，全薇. 中国学者在世界顶级期刊的发文分析：基于 2000—2015 年 *Cell*、*Nature* 和 *Science* 的载文统计分析 [J]. 情报杂志，2016，35 (10)：95-99.

② 生兆欣. 比较教育，为何研究？：20 世纪中国学者的观点 [J]. 比较教育研究，2009，30 (12)：34-39.

③ 张柏春. 对中国学者研究科技史的初步思考 [J]. 自然辩证法通讯，2001，23 (3)：88-94.

④ 陈晓红. 20 世纪 80 年代以来中国学者关于人才流失问题的研究综述 [J]. 法制与社会，2007 (10)：801-802.

（2）国际合作学术论文。

国际合作学术论文是指以国际合作的方式完成和发表的学术论文。在研究国际合作学术论文时，常用"合著"一词来替代"合作"[1][2]，这是因为合作的形式多种多样，而合著论文是最容易衡量和分析的对象。例如，在测量和分析中国科学研究的国际合作时，学者韩涛和谭晓选择了以国际合著论文作为研究对象进行分析[3]。另外，学者谭晓和张志强等在测量和分析基础科学的国际合作时，将国际合作学术论文定义为：当一篇文章的所有作者来自两个或更多的国家时，认为该篇论文属于国际合作学术论文[4]。这说明在实际研究中，国际合作学术论文主要以国际合著的形式呈现。

（3）中国学者国际合作学术论文。

在数据库中，国际科研合作主要是通过作者所属机构的地理信息进行识别的。1997 年的一篇研究文章[5]指出，科研合作可以根据不同的层次进行分类，包括个人层面（individual level）、机构层面（institutional level）和国家层面（national level）。机构层面的合作涵盖了机构内部成员之间的合作（内部机构合作）以及跨机构之间的合作（跨机构合作），国家层面的合作则可分为国家内部的合作（国内合作）和国家外部的合作（国际合作）。国际科研合作是科研合作的一种形式，指来自不同国家的科研工作者共同协作完成科研任务的过程。然而，要使用文献计量学的方法从科研论文的角度研究这一现象并不容易，主要有以下两个方面的原因：

首先，数据获取困难。获取全球范围内的科研合作数据是一项具有挑战性的任务。不同国家、机构和个人之间的数据收集和整合存在着诸多限制和障碍。同时，如果来自不同国家的科研人员在同一个机构工作，他们共同合

---

① 刘云，朱东华. 基础学科国际合作特征的科学计量分析 [J]. 科学学研究，1997（1）：34-38.

② 翟琰琦，杨立英，岳婷，等. 2005—2014 年天文学领域主要国家的国际合作分析：基于 WoS 数据库的文献计量研究 [J]. 科学观察，2017（1）：60-68.

③ 韩涛，谭晓. 中国科学研究国际合作的测度和分析 [J]. 科学学研究，2013，31（8）：1136-1140.

④ 谭晓，张志强，韩涛. 基础科学国际合作的测度和分析 [J]. 图书情报知识，2013（2）：97-104.

⑤ Katz J S, Martin B R. What is research collaboration？ [J]. *Research policy*，1997，26（1）：1-18.

作发表的论文只署名这个共同的机构，列出的国家也只有这一机构所属的国家。实际上，他们的共同工作就是一种国际合作，但是，从论文层面我们无法将这一情况识别为国际合作。或者，当多个作者共同在某一国际机构工作时，会将合作的论文机构分别署名为各自不同的国家，但实际情况是这种类型的合作不属于国际合作，只是机构内部的合作。这一情况并不少见，但主要是出现在国际性的私人或者公共机构的工作中。通过论文检索发现，联合国的下属机构中就存在很多这种情况，例如，10 位作者同在世界卫生组织（World Health Organization，WHO）工作，但是署名的国家却是 6 个不同的国家。

其次，论文合著权归属问题。在国际科研合作中，涉及多个作者和机构的合作论文，确定每个合作者的贡献和权益分配是一个复杂的问题。这也影响了如何准确度量和分析国际科研合作的效果和影响。一位科研人员在不同国家的科研机构担任职务，发表的论文署名就会是来自不同国家的机构，在论文检索中会将这一情况识别为国际合作，但其实这其中仅存在一位作者的单独工作。这种情况在学者国际交流很多的国家非常常见，例如，有学者分别在荷兰、南非、加拿大和巴西等国家担任研究员和访问学者，他所发表的独立完成的文章会出现来自以上国家的机构的署名。

基于以上分析，在研究国际合作学术论文时应该同时考虑作者数量以及机构数量，因此本书将中国学者国际合作学术论文定义为：中国学者参与发表的合著学术论文（至少有 2 位作者），并且涉及 2 个或更多国家的作者机构，其中至少有 1 个机构属于中国。在该定义中，中国学者主要通过作者的机构来确定，而不是仅以国籍来界定作者身份。因此，当其他国家的科学家与中国展开科研合作，或在中国的科研机构担任兼职，并且他们共同发表的合作学术论文署名的机构为中国机构时，我们仍然将其识别为中国学者参与的国际合作学术论文。

本书将中国学者国际科研合作学术论文的数据限定为：Web of Science 数据库收录的多作者论文，且机构数量≥2，且隶属于 2 个及以上国家，且至少有 1 个机构隶属于中国。为了能反映改革开放以来的中国学者国际科研合作时序变化，并排除新冠病毒感染疫情对国际交流的影响，以及考虑论文的引文时间窗口，数据检索的时间跨度设定为 1980—2016 年，检索数据库为 Web of Science 核心集，文献类型为 Article，共检索得到 581919 篇论文，并形成数据集。由于本书的研究还涉及经费、Altmetrics 数据，而数据库中经费数据的规范性是从 2008 年开始的，因此经费研究中选择 2008—2016 年的论文数据，共 442772 篇论文，并形成数据集。通过检索共得到 382366 篇论文的数字对象标识符（DOI），通过 DOI 在 Altmetric.com 网站的检索，共得到 164780 篇论文的 Altmetrics 指标数据，并形成数据集。

本书在研究中制定的上述限定条件基于以下假设：所有多作者论文都代表真实的合作，并且每位合作者满足了署名要求并在论文中得到了相应署名。因此，有必要明确定义作者署名所对应的贡献程度要求。针对以上假设和要求，本书将采用明晰的方法来确定作者署名的贡献程度要求，并对此进行详细阐述和解释。我们将考虑各位合作者在研究设计、数据收集、实验分析、结果解释等方面的具体贡献，以确保论文署名能够准确反映各位作者的实际参与度（见理论基础与研究方法部分）。通过明确界定作者署名的贡献程度要求，本书旨在为多作者论文的合作提供清晰的指导，并促进大家对每位合作者在论文中所扮演角色的准确理解。

1.2.2　研究内容

本书的总体研究思路主要是发现问题、分析问题与解决问题的过程。全书共分为 7 个章节。其中，第 1 章主要是介绍本书的研究背景与意义，并对本研究主题的国内外研究现状进行梳理、归纳、总结，在此基础上介绍本书的研究目的、内容与方法，最后提出本书的创新之处。这一章主要提出研究问题，并发现已有研究的不足。

第 2 章、第 3 章、第 4 章和第 5 章为分析问题的过程。其中第 2 章为相关文献梳理与归纳，主要是对国内外研究现状进行分析，总结归纳了国际科研合作的学术效应，在此基础上总结目前研究的进展与不足，为研究本书的问题提出研究方法，提供理论支撑。

第 3 章是中国学者国际合作学术论文的影响力研究框架的构建。首先，构建了中国学者国际合作学术论文的影响力指标体系，对学术论文的原生、次生影响力要素进行分析；其次，对中国学者国际合作的影响因素进行分析，主要包括对国家、机构和学者三个层面的影响因素的梳理、总结与归纳，在此基础上对各影响因素的效用进行分析；最后，构建了中国学者国际合作学术论文的影响力研究框架，并在此基础上提出了中国学者国际合作学术论文影响力要素的相关性分析、综合影响力评价模型。

第 4 章为中国学者国际合作学术论文的原生影响力分析。主要是从影响幅度的维度对中国学者国际合作学术论文的原生影响力进行分析，包括国家层面的、机构层面的以及学科层面的分析，合作的作者数量、机构数量和国家数量分析，合作的主要国家、机构、学科、领导力分布分析，以及合作的经费资助数量与主要资助经费的对比分析等。

第 5 章是中国学者国际合作学术论文次生影响力分析。主要是从影响强度的维度进行的分析，包括论文的引文影响力、高被引论文、Altmetric Attention Score 得分分析，并结合原生影响力要素与相对引文量、高被引论文比例以及 Altmetric Attention Score 的分布进行分析，重点分析了不同团队合作规模、经费和领导力对中国学者国际合作学术论文相对引文量与高被引论文比例的作用。

第 6 章和第 7 章是解决问题的过程，其中第 6 章是中国学者国际合作学术论文影响力的实证分析。首先是影响力要素与影响力指标的相关性研究，通过建立数学模型分析选取的影响力要素与影响力指标的相关性，主要选择合作科技强度、合作规模、经费资助、Altmetrics 指标与引文量的相关性；其次，通过建立中国学者国际合作学术论文综合影响力评价模型，计算论文的影响力得分，对论文的影响力进行排名；最后，提出中国学者国际科研合作的优化建议与对策。

第 7 章为研究结论与展望，总结本书的主要研究结果与存在的不足，并对未来的研究进行展望。

1.2.3　研究方法

本书的研究是从理论出发，分析现状，提出理论框架并进行验证的过程。在具体的研究过程中主要采用了以下方法：

（1）文献计量法。该方法主要用于对国内外研究现状的梳理和分析，对已有研究成果的搜集、整理、归类和阅读。国外文献主要利用谷歌学术（Google Scholar）、Zotero，国内文献主要采用百度学术和 NoteExpress 等文献检索与管理软件进行辅助分析。

该方法主要包括引文分析、可视化分析和共现分析等方法，包括使用 Excel、Bibexcel 和 Gephi 等软件进行共现分析等计量分析，形成国际合作共现网络。

（2）分析归纳法。该方法主要用于对中国学者国际合作的影响因素进行分析，主要在已有研究的基础上提炼出影响因素。

（3）统计分析与数学建模法。统计分析法主要用于对本书中的合作数量特征、引文影响力的统计与分析；数学建模法主要用于各个影响因素对中国学者国际合作学术论文的影响力的影响机制研究，通过选取指标并赋予指标相应权重，建立数学模型来模拟各个影响因素的效用。

（4）比较分析法。该方法主要用于对不同层次的影响因素作用下的中国学者国际合作学术论文影响力的对比分析，探究宏观、中观与微观层次下的各个影响因素对影响力的不同作用。

（5）实证分析法。该方法主要用于对中国学者国际合作学术论文综合影响力进行评价分析，探究中国学者国际合作学术论文的影响力得分。

1.2.4 研究目标

本书旨在研究中国学者国际合作学术论文的影响力，并具体达成以下几个目标：

（1）从学术论文的角度分析中国改革开放以来国际科研合作的发展状况。通过对 1980 年以来中国发表的国际合作学术论文的数量特征、主要合作国家（地区）、合作领域和合作领导力构成等方面进行分析，旨在回顾中国近 40 年来国际科研合作的发展，并从学术论文的视角了解国际合作在中国科技发展中的作用及其演化趋势。

（2）研究中国学者国际合作学术论文的影响力。在分析发文数量特征的基础上，对中国学者国际合作学术论文的引文影响力进行分析，并与同领域内论文的平均水平进行比较。同时，比较分析不同影响因素对中国学者发表的国际合作学术论文的影响力表现及引文量的变化趋势。

（3）分析影响中国学者国际科研合作的因素。在综合国内外研究的基础上，对中国学者国际科研合作的影响因素进行文献梳理和归纳。考虑到中国作为最大的发展中国家，科研经费、科技政策、研究人员语言能力、科研人员的国际化流动（人才流失与流入）以及学科交叉融合等因素对中国学者国际科研合作具有重要影响。

（4）构建中国学者国际合作学术论文影响力的综合评价模型。在分析中国学者国际合作学术论文影响力构成要素与影响力指标相关性的基础上，构建综合影响力评价模型，并利用该模型计算中国学者国际合作学术论文的影响力得分，进一步分析高影响力得分论文的特征。根据影响力构成要素与引文量的相关性分析结果以及影响力评价结果，提出优化中国学者国际科研合作的建议与对策。

1.2.5 研究创新点

本书提出了关于中国学者国际合作学术论文影响力的创新方法和框架。具体而言，本书从合作领导力的视角出发，对中国学者国际合作学术论文的影响力进行测度，并将其解析为中国领导的合作和非中国领导的合作两个维度，表现中国在国际合作中的态势。这一方法提供了全新的研究视角，丰富了学术论文影响力的研究领域。

此外，本书还构建了一个研究框架，以探讨中国学者国际合作学术论文影响力的因素。在这个框架中，我们系统归纳了影响中国学者国际合作的因素，包括国家层面、机构层面和学者层面的影响因素，并分析了这些因素对中国学者国际合作学术论文的效用性。同时，我们阐述了中国学者国际合作学术论文影响力的原生和次生影响力构成要素，为进一步研究中国学者国际合作学术论文影响力提供了框架和方法。

最后，本书还构建了一个评价模型，用于评估中国学者国际合作学术论文的影响力。这个模型基于中国学者国际合作学术论文的原生影响力和次生影响力，并通过计算综合影响力得分和排名来评价学术论文的影响力。同时，我们对得分较高的论文的特点进行了分析。这个评价模型的构建对于优化中国学者国际合作学术论文影响力的评价以及提升中国学者在国际合作中的话语权具有重要参考意义。

1.3　科研合作的内涵与类型

1.3.1　科研合作的内涵

　　科研成果的形式是多样性的，学术论文是基本的形式之一。科研成果的形式可以包括：报告新知识、数据、实验试剂、软件等的研究论文，享有知识产权的专利，接受系统科研训练的研究人员。国际科研合作是科研合作中跨越地理边界的一种形式，国际科研合作的成果既有学术论文，也有共同享有知识产权的专利，以及联合培养的科研工作者等。合理、准确地测量中国学者国际科研合作成果的质量和影响力，是评估中国科研创新能力，建立适合中国国情的学术思想、观点、标准和话语权的科学评价方法体系的基础。对中国学者国际合作进行研究，综合数据获取和评价指标的选择，学术论文是最直观也是评价指标最完善的研究对象。

　　作为本书的理论基础部分，需要对研究对象进行定义，对后续需要的理论进行铺垫，主要的研究内容包括对中国学者国际合作学术论文进行定义、对国际科研合作的类型和产生的动机进行梳理、明确学术论文影响力的评价理论与方法等。

1.3.2　科研合作的类型与特征

　　通过前文对国际科研合作现状的分析，本书将国际科研合作的类型主要分为以下六大类：

　　（1）按照学术交流的方式，可以分为直接合作和间接合作。

　　国际科研合作的直接形式是指学者之间直接进行沟通和交流的合作方式。具体而言，这种合作类型包括以下几个方面：①国家间互相派遣学者进行交流合作，包括学者间的互访、学生的联合培养等。通过互派学者来实现知识和经验的交流，促进跨国界的学术合作。②国际联合项目的研究，为了攻克科研中的重大问题而联合国际间的力量，例如国际大科学计划，各国共同参与并合作解决一项重要科学问题。③学者的学术兼职，指学者在国际机构中担任职务，例如高校的特聘教授。学者通过兼职身份在国际范围内开展合作研究，分享自己的专业知识和经验。

国际科研合作的间接形式是指在合作过程中，某位或某几位学者扮演了沟通的桥梁角色，通过他们的合作使其他学者之间建立起合作关系。一个典型的例子是国际联合培养的学生，他们在国内外的导师之间起到了连接的作用，促成原本没有合作的学者之间开展合作。这种间接的合作形式可以架起不同学者和研究团队之间联系的桥梁，推动跨国界的学术交流和合作。通过这种桥梁作用，学者们可以分享彼此的专业知识、经验和资源，共同攻克科研中的难题，拓展合作研究的深度和广度。

（2）根据经费资助方式，可以分为被资助合作和未被资助合作。

被资助合作主要指的是在国际科研合作中获得经费资助的情况。由于国际科研合作通常涉及跨越地理边界，需要支付高昂的交通和沟通成本，因此经费支持在国际合作中尤为重要。从经费资助的角度来看，国际科研合作也可以被视为一种经费的国际合作形式。例如，国际大科学计划通常具有较长的周期，需要投入大量的经费支持，参与国家往往会共同投入相应的经费，形成了跨国界的经费合作。

（3）按照合作的参与主体不同，可以分为作者、机构和国家层面的合作。

科研合作的基础是学者之间的合作，而学者所属的机构以及机构所在的国家共同构成了学者、机构和国家之间的合作关系。同一个作者可能在不同的机构任职，不同的作者也可以来自同一个机构。此外，还存在一些特殊情况，即多位作者虽然隶属于同一机构，但该机构分布在不同的国家，例如联合国下属的机构，这种多层次的合作结构使得科研合作更加复杂和多样化。学者通过跨机构和跨国界的合作，可以获得更广泛的资源和专业知识，促进科研创新和学术发展。同时，学者与机构和国家之间的合作也有助于建立强大的合作网络，推动科研成果的共享和转化。

因此，学者、机构和国家之间的合作关系相互交织，共同构成了科研合作的重要组成部分，为学术界的发展和创新提供了广阔的平台和机会。

（4）按照合作中的贡献度不同，可以分为领导型合作和非领导型合作。

根据学术论文的作者署名规定①②，合著作者的贡献程度可能存在差异。因此，在国际科研合作中，可以将合作分为领导型和非领导型国际合作。领导型合作指的是在国际科研合作中，某些作者扮演了主导的角色，并在合著论文的署名中予以体现。在领导型合作中，这些作者通常在国际科研合作中起到主导作用，负责项目的设计、组织、协调等关键任务。他们的贡献往往被认可为显著或者具有更高的权重。这种领导地位可能会在合著论文的署名顺序中得到体现，例如排在第一位或最后一位。与之相对，非领导型合作则指其他合著作者在国际科研合作中起到了较为次要的角色，贡献程度可能相对较小。这些作者可能参与实验数据收集、文献综述、数据分析等环节，但在整个合作过程中没有扮演主导的角色。

总之，在国际科研合作中，根据作者的贡献程度不同，可以区分为领导型合作和非领导型合作。这种区分可以在合著论文的署名中得到体现，有助于准确反映出各位作者在国际科研合作中的贡献和地位。

（5）根据合作的参与规模不同，可以分为一般规模的合作和大规模的合作。

合作的规模取决于参与主体的数量，包括作者、机构和国家。在不同学科领域，平均参与的作者、机构和国家数量会有所差异。一般情况下，合作的规模在较小范围内波动。然而，在面临需要大量科技人力才能解决的科研问题时，合作规模可能会扩大至数百甚至数千名作者。一个例子就是在高能物理领域，欧洲核子能机构进行的国际合作项目。在这些大规模合作中，参与的作者数量庞大，机构和国家也会相应增加。这种大规模合作往往需要集结全球的专业知识和资源，以应对复杂的科研挑战。通过跨越国界和机构的合作，科研人员可以共同攻克前沿科学问题，推动学术进步和创新发展。

因此，合作的规模可以根据参与的作者、机构和国家数量来衡量。在各个领域中，合作规模的大小会受到具体研究问题的要求和资源可行性的影响。

---

① 谢巍. 著录全部作者是尊重作者署名权的表现［J］. 中国科技期刊研究，1999，10（1）：79.
② 林茵. 浅议作者署名权［J］. 现代情报，2005，25（1）：34-36.

（6）根据合作对象的科研竞争力，可以分为与科技发达国家的合作和与科技欠发达国家的合作。

发展中国家寻求与科技发达国家合作是实现科技发展的有效途径，这一点从国际人才流动方向就能够看出。例如，发展中国家的学生通常选择科技发达国家作为留学目的地①。与科技发达国家合作对于发展中国家提高科技实力至关重要。通过与科技发达国家的合作，发展中国家可以学习科研方法、人才培养模式以及科研管理方式等方面的经验。随着科技实力不断提升，发展中国家也能够吸引来自其他国家的交流与合作，形成国际合作的吸引力。

对国际科研合作的类型进行归纳，可以发现其特征主要有全球性、交互性、领域广泛性和方式的多样化。此外，国际科研合作在目的上也非常明确。无论是国家之间派遣学者进行合作交流，还是进行学生的联合培养，都是为了实现既定目标，如培养未来科研发展所需的人才。然而，国际科研合作也受到多种因素的影响，如合作学者的语言文化背景、沟通成本、地理距离、时差以及知识产权等多方面的因素都会对国际科研合作造成影响，因此在实施国际科研合作时需要克服许多困难。

1.3.3　国际科研合作领导力

（1）科研合作与合著。

合作是指两个或更多人或组织共同协作、合力完成任务，或者达到共同目标的过程②。和商业领域的合作类似，科研合作也需要领导力的发挥③，在面对有限资源的竞争时，科研工作者通过协同工作形成的团队往往能够获得更多的资源、认可和奖励。合作的成功主要依赖于团队的规模和领导力这两个关键要素④，当涉及两个或更多人时，合作就具有一定的规模。这种规模

---

① 魏浩，王宸，毛日昇. 国际间人才流动及其影响因素的实证分析 [J]. 管理世界，2012（1）：33-45.

② Martinez-Moyano I. Exploring the dynamics of collaboration in interorganizational settings [J]. *Creating a culture of collaboration：The International Association of Facilitators handbook*，2006，4：69.

③ Arbabi A，Mehdinezhad V. School principals' collaborative leadership style and relation it to teachers' self-efficacy [J]. *International Journal of Research Studies in Education*，2015，5（3）：3-12.

④ Melin G. Pragmatism and self-organization：Research collaboration on the individual level [J]. *Research policy*，2000，29（1）：31-40.

可以以参与合作的人数为基础，也可以涉及合作人员所属的机构、地区甚至国家。

通过对文献综述的研究，我们可以清楚地了解到关于科学计量领域中"合作"这一主题的研究起源于德瑞克·约翰·德索拉·普赖斯（Derek John de Solla Price）。他的研究发现，从 20 世纪初开始，科研合作论文的比例呈逐渐增长的趋势，并预测在 20 世纪 80 年代合著论文将完全取代独著论文。然而，事实证明，这种情况并没有出现，也不太可能出现。尽管如此，自普赖斯以来，关于科研合作的研究不断发展。许多学者如朱克曼（Zuckerman）、纽曼（Newman）、比弗（Beaver）和格兰采尔（Glänzel）等人进行了计量分析研究，揭示了科研合作已成为现代科学研究中不可或缺的模式。特别是在国际大科学环境下，合作的范围和规模都呈现逐渐增长的趋势。

这些研究表明，科研合作具有诸多优势。合作能够整合各方的资源、知识和技能，促进创新和共同成果的产出。尤其在复杂的科学问题和大规模研究项目中，合作更能够提供全面的视角和解决方案。此外，科研合作也有助于加强国际间的交流与合作，推动全球范围内的科学进步。

综上所述，尽管普赖斯的预测没有实现，但通过文献综述得知，科研合作已成为现代科学研究中不可或缺的模式。在国际大科学环境下，合作的范围和规模逐渐扩大，这一趋势得到了诸多计量分析研究的支持。

然而，科研合作究竟是什么？在我们专注于计量分析和预测的同时，对于科研合作最基本的问题的研究却很少。通常情况下，科研合作被认为是一种积极、正向且有益的行为。在科研合作的计量研究中，合著论文通常作为研究对象，但科研合作的形式远不止于此。科研合作的形式可以分为以下几类：

论文中联合署名（合著论文）是科研合作常见的形式之一，也是目前研究科研合作问题时常采用的方法。学者赵蓉英和温芳芳在研究科研合作与知识交流时指出，虽然合著论文已经被用于科研合作的分析研究，但是其科学性与合理性还需要进一步的检验[①]。科研合作的成果形式是多样的，如科研报告、专利、专著等，但合著论文是最易于研究科研合作的研究对象，合著

---

① 赵蓉英，温芳芳. 科研合作与知识交流 [J]. 图书情报工作，2011，55（20）：6-27.

论文具有其他成果不具备的一些优势。首先，在发表合著论文之前，作者已经就论文中的署名顺序进行了协商，作者署名的顺序一般代表了其在合著论文中的贡献程度，这为我们研究科研合作中的领导力问题提供了数据源。同时很多论文在致谢部分已经对合著作者的具体贡献进行了说明，说明了合作的真实存在，为研究科研合作提供了前提。其次，科研论文的发表、存储、检索等都已经形成非常成熟的模式，科研论文发表之后其作者署名顺序、机构信息、经费资助信息等一般都是固定的，并且能直接在数据库中对论文的引用信息进行检索，这为研究论文的引文影响力提供了便利。常用的论文数据库 Web of Science、Scopus、工程索引（Engineering Index，EI）和中国知网（CNKI）等数据库能根据作者的数量快速将合著论文检索出，同时根据论文的机构署名、国别对国际合作论文进行区分。最后，学术论文进行研究的方法和评价指标体系已经比较全面和完善，将学术论文的数量用于评价机构的科研产出能力，将学术论文的引文数量用于研究机构影响力表现，将 H 指数[1][2]、G 指数[3][4]以及 P 指数[5][6]等指标用于分析学术影响力等。同时，已经有很多基于合作论文的研究，比如对学科、机构间合作的现状、合作网络与知识扩散、合作的经费驱动等内容的研究，为利用合著论文来研究科研合作提供了参考。

科研基金对科研产出数量与质量存在直接影响[7]，科研合作不仅是科学家之间的合作也是科研基金之间的合作。在国家自然科学基金委员会的年度报告中，合作项目尤其是国际合作项目的资助比例逐渐提高，例如，2016 年

① Glänzel W. On the h-index：A mathematical approach to a new measure of publication activity and citation impact ［J］. *Scientometrics*，2006，67（2）：315-321.

② Barilan J. Which h-index?：A comparison of WoS, Scopus and Google Scholar ［J］. *Scientometrics*，2008，74（2）：257-271.

③ 姜春林，刘则渊，梁永霞. H 指数和 G 指数：期刊学术影响力评价的新指标 ［J］. 图书情报工作，2006，50（12）：63-65.

④ 丁楠，潘有能. H 指数和 G 指数评价实证研究：基于 CSSCI 的统计分析 ［J］. 图书与情报，2008（2）：79-82.

⑤ 赵蓉英，魏明坤，杨慧云. P 指数应用于学者学术影响力评价的相关性研究：以图书情报学领域为例 ［J］. 情报理论与实践，2017，40（4）：61-65.

⑥ 许新军. P 指数在期刊评价中的应用 ［J］. 情报学报，2015，34（12）：1246-1251.

⑦ 杨红艳. 基金资助对我国人文社会科学论文质量的影响：基于《复印报刊资料》转载论文评分数据 ［J］. 情报理论与实践，2012，35（8）：101-106.

的国际合作交流项目的申请数量为 5640 项，资助了 1175 项，资助经费为 10.7 亿元[①]。

（2）合著论文的署名。

在科研工作中，作者署名顺序非常重要，它涉及学术成果的认定、经费申请、职称晋升等诸多方面，具有十分重要的意义。随着科研合作的发展，参与合作的作者数量也逐渐增多，因此区分作者和贡献者，并合理地列出作者的署名顺序变得至关重要。合著论文中的作者顺序，其背后反映了每位作者在研究工作中的贡献程度。合作中，贡献与责任是并存的。每位作者都享有已发表论文的权利，同时也应承担起对研究过程和结果的解释责任。他们需要遵守科学研究的规范，确保研究的可靠性和准确性。当面临质疑或发现研究错误时，他们需要及时进行解释和更正。目前，多数期刊都采用国际医学期刊编辑委员会（International Committee of Medical Journal Editors，ICME）在 2013 年修订的定义，将作者署名资格规范为：

• 对研究工作的思路或设计有重要贡献，或者为研究获取、分析或解释数据；

• 起草研究论文或者在重要的智力性内容上对论文进行修改；

• 对将要发表的版本作最终定稿；

• 同意对研究工作的各个方面承担责任以确保与论文任何部分的准确性或诚信有关的问题得到恰当的调查和解决。

只有同时满足以上四项规定的才能被作为作者署名，如果未能满足这四项条件那就应该被致谢。定义还指出，通讯作者则是在投稿、同行评议及出版过程中主要负责与期刊联系的人。同时，还指出如果只是提供研究资金，或对研究团队提供一般性管理，或提供技术编辑以及语言编辑等都应该视为文章的贡献者，并被致谢。而作者署名问题随着现代科研的发展越来越重要的原因，除了区分科研贡献，还有科研合作规模（平均作者数量）的增加。从 20 世纪 30 年代的平均作者数为 2 人[②]（这一趋势保持了大概 40 年左右，

---

① 杨卫，何鸣鸿，王长锐，等. 国家自然科学基金委员会 2016 年度报告 [R/OL]. (2016-12-30) [2018-07-24]. http://www.nsfc.gov.cn/nsfc/cen/ndbg/2016ndbg/07/index.html.

② Clarke B L. Multiple authorship trends in scientific papers [J]. *Science*, 1964, 143: 822-824.

从 20 世纪 70 年代开始，合作论文中的平均作者数量快速增长），到 2000 年在医学领域重要期刊上的平均作者数量已经增加至 7 人[1]。随着合作规模的增大，明晰作者署名问题就变得尤为重要，这不仅仅是贡献的声明，还意味着责任的澄清，每一位作者负责了哪一部分的研究，是参与起草了构思、进行了写作，还是完成了数据搜集与整理，都需要进行详细说明。图 1-1 显示的就是发表于 2015 年的一篇文章末尾的作者声明与致谢，其在区分作者贡献的同时对那些没有在论文中署名却做出了贡献的人进行致谢。

Author statement and acknowledgements

The first author named is lead and corresponding author. All other authors are listed in alphabetical order. We describe contributions to the paper using the taxonomy provided above. *Writing – Original Draft*: A.B. and M.A.; *Writing – Review & Editing*: M.A., A.B., and M.H.; *Conceptualization*: L.A. and A.B.; *Investigation*: L.A., A.B., M.A., and M.H.; *Methodology*: M.A. and J.S.; *Formal Analysis*: M.A. and J.S.; *Project Administration*: L.A. and A.B.; *Funding Acquisition*: L.A. and A.B.

The work described in this article was supported by the Wellcome Trust and Digital Science.

The authors would like to acknowledge the other members of the CASRAI working group who provided critical review of the taxonomy, but are not responsible for the content of this article: Helen Atkins, David Baker, Monica Bradford, Todd Carpenter, Jon Corsant-Rikert, Jeffrey Doyle, Melissa Haendel, Daniel S. Katz, Veronique Kiemer, Nettie Lagace, Emile Marcus, Walter Schaeffer, Gene Sprouse, and Victoria Stodden.

图 1-1　作者署名与贡献声明[2]

（3）科研合作的领导力。

《领导力的本质》一书是由美国学者约翰·安东纳斯基与安纳·T. 茜安西奥罗等合著的。在这本书中，他们将领导力定义为领导者和追随者相互影响过程的本质，并探讨了这个过程所产生的结果。此外，他们还研究了领导

① Larivière V, Gingras Y, Sugimoto C R, Tsou A. Team size matters：Collaboration and scientific impact since 1900 ［J］. *Journal of the Association for Information Science and Technology*, 2015, 66（7）: 1323-1332.

② Brand A, Allen L, Altman M, et al. Beyond authorship：Attribution, contribution, collaboration, and credit ［J］. *Learned Publishing*, 2015, 28（2）: 151-155.

者的个性行为、追随者的认知以及领导者的信用和环境等因素如何决定这个相互影响的过程。这本书提供了对领导力现象的深入理解，并探讨了各种因素对于领导力的影响①。科研合作是一种科学的社会过程，它指的是科研工作者或科研团体为了共同的目标而进行协作和行动的过程。在这个过程中，合适的领导力是不可或缺的。科研合作领导力与国家的科技领导力密切相关，科研是推动一国高质量发展的重要支撑，在国家综合实力中占据重要位置，科研合作中的领导力能反映出国家在这一领域的实力。综合了解国家在国际科研合作中的地位（担任领导角色或者仅仅参与其中），并了解地位的变化趋势对了解国家的科技态势非常关键，对于国家明确科技投入具有积极的参考价值。在此基础上，对领导力与科研影响的相互影响进行探究，能提高科技影响力，加快科研创新。在世界经济时代，科研领域也已经形成世界共同体现象，主要表现在学科背景、文化背景、性别的多元化趋势。在不同的合作层面，合作规模可以由不同的基本要素构成，也被不同的因素所制约，例如，当合作规模达到一定程度时是不是就不利于成员的管理和协作？因为，成员间的沟通需要时间成本、经济成本，所以在不同的项目中可能会涉及不同的合作规模，并且会在合作中找到最高效的合作模式，建立核心的合作团队等。但是我们也发现，在高能物理领域的合作者往往能达到 1000 人以上，合作的机构多达 100 个以上，这种大规模的合作就要求在合作的过程中形成统一的管理和领导，也即合作中的领导力问题。

科研合作中的领导力有一般组织合作的特性，但是也具有其特殊性。一般而言，科研合作本质就是一种组织行为，从组织行为学的角度来看，科研合作中需要有合适的领导力，组织的表现与领导力有关②，甚至领导力还决定了组织的创新与合作规模相关③。与商业领域和军事领域的领导力相比，科研合作中的领导力具有一定的特殊性。首先，科研合作中的领导力不易被

---

① 约翰·安东纳斯基，安纳·T. 茜安西奥罗，罗伯特·J. 斯滕伯格. 领导力的本质 [M]. 柏学蓁，刘宁，吴宝金，译. 上海：上海人民出版社，2007：5-6.

② Ogbonna E, Harris L C. Leadership style, organizational culture and performance: Empirical evidence from UK companies [J]. *International Journal of Human Resource Management*, 2000, 11 (4): 766-788.

③ Eisenbeiss S A, Van Knippenberg D, Boerner S. Transformational leadership and team innovation: Integrating team climate principles [J]. *Journal of applied psychology*, 2008, 93 (6): 1438.

测度。从科研合作的论文中我们很难测度谁在合作中担任领导角色，一项科研合作可能会产生很多篇论文，每一篇论文中作者的署名顺序可能都不同，在论文中的署名顺序只能表明在这一项成果中的贡献程度，而在整个项目的实施中，谁在担任领导角色是无法直接从论文中表现的。其次，科研合作中的领导力与合作的效率、合作的影响力等的关系并没有被充分研究，这与领导力难以被测度也有一定关系。我们对科研合作网络、合作的科研领域、合作论文的引文影响力等都已经进行了充分的探究，甚至深入到跨学科的合作中，但是我们对于合作的本质、合作的影响因素，以及这些因素的效用没有充分重视。

测度科研合作学术论文中的领导力是本书的研究重点之一。在本书的研究中，按照国际医学期刊编辑委员会的规定，将在中国学者国际合作论文署名的作者都视为满足以上四项规定的贡献者，并且将第一作者和通讯作者视为论文的主要贡献者。1995 年《英国医学杂志》（*British Medical Journal*）期刊刊载的多作者论文中，第一作者的占比最高的是讲师（lecture），最后一位作者则是教授（professor）[1]，说明不同级别的研究人员在论文合作中担任不同的角色，且贡献不一。

科研论文是科研成果的重要形式，科研合作中的领导力最直接的体现就是科研论文的署名顺序。多作者论文中的署名反映了作者在科研合作中的贡献程度，一般来说，我们从作者署名的顺序来区分作者贡献的大小，所以第一作者是文章的主要贡献者之一。按照国际医学期刊编辑委员会的说明，通讯作者则是承担沟通作用、协同合作的主要贡献人，也是对文章负有主要责任的作者。因此，本书将第一作者和通讯作者都列为文章的主要作者，即对论文做出主要贡献的领导者，从论文的作者署名角度来测度中国学者国际科研合作中的领导力问题。

（4）科研合作成果的认定。

科研合作的作者署名问题明确了作者权利与义务，科研成果的贡献程度还通过署名顺序来认可。第一作者一般被认为是文章的主要贡献者，其他作者的署名顺序依次按照贡献大小排列，通讯作者往往排列在作者的最后一位，

---

[1]　Drenth J P. Multiple Authorship [J]. *JAMA*, 1998, 280 (3)：219-221.

并用符号（一般为＊号）说明，但由于通讯作者一般负责文章统筹投稿和回答审稿意见，以及文章发表后回答读者提问等工作，因此其贡献不亚于第一作者。同时，一些期刊还允许存在共同第一作者，以认同共同为文章做出同等贡献的作者。这说明作者署名顺序体现了贡献的大小，是进行职务晋升和科研奖励的重要依据。

科研合作的署名问题关系到科研共同体中的对科研成果的认可，主要体现在科研工作者的职务晋升和科研奖励中。为了探究这一问题，本书在研究中分别收集了高校关于教师职务晋升和科研奖励的文件，其中共收集了71所高校自2010—2017年的251份职务晋升文件，其中58所学校明确指出科研论文是教师职务晋升的必要条件之一。进一步阅读研究这些文件发现，11所高校的40份文件规定Web of Science论文是讲师晋升副教授的必要条件之一，其中有38份文件对作者的署名顺序有说明，17份文件对作者的署名顺序没有具体要求，12份文件指出必须为第一作者，9份文件指出可以是第一作者或者通讯作者。这表明，在科研合作成为主要科研产出模式的情况下，在科研成果的认可中仍然对作者的署名顺序有一定的要求，例如图1-2展示的武汉大学在2012年的教师专业技术岗位聘任中就对学术论文的署名要求进行了说明，受聘教师必须为论文的第一作者或者通讯作者，如果是共同第一作者或者多个通讯作者的情况，论文篇数要按照相应人数进行权重计算。对多作者论文的作者署名顺序要求还体现在科研奖励上，从搜集的1999—2016年的168份科研奖励文件中发现[①]，118份文件规定只会对第一作者进行现金奖励，甚至其中的22份文件规定只奖励第一兼通讯作者；但也有25份文件规定可以奖励非第一作者，但是只限于发文于《自然》（Nature）、《科学》（Science）、《细胞》（Cell）等顶级期刊的情况；仅13份文件指出一般期刊的非第一作者也能得到奖励，但会根据署名顺序给予一定的比例，例如第二作者只能得到50%的奖励金额，第三作者则能得到25%的奖励金额；另外，12份文件对奖励的作者署名顺序没有任何要求。

---

① Quan W, Chen B, Shu F. Publish or impoverish：An investigation of the monetary reward system of science in China（1999—2016）［J］. *Aslib Journal of Information Management*，2017，69（5）：486-502.

附件 5：

材料认定规则

一、研究成果的统计仅限于所在学科或相关学科领域。

二、所有论文、著作均应公开出版。

三、学术论文应为学术期刊正刊发表的论文，且有二分之一及以上的论文在校外学术期刊上发表。

四、学术论文必须为 第一作者或通讯作者论文 ，如为共同第一作者，或多个通讯作者，论文篇数按照相应人数折算。

五、成果统计有效期间内的论文被学校认定的重要文摘摘录（论点摘要不足规定字数除外）可视同相应级别期刊发表的论文，但不能重复计算。

图 1-2　2012 年武汉大学专业技术岗位聘任对学术论文署名的要求

当前，合作已经是科研成果产出的主要模式，特别是在一些需要大型试验设备和多人共同合作完成的项目中，例如国际大科学合作。鼓励科研合作以促进科研创新是各国政府的科技发展策略，我们对科研合作产生的成果进行认定时该怎样明确不同署名顺序的作者的贡献呢？如果在成果的认定上只认可第一作者或者通讯作者，那势必会降低其他作者在合作中的积极性，长此以往无法形成长期稳定的合作关系，不利于科研的发展。在本书的研究中，将中国学者为第一作者和通讯作者的国际科研合作论文作为中国领导完成的国际合作论文，将中国学者不为第一作者和通讯作者的论文作为非中国领导完成的国际合作论文，以此来区分中国在国际科研合作中的贡献大小，虽然这并不是完美区分贡献程度的方法，但是从论文层面这能反映出中国在国际合作中承担的任务和做出的贡献。这并不意味着否定或者弱化非中国领导完成的国际合作论文的作用，国际合作促进了知识的交流，对论文的领导力进行划分只是从国家层面来探究科研合作中中国处于什么样的态势，为将来的合作提供参考。

1.3.4　国际合作学术论文影响力

影响力（impact）贯穿于人们生活和工作的各个层面。无论是推销员对商品进行介绍以吸引消费者购买，还是政治家在竞选中演讲并阐述其提案对未来的影响以说服选民投票，都是展示不同事物影响力的过程。影响力具有生命周期，学术论文的发表、检索、阅读、使用、被引用（包括学术论文和专利等科技文献被引用）、老化等构成了其生命周期。学术论文被发表本身就是影响力的一种形式，说明其价值被同行认可，当学术论文达到引用峰值之后引文影响力会逐渐降低，并逐渐老化。

学术论文影响力是指论文发表后所产生的价值。这种价值既可以是学术方面的，也可以是社会方面的，它能够带来正面的或者负面的影响，并且可能受到文献本身生命周期的影响。互联网技术的发展对于评价学术论文影响力产生了重要的作用，一些学者将 Web 2.0 的发展视为学术论文影响力从传统计量时代走向替代计量时代的标志。传统学术论文影响力主要指的是引文影响力。从文献计量的角度来看，针对不同的评价对象，有相应的指标进行评估。例如，在评价期刊影响力时，主要使用期刊影响因子（Journal Impact Factor，JIF）。尽管已经有很多研究指出了这一指标的缺陷，并且《莱顿声明》（*Leiden Manifesto*）也已发表，提出了对期刊影响因子的更全面和准确的评估方法①，警示不合理使用计量指标的危害。无论是对期刊的评价还是对科研人员的评价，都离不开最基本的单位——论文。我们通常通过计算论文的引文数量（即被其他文献引用的次数）来衡量期刊的影响因子，并评估学者的学术影响力。然而，我们已经意识到，过于依赖引文数量的单一计量指标会带来一些负面影响。

在 Web 2.0 时代，交互式的互联网技术改变了学术影响力的观念，它不再仅限于单一的数据库层面，替代计量学指标 Altmetrics② 的兴起为传统基于引文的影响力评价带来了新的思考方式，学者们逐渐将论文的下载、使用、转发、评论等指标视作其社会影响力的重要方面，并开始研究这些指标。一些研究表明，在中国的科研论文中，推特（Twitter）的推送对于引用率的提

---

① 罗纳德，鲁索，全薇. 期刊影响因子，旧金山宣言和莱顿宣言：评论和意见 [J]. 图书情报知识，2016（1）：4-14.

② Thelwall M, Haustein S, Larivière V, et al. Do altmetrics work? Twitter and ten other social web services [J]. *PloS one*, 2013, 8（5）：e64841.

升有积极的影响。同一期刊刊载的论文中，被推送的论文引用率可能增加 20%①。在开放获取和开放科学逐渐兴起和发展的时代，论文的检索、阅读、使用和传播变得更加便捷。这突破了传统数据库的使用限制，实现了知识创造的自由以及知识获取与分享的自由。然而，如何准确定义学术影响力并采用什么样的方法进行评价仍然是一个值得深入探讨的问题。

新浪微博将用户的影响力分为活跃度、传播力和覆盖度三个指标，并使用相对应的计算方法进行评估。而学术论文的影响力通常指的是其发表后被引用的数量。然而，就影响力而言，可以进一步分为社会影响力和学术影响力两个方面。在人文社会科学领域，著作的影响力可能更多地体现在社会影响力方面，比如对某一文化思潮的分析或批判等。而在工程技术领域，除了论文的引用外，还存在大量专利对学术论文的引用情况。这反映了科学研究向技术转化的趋势。同时，论文与专利之间也存在交叉引用的行为。针对本书中的研究对象，笔者主要关注中国学者国际合作学术论文的学术影响力，并采用归一化的引文数量来衡量论文发表后的引文影响力。在学术影响力研究中，针对不同的研究对象，采用的评价指标各有不同。对于国际科研合作学术论文来说，它涉及国家与国家之间的合作。因此，从国家层面出发，学术影响力不仅仅体现在引文这一指标上，而且以发文量作为衡量指标的科技显示度也是国家科技影响力的重要体现②，同时，科研领导力也是国家科研影响力的重要指标之一。基于此，本书旨在分析中国学者国际科研合作的影响力，并从三个主要方面来衡量其影响力：合作显示度、合作领导力和合作学术论文的引文影响力。其中，合作显示度主要由合作发表的论文数量来说明，合作领导力则由中国学者在国际合作发表的学术论文中作为第一作者或者通讯作者的比例来说明，引文影响力主要采用归一化的平均相对引文（Average Relative Citation，ARC）数量来说明。

显示度是指中国在国际合作中的显示程度。就国家层面而言，发表论文的数量是显示一个国家科研实力的重要指标，只有在拥有大量论文数量的前

---

① 舒非，斯蒂芬妮·豪施泰因，全薇. 推特（Twitter）对中国论文的国际关注度影响研究［J］. 图书馆论坛，2017，37（6）：55-60.

② King D A. The scientific impact of nations［J］. *Nature*，2004，430（6997）：311-316.

提下，对其他指标的研究才具有意义。已经有研究表明，当一个国家在数据库中的论文数量达到一定程度时将对其他文献计量结果产生明显的影响，例如，一项研究表明去掉美国发表论文的自引将对平均引文数量产生显著的影响，这一影响还在中国发表的论文中表现十分显著，而在欧洲国家发表的论文中表现不显著①。然而，只计算论文的数量并不足以说明其他国家在中国学者国际合作中所发挥的作用，本书还在此基础上采用合作中心度、合作领导力、合作活跃度等指标，以上指标的具体作用是：

首先，中心度是指某一特定的合作国家在中国学者国际合作中是否发挥主要作用。这一指标主要用于发现主要合作者，结合数据可预测潜在的合作对象。

其次，领导力是指中国在国际合作中的地位，是否在合作中承担主导角色。这对于中国的国际合作态势而言至关重要，是分析中国的国际创新力和学术话语权的重要指标。一方面，中国在国际合作中的发文量、参与数量都是显示中国科研实力的重要内容；但是从另一方面来看，如果中国长久以来在国际科研合作中仅仅是参与其中并未发挥主要领导作用，则说明中国在国际科研合作中并未掌握话语权，在一些国际重大科研攻关项目中并未充分发挥作用。

最后，合作的活跃度主要用于计算某一国家在国际合作中的活跃程度，是否在特定的学科领域处于国际合作的活跃期。这一指标主要用于对学科的研究，将剖析学科的发展现状和预测将来的发展趋势。

1.4　科研合作相关理论与方法

人与人之间的合作是构建人类文明的基石。自 20 世纪 60 年代初以来，关于科研合作，有研究已经从各个角度对这一主题进行了探讨。在研究科研

---

① Gingras Y, Khelfaoui M. Assessing the effect of the United States' "citation advantage" on other countries' scientific impact as measured in the Web of Science database [J]. *Scientometrics*，2018，114（2）：517–532.

合作时，首先需要对其进行定义：什么是科研合作？科研合作的动机是什么？可以使用哪些方法来测度科研合作？合作关系可以发生在生活的各个领域，包括商业活动、社交活动、军事行动等方面。从现有的研究中我们可以发现，科研合作是合作关系在科学研究领域的延伸，它是科研工作者为了解决特定的研究问题而共同协作的行为。因此，科研合作具有一般性合作的特征。

1.4.1　合作复杂性理论

根据卢梭的"社会契约理论"，人类社会为了维持发展会在人与人的交往中产生"公意"（general will）①，并通过某种"社会契约"维持人类社会的合作，从本质上讲，卢梭的社会契约论探究了解决人类社会合作问题的方式②。

合作复杂性理论源于对网络经济环境下市场的认知，以及商业生态系统和混沌理论的研究。1966年，詹姆斯·弗·穆尔出版了《竞争的衰亡：商业生态系统时代的领导和战略》③ 一书，在该书中他认为在网络经济世界中，商业活动是一个生态系统，企业与其他组织之间存在着"共同进化"，通过合作建立生态系统。该理论的核心是复杂性，反映了企业战略在动态复杂环境中的特征。复杂性理论从经济学角度反映了合作的复杂性特征，其中科研合作网络的复杂性是其主要体现，通过分析合作网络的拓扑结构、成因、演化和应用等方面，采用了图论、计算机科学、统计物理学和社会网络等领域的研究方法，产生了小世界网络④、无标度网络⑤等模型。

人类社会与其他动物群体的重要区别就是人类能通过理性达到一定形式

---

① 包利民，滕琪. 近代社会契约论的权利/权力观的三种维度 [J]. 浙江学刊，2003（1）：43-49.

② 苏力. 从契约理论到社会契约理论：一种国家学说的知识考古学 [J]. 中国社会科学，1996（3）：79-103.

③ 詹姆斯·弗·穆尔. 竞争的衰亡：商业生态系统时代的领导和战略 [M]. 梁骏，杨飞雪，李丽娜，译. 北京：北京出版社，1999.

④ Watts D J, Strogatz S H. Collective dynamics of "small-world" networks [J]. *Nature*, 1998, 393（6684）：440-442.

⑤ Albert R, Jeong H, Barabasi A L. Error and attack tolerance of complex networks [J]. *Nature*, 2000, 340（1）：378-382.

的合作①②。罗伯特·阿克塞尔罗德在《合作的复杂性：基于参与者竞争与合作的模型》一书中将研究合作的一般两人重复囚徒困境博弈引入"复杂性"概念，并采用复杂性理论的方法来研究合作的博弈演化③。

1.4.2 合作博弈理论

1944 年，约翰·冯·诺伊曼（John von Neumann）和奥斯卡·摩根斯顿（Oskar Morgenstern）出版了《博弈论与经济行为》一书，标志着博弈论（Game Theory）在经济学领域中研究的开端，博弈论被引入信息管理学领域并且产生了"信息经济学"这一交叉学科。合作博弈理论已经广泛用于信息管理学领域的研究④，利用合作博弈理论的社会网络关键节点的发现⑤，以及将博弈论用于合作的知识创新研究等⑥，产生了结合管理学与经济学的新兴交叉学科——管理博弈论⑦。

合作博弈理论主要由以下几个要点组成：

（1）共同的目标。

合作博弈的基础和前提是各方在利益上达成共同的目标。这意味着博弈参与者必须有一个共同的目标，以便能够在博弈过程中相互合作。

（2）信息共享。

充分的信息交流和不断重复的博弈可以消除各方之间的信息不对称，形成优势互补的局面。通过共享信息，各方能够更好地了解彼此的利益和行动，

---

① Axelrod R, Hamilton W D. The evolution of cooperation [J]. *Science*, 1981, 211 (2): 135-160.

② Nowak M A. Five rules for the evolution of cooperation [J]. *Science*, 2006, 314 (5805): 1560-1563.

③ 罗伯特·阿克塞尔罗德. 合作的复杂性：基于参与者竞争与合作的模型 [M]. 梁捷，高笑梅，等，译. 上海：上海人民出版社，2008.

④ 文庭孝，侯经川，汪全莉，等. 论信息概念的演变及其对信息科学发展的影响：从本体论到信息论再到博弈论 [J]. 情报理论与实践，2009，32 (3): 10-15.

⑤ 王学光. 基于合作博弈论的社会网络关键节点发现研究 [J]. 计算机科学，2013，40 (4): 155-159.

⑥ 张千帆，胡丹丹. 基于博弈论的合作知识创新研究 [J]. 武汉理工大学学报（信息与管理工程版），2008，30 (6): 1004-1007.

⑦ 侯光明，李存金. 管理博弈论：一门新兴的交叉学科 [J]. 北京理工大学学报（社会科学版），2001，3 (3): 9-14.

从而做出更明智的决策。

（3）平等互利。

合作博弈要求各方平等地参与合作，并本着自愿原则进行合理的收益分配。在合作博弈中，各方应该以平等的身份加入合作，确保利益的公平分配，以促进长期的合作关系。

（4）强制性契约。

通过谈判建立契约来约束博弈各方的行为，并利用监督机制来惩罚违背契约的行为。强制性契约可以确保各方履行其合作承诺，有效地管理合作关系，并为博弈参与者提供一种约束机制。

1.4.3 国际科研合作的动机

有关科研合作产生的动机分析已经得到国内外学者充分的研究。赵蓉英等学者对科研合作的动机进行了总结，认为可以将其归纳为五个方面[1]：应对科学发展的新需求、实现科研资源的优势互补、迎合鼓励合作的科研政策、应对多学科交叉研究的需要以及建立和巩固社会关系。马凤等学者通过问卷调查对科研合作的成因进行了研究[2]，发现科研合作的动机是多种因素共同作用的结果，例如通信和交通技术的发展。从问卷调查结果分析来看，学者们最关注合作带来的思想交流和促进研究思路的拓展，并通过合作将学科主题相结合。他们的调查还发现，不同学科的研究人员在科研合作的动机、形式和态度上存在明显差异，这为本书的研究提供了参考，也说明了学科差异对中国学者的国际合作学术论文有重要影响，这是需要重点研究的问题。学者艾凉琼对诺贝尔奖获得者的学术合作进行分析后认为[3]，科研合作可以分为兴趣主导和知识互补主导两种，并由此产生紧密型和松散型的合作模式。

总之，国际科研合作是跨越国家地理边界的一种科研合作形式，具有一般科研合作的特点和产生动机，但由于涉及国家间的合作，具有新的特点和

① 赵蓉英，温芳芳. 科研合作与知识交流 [J]. 图书情报工作，2011，55（20）：6-27.

② 马凤. 中国科技期刊研究界科研合作动机及相关问题研究 [J]. 科技管理研究，2009，29（8）：572-575.

③ 艾凉琼. 从诺贝尔自然科学奖看现代科研合作：以 2008—2010 年诺贝尔自然科学奖为例 [J]. 科技管理研究，2012，32（10）：229-232.

意义。通过对已有文献的梳理与归纳，可以发现无论是学者个体层面还是宏观机构层面的研究，无论何种动机促使国际科研合作发生，都基于一个假设：国际科研合作能带来积极的效果。如果国际科研合作不能产生积极的效果，学者们必然会失去对国际科研合作的兴趣，将有限的时间和经费用于其他形式的合作，例如机构内部或国内机构间的合作。因此，本书认为科研领域的国际合作也是受正向效果驱动的，可以将国际科研合作的动机归纳为以下几点：

（1）获得科研资源。

科研资源包括科技人力资源和科研财政资源。经费的支持是科研合作的重要保障之一。现有研究表明，科研经费对于招募科研人员和扩大科研范围至关重要[1]。科技人力方面，充足的经费可以缩短国际合作中最大的障碍——地理距离[2]，并支持合作团队成员进行面对面的交流与沟通，例如组织国际研讨会等。科研资源不仅体现在科技人力方面，还涉及科研实验设备和科研人员技能培训等方面。国际上著名的大科学合作就是在科研资源驱动下产生的，国际科研合作往往能够为参与者打开新的视野，并使他们与国际同行保持紧密的沟通，掌握国际前沿与热点议题。因此，在科研资源驱动下的国际合作是否受到经费投入数量的影响？充足的经费保障是否能够促使国际合作跨越更广大的地理距离？同时，提供经费支持的国家是否会在国际合作中担当领导者的角色？这些都是值得研究的内容。

（2）提高科研产出数量与质量。

科研合作已被证实可以增加科研产出的数量。从科学家个人的角度来看，国际合作是提高国际科研产出的重要途径之一[3][4]，特别是对于初级研究者而言，在科研生涯初期获得国际合作经验对于提升声誉和知名度具有长远意义，

① Bohen S J, Stiles J. Experimenting with models of faculty collaboration: Factors that promote their success [J]. *New Directions for Institutional Research*, 1998, 1998 (100): 39-55.

② Bozeman B, Corley E. Scientists' collaboration strategies: Implications for scientific and technical human capital [J]. *Research Policy*, 2004, 33 (4): 599-616.

③ He Z, Geng X, Campbell-Hunt C. Research collaboration and research output: A longitudinal study of 65 biomedical scientists in a New Zealand university [J]. *Research Policy*, 2009, 38 (2): 306-317.

④ Bordons M, García-Jover F, Barrigón S. Is collaboration improving research visibility? Spanish scientific output in pharmacology and pharmacy [J]. *Research Evaluation*, 1993, 3 (1): 19-24.

这一点已被学者流动性研究所证实①。从宏观的国家层面来看，国际合作可以帮助实力较弱的学科主动寻求其他国家的合作来促进发展，提高竞争力；同时，对于具有优势的学科，吸引国外同行进行合作能够展示国际科研实力。特别是对于科研欠发达的国家和地区而言，与科技发达国家间的合作能够促进科研成果的产出。中国与美国、日本和德国等国家保持了长期稳定的国际合作，国际合作的学术论文数量一直保持增长趋势②。

（3）获得国际化经验。

获得国际化经验已成为学者进行国际合作的重要目标之一。国际合作不仅为学者提供与国际同行交流的机会，还能为他们积累国际化经验，有利于未来职业生涯的发展。这一点体现在高校招聘和职称晋升的规定中要求具备一定时间的国外学习和交流经验，说明国际合作的意义不仅仅是为了学术发展的需求。学术国际化是国家科技发展的目标和战略，在科研职业化的今天，与科技发达国家科学家的合作能够开阔科研工作者的视野，提高与同行之间的沟通和交流能力，并积累学术人力资源，为未来的科研生涯奠定基础。

（4）科研问题复杂化的必然结果。

科学研究是在前人研究的基础上有所突破的过程。正如牛顿所说："如果我看得更远一些，那是因为我站在巨人的肩膀上。"现代科学研究面临着日益复杂和庞大的挑战，已经超出了单个科学家对单个问题进行研究的范畴。学科交叉融合③和跨学科合作④⑤成为必然趋势，需要不同研究领域的科学家共同协作。例如，我国已将牵头组织国际大科学计划作为实现缩小科技差距、建设科技强国目标的重要方法，并取得了一定进展。大亚湾中微子实验室和

① Feldman D C, Ng T W H. Careers: Mobility, embeddedness, and success [J]. *Journal of management*, 2007, 33 (3): 350-377.

② He T. International scientific collaboration of China with the G7 countries [J]. *Scientometrics*, 2009, 80 (3): 571-582.

③ Woodruff D T K. The emergence of a new interdiscipline: Oncofertility [J]. *Cancer Treat Res*, 2007, 138: 3-11.

④ Graham H. Building an inter-disciplinary science of health inequalities: The example of lifecourse research [J]. *Social Science & Medicine*, 2002, 55 (11): 2005-2016.

⑤ Adams S A. Revisiting the online health information reliability debate in the wake of "Web 2.0": An inter-disciplinary literature and website review [J]. *International Journal of Medical Informatics*, 2010, 79 (6): 391-400.

江门中微子实验室等在粒子物理学领域的成果就是国际大科学计划的成果之一。充分利用国际力量，解决复杂科研问题，实现成果共享，已经成为现代科学研究的必然结果。

1.4.4　国际科研合作的测度方法

针对不同的国际科研合作形式，测度方法各有不同。目前国内外对国际科研合作的测度研究主要集中在三个方面：比较分析国际科研合作与国内合作、分析国际合作对科研产出的作用，以及研究某些学科或地区的国际合作现状。主要采用的测度方法包括以下几种：

（1）文献计量法。

利用文献计量的方法对国际合作的学科分布、合作作者分布、合作规模以及合作论文的增长趋势进行分析。文献计量法还被应用于对国际科研合作态势的预测分析，通过分析文献的增长、老化规律等来预测某些学科或地区的国际科研发展状况。

（2）社会网络分析法。

主要用于合作者网络分析、国内外机构间合作网络分析等。通过对合作网络的聚类和节点中心度的分析，可以研究国际合作的网络结构。例如，通过分析某一学科的合作国家网络，可以了解该学科在国际合作中的主要合作国家，并进一步分析各国在该学科发展中的贡献程度，为未来的合作寻找潜在的合作国家提供参考。

（3）引文分析法。

主要用于分析国际合作论文的引文影响力，进一步了解国际合作对论文引文影响力的作用。同时，还可比较分析国际合作论文与非国际合作论文的引文影响力，以分析国际合作对科研发展和科研合作的效果。引文分析法是常用的分析论文影响力的方法之一，并根据传统引文影响力产生了更多的分析指标。

（4）数理统计法。

主要用于建立数学模型，分析引文影响力与影响因素之间的相关关系，以及影响因素对引文影响力的作用程度。数理统计方法还可通过建立数学模型探究不同的合作模式或合作者对国际合作效果的影响。例如，通过引入引力模型来研究地理距离与科技距离对中国学者国际合作的影响。

（5）其他方法。

对国际科研合作的研究还需要借鉴社会科学研究中的一般方法，如归纳分析、对比分析、案例分析和定标比超等方法。根据不同的研究问题，可以选择定性方法与定量方法相结合的形式。而归纳分析和对比分析是在总结影响国际科研合作因素时常用的方法。总之，通过综合运用上述测度方法，可以更全面地了解和评估国际科研合作的情况，并为未来的合作提供指导和决策支持。

1.5　引文分析理论与方法

引文分析法在管理学中可用于评估学科的影响力和重要性。通过分析文献引用数据，可以揭示某一学科的影响以及某一国家在特定学科领域的重要性。此外，引文聚类分析和引用网络分析可帮助研究学科的结构，包括探究相关学科的亲缘关系、划定学科中的作者群体，以及分析学科间的交叉渗透等。引文分析法还可用于分析学科的情报源分布和传递规律，进行科学水平和人才评价，研究科学交流，并确定核心期刊等。引文分析法在管理学研究中广泛应用，能够为评估学科影响力、研究学科结构以及进行科学水平评价等提供有力支持。

1.5.1　引证行为与动机

科学研究是在前人研究的基础上不断弥补现有知识的不足之处的方法。所有重大的科学突破都是建立在前人研究成果之上的。因此，在我们的论文中，我们将前人的研究列举出来，以表达对前人工作的尊重。更重要的是，我们通过引用前人的研究来支持我们的论述，并对其研究的不足进行评述，从而展示科学研究的严谨态度。这种引证关系在现代科研文献中至关重要。引证并不是新近出现的现象，我们有很多描述引证的表述，例如词语"引经据典""旁征博引"，古文中则常出现"子曰"或"某某曰"等，用以加强我们对于某一事物或现象描述时的可靠性。根据尤金·加菲尔德（Eugene

Garfield) 的定义，在科研文献的引证关系中，如果文献 A 引用了文献 B，则文献 A 是文献 B 的引证文献（Citation），文献 B 是文献 A 的参考文献（Reference），通过计算引文的数量来衡量一篇文献发表之后产生的影响逐渐成为科研管理中的一项重要指标，也就是我们常用的引文影响力指标。引文分析最初的目的是用于期刊评价（Journal Evaluation）[1]，加菲尔德将引文频率和引文影响力用于期刊的排名中，产生了评价期刊的期刊影响因子（Journal Impact Factor，JIF），并从引文数量衍生出了许多其他计量指标，例如评价学者的 H 指数[2]、G 指数[3]、Z 指数[4]等指标。

罗伯特·金·默顿（Robert King Merton）将引证行为视为科研奖励的一种外在形式，代表了同行对科研成果的认同和肯定。格罗斯（Gross）在 1927 年进行了开创性的研究，探讨了文章的引文数量[5]。1960 年代，加菲尔德的科学引文索引（Science Citation Index，SCI）的推出对科学认知结构和科学社会学的发展具有重要意义，引文分析被用于评估国家、机构和个人科研成果的影响力。我们通常使用引用次数来衡量某位科学家的研究成果产生的影响力[6]，但是仅仅通过引用次数无法了解引证的动机与目的。要研究引证的动机，首先需要从引证行为本身着手。

1963 年，加菲尔德将引证动机归纳为 15 个方面[7]：

- 对开拓者表示敬意
- 对有关著作表示肯定

---

① Garfield E. Citation analysis as a tool in journal evaluation ［J］. *Science*, 1972, 178（4060）：471-479.

② Hirsch J E. An index to quantify an individual's scientific research output ［J］. *Proceedings of the National academy of Sciences*, 2005, 102（46）：16569-16572.

③ Egghe L. An improvement of the h-index：The g-index ［A］. ISSI, 2006.

④ Wu H, Hayes M J, Weiss A, et al. An evaluation of the standardized precipitation index, the China-Z Index and the statistical Z-Score ［J］. *International journal of climatology*, 2001, 21（6）：745-758.

⑤ Gross P L, Gross E M. College libraries and chemical education ［J］. *Science*, 1927, 66（1713）：385-389.

⑥ Bornmann L, Daniel H. What do citation counts measure? A review of studies on citing behavior ［J］. *Journal of documentation*, 2008, 64（1）：45-80.

⑦ Garfield E. Can citation indexing be automated ［A］. National Bureau of Standards, Miscellaneous Publication 269, Washington, DC, 1965.

- 对科研采用的方法、设备的验证

- 提供背景性材料

- 对自己著作的纠正

- 对他人著作的纠正

- 对他人著作的批评

- 为自己的论点寻找可靠的证据

- 提请注意即将发表的著作

- 对未被充分传播、标引或未被引用的文献给予指导

- 验证数据，如物理常数等

- 检查原始出版物中是否对某一观点或概念进行过讨论

- 核查原始出版物或其他著作是否讨论过某一概念或术语

- 否定他人的著作或观点

- 对他人的优先权提出异议

在此基础上，国内外学者对引证动机进行了理论探索和实证研究，如特伦斯·A. 布鲁克斯（Terrence A. Brooks）[①]、苏珊·邦齐（Susan Bonzi）[②]、邱均平等[③]，其中，国内学者马凤与武夷山采用问卷调查的形式对引证动机进行了分析，发现引证动机是多因素的[④]。学者严怡民在《情报学概论》中将引证动机归纳为四个方面：归誉和起源、提供证据和说明、将目前的工作与以前的工作联系起来、批评或否定过去的工作[⑤]。从理性因素而言，借鉴他人的方法、论点，为自己的研究提供参考；从社会因素而言，引证可以建立与其他学者的联系。引证可能是随机的，也可能是学者的知识背景、学科差异以及社会因素间不同程度的组合。

[①] Brooks T. A. Private acts and public objects：An investigation of citer motivations [J]. *Journal of the American Society for Information Science*，1985，36（4）：223-229.

[②] Bonzi S.，Snyder H. Motivations for citation：A comparison of self citation and citation to others [J]. *Scientometrics*，1991，21（2）：245-254.

[③] 邱均平，陈晓宇，何文静. 科研人员论文引用动机及相互影响关系研究 [J]. 图书情报工作，2015（9）：36-44.

[④] 马凤，武夷山. 关于论文引用动机的问卷调查研究：以中国期刊研究界和情报学界为例 [J]. 情报杂志，2009，28（6）：9-14.

[⑤] 严怡民. 情报学概论 [M]. 武汉：武汉大学出版社，1994.

1.5.2 引文分析方法与指标

引文分析方法有多种，并根据不同的评价对象采用不同的指标体系。例如，引用频次可用于分析单篇论文的引用水平；共被引分析用于研究文献的引用网络；在机构评价中，期刊影响因子被用作评估论文发表的期刊质量指标等。这些指标都是基于计算论文发表后所接收到的引文数据得出。以引文为基础的指标中，期刊影响因子的影响最为深远，目前仍然是对期刊进行分级的重要指标。尽管已有许多学者对该指标的局限性进行了研究，但它仍未被完全替代。随着 Altmetrics 指标的广泛应用，逐渐弥补了期刊和学者评价中单一指标的局限性。

（1）引文分析的相关指标。

引文分析是在加菲尔德提出的科学引文索引（Science Citation Index，SCI）的基础上发展和完善的。引文分析的指标主要有被引频次、影响因子、H 指数等，同时，不断涌现出新的指标以实现科学评价的目标。目前，许多国内外研究已将归一化的引文数据作为引文分析的主要指标，而非简单统计引文数量，并出现了基于不同层面的归一化方法。例如，在数据平台Dimension 中[①]，相对引文数据被分为同领域的引文比（Field Citation Ratio，FCR）和被美国国立卫生研究院（National Institutes of Health，NIH）资助的论文引用后的相对引文比（Relative Citation Ratio，RCR）。引文分析不再仅计算文献发表后所收到的全部引文，而是采用 3 年或 5 年的引用窗口来设定标准时间，这是考虑到文献的引用峰值通常在发表后的 4 年左右。然而，这样的设定若应用于所有学科会带来新的问题，因为不同学科的文献在整个生命周期内收到的引文数量差异较大，自然科学文献的引用数量明显高于人文社会科学文献。为了消除学科影响，出现了同领域的归一化的平均引文数（field normalized average citation）[②]，简称为平均相对引文（ARC，Average Relative Citation），该指标将同一领域内的引文数量进行归一化处理，一般将

---

① Dimension [EB/OL]. [2018-10-20]. https：//www. dimensions. ai/widgets/access/.

② Radicchi F, Fortunato S, Castellano C. Universality of citation distributions：Toward an objective measure of scientific impact [J]. *Proceedings of the National Academy of Sciences*，2008，105（45）：17268-17272.

ARC 基准量设定为 1。若一篇文献的 ARC 数值低于 1，则表示其引文数量低于领域内的平均水平；相反，若高于 1，则表示引文数量高于领域内的平均水平，并可以选择 3 年或 5 年引用窗口进行计算。

目前，引文分析已经逐步深入到内容层面进行分析。学者赵蓉英等构建了基于位置的共被引框架，发现引文在全文中的分布不均，大部分的引文集中在论文的前半部分①；学者刘盛博等将共被引关系划分为句子层次共被引、段落层次共被引、章节层次共被引和文章层次共被引 4 个层次，并提出了一种基于引用内容相似度的共被引关系权重计算方法②。将引文分析深入到内容层面有助于对引证行为和动机进行探究，然而由于引证动机受到学者自身知识水平、学科背景以及个人喜好等因素的影响，引文分析仍存在着多个问题需要解决。

（2）引文分析的局限性。

引文分析虽然被广泛使用，但并非完美的评价指标，存在着多个缺陷。例如，综述性文章更容易获得引用；H 指数不适用于学者的学术影响力评价③。同时，期刊影响因子作为期刊评价指标也存在一些弊端。早在 1963 年，加菲尔德就对科学引文索引的滥用表示担忧，他指出："盲目地认为引用最多的作者应该获得诺贝尔奖是荒谬的（It is preposterous to conclude blindly that the most cited author deserves a Nobel prize）。"单纯依靠计算引文数量来评价单个科研工作者的贡献和预测其科研潜力是对引文分析的滥用。国内学者杨思洛从引文分析的基础理论与引用动机的不完善，引用分析方法、工具和数据库的缺陷等方面探讨了引文分析存在的问题及原因④。这说明国内外学者已经充分意识到引文分析的缺陷，并不断探索新的指标和方法来评估学术论文的影响力。基于这一认识，2017 年《自然》杂志刊登了明确期刊

---

① 赵蓉英，郭凤娇，曾宪琴. 基于位置的共被引分析实证研究 [J]. 情报学报，2016，35（5）：492-500.

② 刘盛博，张春博，丁堃，等. 基于引用内容与位置的共被引分析改进研究 [J]. 情报学报，2013，32（12）：1248-1256.

③ Costas R，Bordons M. The h-index：Advantages，limitations and its relation with other bibliometric indicators at the micro level [J]. *Journal of Informetrics*，2007，1（3）：193-203.

④ 杨思洛. 引文分析存在的问题及其原因探究 [J]. 中国图书馆学报，2011，37（3）：108-117.

评价指标的《旧金山宣言》(*San Francisco Declaration on Research Assessment*)，该宣言倡导期刊影响因子的最初目的是帮助图书馆管理人员区分期刊，合理地选择、购买期刊，而非用于测量单篇论文的质量和影响力。我们在评价学者的学术论文时应关注论文本身的价值，而不应局限于发表论文的期刊。

基于上述论述，本书研究的对象是中国学者参与国际合作的学术论文，而不仅仅关注单一作者。在选择评价指标时，并未将论文所发表的期刊影响因子作为评价指标。同时考虑到学科的差异性和数据时间范围为 1980—2016年，我们将采用平均相对引文（ARC）作为横向比较指标，通过与同领域的比较来说明中国学者国际合作学术论文的引文影响力。

1.6 Altmetrics 理论与方法

1.6.1 Altmetrics 相关指标

2010 年 10 月，北卡罗来纳大学教堂山分校与阿姆斯特丹自由大学等机构的学者们提出了《Altmetrics 宣言》[①]，正式介绍并描述了 Altmetrics 指标和在线工具。随后，以杰森·普里姆（Jason Priem）为代表的发起人与其他学者发表了一系列论文，探讨社交媒体与学者学术影响力之间的关系[②③④]，并系统阐述了 Altmetrics 概念及其应用范围。目前 Altmetrics 已经形成了一个综合性的指标体系，包括关注记录、传播记录和影响力指标，并且具有快速、多样化的指标类型以及丰富的数据来源等特点。

Altmetrics 是在 Web 2.0 时代兴起和发展的一种计量方法，常被翻译为

① Priem J, Taraborelli D, Groth P, et al. Altmetrics: A manifesto [EB/OL]. [2019-03-14]. http://altmetrics.org/manifesto.

② Priem J, Groth P, Taraborelli D. The altmetrics collection [J]. *Plos One*, 2012, 7 (11): e48753.

③ Priem J, Costello K L. How and why scholars cite on Twitter [J]. *Proceedings of the Association for Information Science & Technology*, 2011, 47 (1): 1-4.

④ Bar-Ilan J, Haustein S, Peters I, et al. Beyond citations: Scholars' visibility on the social Web. 2012. ArXiv, abs/1205.5611.

"替代计量学"① 或 "补充计量学"②。无论采用何种翻译方式，都体现了 Altmetrics 的目标是对传统论文影响力进行补充和完善。在数字时代，科研论文在网络环境中的使用和传播扩展了基于引文的影响力范围。Altmetrics 的出现主要是为了帮助科研人员解决学术论文被下载、阅读、报道、在线讨论和分享等方面的问题。

通过与政策文件的链接，可以了解学术论文与政策之间的相关性；通过统计社交媒体平台如推特（Twitter）和脸书（Facebook）等的数据，可以了解学术论文受到的关注程度。Altmetrics 的兴起极大地丰富了学术论文影响力评价的指标体系。

1.6.2　Altmetrics 与引文分析的相关性

Altmetrics 的兴起源于交互式互联网时代的到来，特别是社交媒体的广泛使用，使得学术论文的影响力不再局限于传统的引文指标，而成为对其进行补充的一种评价方式。相对于引文影响力，Altmetrics 能够快速获取数据。传统期刊论文的引用存在滞后性，而网络平台上的使用、下载、评论等数据可以实时获取。目前 Altmetrics 平台的数据主要来源有 Public policy documents、Mainstream media、Online reference managers、Post-publication peer-review platforms、维基百科（Wikipedia）、Open Syllabus Project、Patents、博客（Blogs）、Citations、Research highlights、Social Mediah、Multimedia 和其他在线平台③。其中 Citations 是指来源于 Dimension 平台的引文数据④，该平台也提供 Web of Science 数据库的引文数据，因此在分析时要剔除其他数据库的引文数据，否则相当于对引文指标增加了权重。

目前已经有很多研究对 Altmetrics 指标与引文数量之间的相关性进行了分析。学者郭飞、游滨等通过对 441 万多条 Altmetric.com 网站数据的分析发

---

① 邱均平，余厚强. 替代计量学的提出过程与研究进展 [J]. 图书情报工作，2013，57（19）：5-12.

② 赵蓉英，汪少震，陈志毅. 补充计量学及其分析工具之探究 [J]. 情报理论与实践，2015，38（6）：29-34.

③ Relevant, reliable and transparent [EB/OL]. [2019-03-14]. https：//www. altmetric. com/about-our-data/our-sources/news/.

④ Dimension [EB/OL]. [2018-10-20]. https：//www. dimensions. ai/widgets/access/.

现，独立用户数与引文量的相关性要显著高于绝对提及数，同时 Mendeley 平台的阅读量与引文量的相关性最为显著①。吴朋民和陈挺等学者选择自然指数（Nature Index）数据库中的 68 种高质量期刊数据，分析了 Altmetrics 与被引次数之间的相关性，发现学科差异性对 Altmetrics 与被引次数之间的相关性影响显著②。阎雅娜和聂兰渤等学者采用基本科学指标（Essential Science Indicator，ESI）数据库的热点论文数据，分析了 Altmetrics 对引文分析的影响力，发现 ESI 热点论文与 Altmetrics 高分值存在对应关系，并且文献的出版模式不同，对评价指标的选择也存在显著差异③。从以上研究中可以得出结论，Altmetrics 对引文数量的影响在不同学科之间存在差异。只有某些 Altmetrics 指标与论文的引文水平之间存在显著相关性。作为对传统文献计量指标的补充，在实际研究中选择合适的 Altmetrics 指标会对研究结果产生影响。因此，在科学评价活动中，正确选择指标至关重要。

1.7　评价学理论与方法

对科学研究方法可以从不同角度进行分类。其中，最为广泛的分类方法是将研究方法分为定性研究方法（Quantitative Research Methods）和定量研究方法（Qualitative Research Methods）。定性研究方法主要源于人文社会科学领域，包括行为研究、案例研究、人种研究以及扎根理论等④；而定量研究方法主要源于自然科学领域，包括调查研究、实验研究以及数学建模等⑤。然而，随着数学方法逐渐在社会科学研究中的应用，社会科学的研究方法已经

---

① 郭飞，游滨，薛婧媛. Altmetrics 热点论文传播特性及影响力分析［J］. 图书情报工作，2016（15）：86-93.

② 吴朋民，陈挺，王小梅. Altmetrics 与引文指标相关性研究［J］. 数据分析与知识发现，2018，18（6）：62-73.

③ 阎雅娜，聂兰渤，王静. 单篇文献的引文计量指标与 Altmetrics 的比较分析：以 ESI 的 Hot Papers 为例［J］. 图书馆杂志，2018（3）：100-107.

④ 张明仓，欧阳康. 社会科学研究方法［M］. 北京：高等教育出版社，2015.

⑤ 栾玉广. 自然科学研究方法［M］. 合肥：中国科学技术大学出版社，1986.

融合了定性与定量研究的方式，形成了定性和定量研究相结合的方法体系①。

1.7.1 科学评价与学术论文影响力

（1）科学评价的应用。

科学的评价是科学管理的基础，科学的科研评价是科学事业健康发展的前提和保障，有助于优化科研资源配置并提高科研管理水平。科研评价涵盖了对科技政策、科技机构、学术期刊以及科研人员等不同对象的评估。科研评价根据评价方法来判断评价对象的价值或质量水平，以满足不同评价主体的需求。科研评价是评价学在科研管理中的应用，评价学是科研评价的基础。科学评价的产生和发展经历了漫长而持续的过程。评价学的兴起需要具备三个基本条件②③：首先，社会对于评价学的需求逐渐增加，这是推动评价学快速发展的关键动力；其次，在评价实践活动中已经积累了丰富的经验和知识，形成了坚实的科学评价理论基础；最后，评价活动的多样性为评价理论与实践研究提供了巨大的推动力。

科学评价的方法主要可以分为定性评价方法、定量评价方法与综合评价方法。定性评价方法是基于专家知识进行评价的方法，包括同行评议、德尔菲法、专家评价法等，可通过专家来选择评价指标。定量评价方法则利用数理统计方法和技术对评价对象进行定量描述和分析，包括文献计量、科学计量以及数学模型方法等。综合评价方法包括常规综合评价方法、距离综合评价法、灰色关联度评价法、数据包络分析法以及模糊综合评价方法等④。

（2）科学评价的原则。

①目的性原则。

在具体实施科学评价前需要明确评价的目的，通过设定的评价目的来确定评价活动需要达到的目标，并以目标为导向选择合适的方法与指标。在科

---

① 陈其荣，曹志平. 自然科学与人文社会科学方法论中的"理解与解释" [J]. 浙江大学学报（人文社会科学版），2004，34（2）：23.

② 刘本固. 教育评价的理论与实践 [M]. 杭州：浙江教育出版社，2000.

③ 邱均平，王碧云，汤建民，等. 教育评价学：理论、方法与实践 [M]. 北京：科学出版社，2016.

④ 胡永宏，贺思辉. 综合评价方法 [M]. 北京：科学出版社，2000.

学评价中针对不同的评价对象，评价的目的会有所不同，例如，对科研人才的评价，可以通过遴选优秀人才为人才引进提供参考；也可以通过学者综合影响力排名为科研奖励的分配提供参考。

②客观性原则。

客观性首先要求评价中采用的数据是真实可靠的，然后要从实际出发选择合适的方法与指标体系，不能因为主观原因侧重某些指标的使用。

③全面性原则。

该原则是指在评价中要综合考虑评价对象的特征，对评价对象要有整体认识，并考虑评价对象所处的背景、时间和其他条件。例如，对学术论文影响力进行评价就要全面了解影响力的内涵与外延，在选取指标时尽可能地将表征论文影响力的指标都涵盖。

1.7.2　学术论文影响力评价相关指标

基于本书的梳理与归纳，学术论文影响力的评价指标主要有以下几种：

（1）相对引文数量。

相对引文（Relative Citation，RC）数量是对论文的引文数量进行归一化处理的指标。此指标的引入是因为已有研究发现，论文的引文水平与学科高度相关，并且不同年份发表的论文仅通过比较总引文数无法客观反映文章质量。在这种情况下，通过对论文的引文数量进行归一化处理，可以消除量纲的影响。该方法将某篇论文的引文数量除以同一学科领域、同一年份发表的所有论文的平均引文数，从而得到该篇论文的相对引文数量。该方法的优点在于能够比较分析某篇论文的引文数量与领域内论文平均引文数量之间的差异，从而判断该论文的引文水平高于还是低于平均水平。相对引文数量主要是针对单篇论文，其计算方法可以表示为：

$$RC(P_i) = \frac{Cit_{P_i}}{WAC} \qquad\qquad 公式\ 1-1$$

$$WAC = \frac{Tot_{Cit}}{Tot_{art}} \qquad\qquad 公式\ 1-2$$

公式 1-1 中，RC 表示相对引文数量，P_i 表示第 i 篇论文（publication），

Cit_{P_i} 表示第 i 篇论文的引文数量，WAC 代表世界平均引文数量（world average citation）。

公式 1-2 中，$\mathrm{Tot}_{\mathrm{Cit}}$ 表示数据库中的所有引文数量，$\mathrm{Tot}_{\mathrm{art}}$ 表示数据库中的所有论文数量。

平均相对引文（average relative citation，ARC）数量是指某一国家特定学科领域发表的论文收到的引文数量与 Web of Science 数据库中同一学科所有论文收到的引文数量的比值。以 1 为基准量，若 ARC 小于 1，则表示该学科的平均相对引文数量低于 Web of Science 数据库的平均值；反之，若 ARC 大于 1，则表示高于平均水平。平均相对引文（ARC）数量针对某一学科或领域的论文集合进行计算，其计算方法非常简单。以自然科学领域为例，计算方法如下：

$$\mathrm{ARC\,[\,NSE\,]}_{\mathrm{country}} = \frac{\mathrm{WAC\,[\,NSE\,]}_{\mathrm{country}}}{\mathrm{WAC\,[\,NSE\,]}_{\mathrm{world}}} \qquad \text{公式 1-3}$$

$$\mathrm{WAC\,[\,NSE\,]} = \sum_{i=1}^{8} \frac{\mathrm{Tot}_{\mathrm{Cit}}}{\mathrm{Tot}_{\mathrm{art}}} \times \frac{\mathrm{Tot}_{\mathrm{art}_i}}{\mathrm{Tot}_{\mathrm{art}}} = \sum_{i=1}^{8} \frac{\mathrm{Tot}_{\mathrm{Cit}}}{\mathrm{Tot}_{\mathrm{art}}} \qquad \text{公式 1-4}$$

公式 1-3 中，ARC 代表平均相对引文数量，WAC 代表世界平均引文数量，$\mathrm{WAC\,[\,NSE\,]}_{\mathrm{country}}$ 表示某一国家在自然科学领域所有论文的世界平均引文数量，$\mathrm{WAC\,[\,NSE\,]}_{\mathrm{world}}$ 表示自然科学领域所有论文的世界总体平均引文数量。公式 1-4 中，$\mathrm{WAC\,[\,NSE\,]}$ 是指自然科学领域论文的世界平均引文数量，计算方法为自然科学领域内 8 个学科的所有引文总数除以论文数量。$\mathrm{Tot}_{\mathrm{Cit}}$ 和 $\mathrm{Tot}_{\mathrm{art}}$ 分别表示自然科学领域论文的总引文数量与总论文数量，$\mathrm{Tot}_{\mathrm{art}_i}$ 表示自然科学领域第 i 篇论文的总引文数量。

（2）高被引论文。

Web of Science 数据库通过设定引文阈值来筛选出高水平的论文，以展示其质量和影响力。基本科学指标（Essential Science Indicator，ESI）数据库中的高被引论文（Highly Cited Papers）和热点论文（Hot Papers）是目前常用的评估高被引程度的指标。ESI 是美国科技信息研究所于 2001 年推出的分析评价工具，用于评估科研影响力和追踪科学发展前沿。在 ESI 的高水平论文基础上，在实际研究中，可以将引文阈值设定为进入前 10% 或前 5% 的高被引文章。这种方法不受特定数据库的限制，即使无法使用 ESI 数据库，仍可通过计算获取该领域论文的高被引数据。

（3）Altmetric 关注得分。

Altmetric 关注得分（Altmetric Attention Score，AAS）是评估学术论文在社交媒体时代传播影响力的重要指标。该指标由 Altmetric. com 网站通过综合计算一系列指标得出，包括新闻提及（News mentions）、博客提及（Blog mentions）、政策提及（Policy mentions）、推特提及（Twitter mentions）、同行评审提及（Peer review mentions）和 Google+提及（Google+ mentions）等。在 Web 2. 0 时代，Altmetrics 指标已经在学术界引起广泛关注，并形成了一系列科研成果，用于综合评估学术论文的影响力[1][2][3]。

（4）其他指标。

Altmetrics 指标一直是科学计量学研究的重点之一，国内外已经提出了一系列针对不同研究对象的指标。例如，评价期刊影响力的期刊影响因子以及评价学者影响力的 H 指数。然而，这两个指标都存在严重不足，单纯依靠期刊影响因子无法准确评判单篇论文的质量，而 H 指数对于发表论文数量较少的学者也存在局限性。此外，还有其他指标如 G 指数、P 指数，以及补充期刊影响因子的 Eigenfactor Score 和 Article Influence Score 等。

① 赵蓉英，郭凤娇，谭洁. 基于 Altmetrics 的学术论文影响力评价研究：以汉语言文学学科为例 [J]. 中国图书馆学报，2016，42（1）：96-108.

② 崔宇红. 从文献计量学到 Altmetrics：基于社会网络的学术影响力评价研究 [J]. 情报理论与实践，2013，36（12）：17-20.

③ 杨柳，陈贡. Altmetrics 视角下科研机构影响力评价指标的相关性研究 [J]. 图书情报工作，2015（15）：106-114.

第2章　国际科研合作的
学术效应分析

　　科研合作根据不同的合作形式可划分为多种类型。其中，国际科研合作是一种由不同国家科研人员参与的合作形式，随着现代交通工具和通信技术的发展而逐渐兴起和成熟。从本质上讲，国际科研合作仍然具有一般科研合作的特征。因此，在本书的研究中，我们将从科研合作的一般规律出发，梳理和总结相关研究现状，并对国际科研合作的特点进行归纳和总结。

　　首篇科研合作论文于1665年发表之后，科研合作的发展经历了不同形式的转变。如今科研合作已深入各个现代科学研究领域，国际科研合作也在全球开展。为了详细、深入了解国内外关于国际合作学术论文影响力的研究现状和前沿趋势，我们首先对国内外论文数据库进行了检索。国内方面，主要选择了中国知网（CNKI）网络期刊总库以及万方数据库的中国学位论文全文数据库（CDDB）。而针对国外数据，我们主要检索并阅读了 Web of Science论文数据库中收录的有关科研合作、国际科研合作以及中国学者国际科研合作的相关论文。同时，为了了解该主题在国内外的发展前沿和趋势，我们还重点阅读了近年来本学科相关的国际和国内会议论文集中关于科研合作的研究。此外，我们还通过检索和阅读国内外的论文数据库以及相关的会议论文集，深入了解国际合作学术论文影响力的研究现状和前沿趋势。1966年，普赖斯在文章中提出了"无形学院"（invisible college）的概念①，指出现代科

---

　　① De Solla Price D J, Beaver D. Collaboration in an invisible college [J]. *American Psychologist*, 1966, 21 (11): 1011.

学研究已经朝着这个方向发展。科学家们为了共同的研究目标而聚集在一起，通过集体的力量来完成科学研究。普赖斯还对多作者合作发表的论文中自引对总体引文数量的影响进行了开创性研究。尽管普赖斯曾预测单一作者论文将在 1980 年左右消失，并被多作者论文所取代，但目前尚未出现这种情况。然而，在科研国际化的背景下，通过科研合作来解决科学问题已成为时代的特征。一些学者甚至将科研合作网络比喻为新的学科门类①。通过对本书研究主题的相关文献的检索，以及深入阅读和梳理发现，国内外的研究主要是从以下几个方面展开。

2.1 科研合作的起源与动机分析

通过对文献的阅读和梳理，我们发现国内外已经有许多关于科研合作、科研合作学术论文以及国际科研合作的分析与评价研究。国内外学者在国际科研合作的理论研究方面也取得了丰硕的成果。他们的研究内容主要集中在以下几个方面：国际科研合作的定义、国际科研合作的动机、国际科研合作的效用以及国际科研合作的计量方法。这些研究对于深入了解国际科研合作的本质和影响因素具有重要意义。

2.1.1 科研合作的起源分析

科研合作的起源可以从科技史的角度来解读，其始于上世纪中后期。普赖斯和唐纳德·DeB. 比弗（Donald DeB. Beaver）是最早开始研究科研合作现状与影响力的主要学者。其中，普赖斯在他的著作《大科学，小科学》（*Big Science，Little Science*）中对 1910—1960 年发表在《化学文摘》上的论文数据进行了分析②，并发现科研合作最早可以追溯到 20 世纪初期，多作者

---

① Camarinha-Matos L M，Afsarmanesh H. Collaborative networks：A new scientific discipline ［J］. *Journal of intelligent manufacturing*，2005，16（4-5）：439-452.

② De Solla Price D J. *Big science，little science* ［M］. New York：Columbia University，1963：119.

论文的数量逐渐增加。普赖斯的研究首次系统地探讨了科研中多作者论文数量增长的趋势，并对未来科研合作的发展趋势做出了预测①。由此可见，从科技史的视角来看，科研合作的起源和兴起可以追溯到上世纪中后期。

比弗与合作者在 1978—1979 年发表了关于科研合作问题的系列文章，系统阐述了科研合作的起源、作用以及对现代科学的影响。其中，他们的第一篇文章主要研究了科研合作的起源问题②，并将科研合作总结为对科研专业工作的回应。这篇文章从科技史的角度分析了 1665 年至 1800 年间的科技合作问题，并发现在这一时期内天文学领域有 4.4% 的论文是合作完成的。1979年，比弗与合作者在文章中研究了从 1777 年至 1830 年间的法国科研合作中的合作者数量、科研产出量以及显示度。文章指出科研合作最早被科研精英或者渴望成为科研精英的人实践，科研合作提高了个人的科研生产力，也增加了科学团体的显示度。作为该科研合作系列的最后一篇文章，比弗与合作者的第三篇文章将时间推移到 20 世纪，他们从生物学、化学和物理学领域的期刊刊载的文章中发现，20 世纪的科研合作程度更为紧密，科学家越来越倾向于合作研究，这是迅速发展的科学整体模式中的重要趋势，而驱动这一变化的原因是科学研究的专业化发展，他们同时预测科研合作将为科学家在科研社区（Scientific Community）中带来更多的移动性（mobility）③。

2.1.2　科研合作的动机分析

科研合作的产生是科研工作发展到一定阶段的必然需求。已有许多论文对科研合作以及国际科研合作产生的动机进行了分析，并将科研合作的动机分为个人层面、项目层面和国家层面的动机。其中，比弗与合作者将科研合作的产生动机解释为对科研专业工作的回应，科学研究工作的专业化促使科

① Hoekman J, Scherngell T, Frenken K, et al. Acquisition of European research funds and its effect on international scientific collaboration [J]. *Journal of Economic Geography*, 2013, 13 (1): 23-52.

② Beaver D D, Rosen R. Studies in scientific collaboration [A]. *Scientometrics*, 1978.

③ Beaver D D, Rosen R. Studies in scientific collaboration. 2. scientific co-authorship, research productivity and visibility in the French scientific elite, 1799—1830 [J]. *Scientometrics*, 1979, 1 (2): 133-149.

研合作的产生①。有学者在研究文章中认为国际科研合作是由于科学内部因素的驱动，例如对获取知识的渴望、科学技能和科研数据的交流、专业水平的提升等，同时国际科研合作对科研发展的促进作用吸引了政府的科研经费投入，例如欧洲科学共同体计划②。也有国外学者认为科研合作能为科研工作者带来诸多好处，他们认为，获得职业的晋升、学术地位的提升是驱动科研工作者进行合作的最直接的原因③。学者约翰·W. 霍利（John W. Holley）在研究中认为与学术上已经取得很高成就的科学家合作是初级科研工作者提高学术地位的有效方法④，这一观点也被其他几位学者通过研究证实⑤。

科研合作的定义一直是国内外学者研究科研合作问题的重点。国内学者对科研合作的定义进行了专门研究。在 1984 年的《论科学合作》一文中，王崇德指出科学合作是科学社会中科学家之间普遍存在的联系方式，是一种常见的科学生产方式和劳动形式⑥。学者谈曼延认为合作既是人们为了实现共同目标或者各自利益而互相协调的活动，也是为共享利益或者实现各得其利而在行动上相互配合的过程⑦。学者谢彩霞和刘则渊提出，科研合作是科学工作者为了达到生产新的科学知识这一共同目的或实现各自科研目标而进行的协同互助的科学活动。他们认为科研合作是科学的内在动力和科学政策、措施的共同作用结果⑧。学者赵蓉英和温芳芳在文章中认为科研合作是指两个或更多科研人员或组织共同致力于同一研究任务，相互配合和协同完成科

① Beaver D D, Rosen R. Studies in scientific collaboration Part III. Professionalization and the natural history of modern scientific co-authorship [J]. *Scientometrics*, 1979, 1 (3): 231-245.

② Luukkonen T, Tijssen R J W, Persson O, et al. The measurement of international scientific collaboration [J]. *Scientometrics*, 1993, 28 (1): 15-36.

③ Acedo F J, Barroso C, Rocha C C, et al. Co-Authorship in management and organizational studies: An empirical and network analysis [J]. *Journal of Management Studies*, 2010, 43 (5): 957-983.

④ Holley J W. Tenure and Research Productivity [J]. *Research in Higher Education*, 1977, 6 (2): 181-192.

⑤ Amjad T, Ding Y, Xu J, et al. Standing on the shoulders of giants [J]. *Journal of Informetrics*, 2017, 11 (1): 307-323.

⑥ 王崇德. 论科学合作 [J]. 科技管理研究, 1984 (5): 26-29.

⑦ 谈曼延. 关于竞争与合作关系的哲学思考 [J]. 广东社会科学, 2000 (4): 71-75.

⑧ 谢彩霞, 刘则渊. 科研合作及其科研生产力功能 [J]. 科学技术哲学研究, 2006, 23 (1): 99-102.

研任务的科学活动。他们指出科研合作的本质是学者之间的资源共享①。综上所述，科研合作具有多种形式，国际科研合作则是不同国家的科学家为了完成共同的科研任务而跨越国家地理边界展开的合作形式。

国际科研合作是一种跨越国家地理区域边界的科研合作方式，同时也具备一般科研合作的特点。其产生的动机源于学者对共同科研目标的追求。在1984 年的《论科学合作》一文中，王崇德认为科研合作的动机主要包括作者对物质与精神的共同诉求、追求较高的工作效率以及积累多方面经验的需要②。学者赵蓉英和温芳芳将科研合作的动机归纳为以下五点：应对科学发展的新需求、实现科研资源的优势互补、迎合鼓励合作的科研政策、应对多学科交叉研究的需求以及建立和巩固社会关系③。崔万安和覃家君的研究分析认为，国际合作的动机可以分为两大类：一类是从全球可持续发展的角度出发，这类合作组织包括联合国、世界银行等机构；另一类是为了寻求良好的发展环境，获得更好的投资回报，比如发展中国家与发达国家之间的合作④。

2.2　国际科研合作的影响因素分析

国际科研合作是一种跨越国家地理边界的知识共享活动，也是科研人员间互信的结果⑤。国际科研合作的核心在于团队成员之间的协作。高效的国际科研合作能够为学者、机构和国家带来科学技术的创新与突破。例如，人类基因组计划、空间站建设、抗击埃博拉病毒、对抗新型冠状病毒等需要大

---

① 赵蓉英，温芳芳. 科研合作与知识交流 [J]. 图书情报工作，2011，55（20）：6-27.
② 王崇德. 论科学合作 [J]. 科技管理研究，1984（5）：26-29.
③ 赵蓉英，温芳芳. 科研合作与知识交流 [J]. 图书情报工作，2011，55（20）：6-27.
④ 崔万安，覃家君. 区域自然资源可持续发展与国际合作研究 [J]. 科技进步与对策，2002，19（3）：26-29.
⑤ Gallié E P, Guichard R. Do collaboratories mean the end of face-to-face interactions? An evidence from the ISEE project [J]. *Economics of Innovation & New Technology*，2005，14（6）：517-532.

规模的国际科研合作，这些合作对整个人类社会产生了深远影响。然而，在国际科研合作中涉及团队的领导、团队的规模、任务的分配、科研经费的管理、科研成果的发表等众多方面。无论是哪一个方面，都会对国际科研合作产生影响。因此，对国际科研合作的影响因素进行分析是实现高效科研合作的前提和保障。

国际科研合作受到多种因素的综合影响，目前已有的研究主要从科技政策、科研经费和科研环境等方面进行了分析。在 1999 年的研究中，学者刘云与董建龙指出经费投入是影响国际科研合作的重要因素之一。他们研究了美国对国际科研合作的经费投入配置，发现美国政府支持的国际科研合作涉及科研领域的大部分学科，尤其是航空航天和地球科学领域得到了重点支持①。学者潘天明基于纽约科学院组织的国际科研合作走向影响因素研讨会的资料分析认为，影响国际合作的因素主要包括合作伙伴的规模、合作项目的规模、全球性国际合作项目、研究质量、时间问题以及经费。特别是国际合作的形成需要一定的时间，而时间因素还会影响到参与合作成员的积极性以及合作产品的周期性等，这些都会对国际科研合作产生影响②。学者刘云与董建龙对比分析了中国与其他国家的国际合作经费投入与配置问题，在研究中发现，发达国家的国际科研合作经费投入占政府总体研发投入的比例要高于中国。他们提出了加强双边与多边科技合作、积极参与大科学计划和建立国际科技合作基金等措施，以提高中国的国际科技合作强度③。学者戴艳军在研究中认为，中国的国际科研合作存在经费不足、合作质量不高、自主性较差以及重点不突出等问题。他提出了针对上述问题的改进方法，特别是加大政府对国际科研合作经费的投入力度④。刘孟德和张喜验等学者分别对山东省科学

① 刘云，董建龙. 美国政府国际科技合作的经费投入与结构分布 [J]. 科学学研究，1999（2）：92-96.

② 潘天明. 影响国际科技合作走向的因素 [J]. 全球科技经济瞭望，1999（4）：10-12.

③ 刘云，董建龙. 我国政府投入国际科技合作经费的现状及发展对策 [J]. 科学学研究，2000，18（1）：35-42.

④ 戴艳军. 中国学者国际科技合作的现状与对策 [J]. 科学学与科学技术管理，2001，22（12）：20-23.

院海洋仪器仪表研究所的国际科研合作成果进行了分析，并发现在国际科研合作中缺乏足够的经费和语言翻译人才是两个重要的制约因素。他们指出，经费和语言问题是影响国际合作的两大关键因素[①]。学者尹希果和李后建采用结构方程模型分析了欠发达地区的国际科技合作环境对国际科技合作的影响。研究结果证实，在经济环境中，人力资源和资本成本对欠发达地区的国际科技合作具有最大的正向影响作用；而在文化环境中，当地人员的思想开放程度和对外界事务的接纳程度对国际科技合作也有显著影响。然而，在经济环境中，市场规模和基础设施建设程度对国际科技合作的影响较低[②]。学者李梦学和张松梅对地球观测领域的国际科研合作影响因素进行了分析。他们发现，政府的参与、长期稳定的资金投入、专业的人才队伍以及自然环境特点（包括资源环境和生态环境）都对国际科研合作产生了影响，尤其是政府对科技政策的制定从根本上影响着其他因素[③]。

目前，对于国际科研合作影响因素的研究主要集中于科研问题的本质性因素、合作规模因素、合作领导力因素、合作经费因素、学科差异性因素、知识产权因素这六个方面。

2.2.1 科研问题的本质性因素

在一篇发表于 1983 年的文章中，有学者指出科研问题的本质是决定科研合作模式的重要因素之一，科研问题的本质是对所要研究的问题的清晰认识。该学者还指出，在生物学和化学领域，科学家面临的需要解决的科研问题不一样，所以采用的合作模式不同，需要的经费支持程度也存在差异[④]。

科研合作是一个持续性的过程。从科研人员的角度来看，一些科学家在

---

① 刘孟德，张喜验，孟庆明. 走出去 请进来 探索国际科研合作的有效途径 [J]. 科学与管理，2003，23（6）：11-12.

② 尹希果，李后建. 基于 SEM 的欠发达地区国际科技合作环境因素研究 [J]. 中国科技论坛，2009（12）：124-128.

③ 李梦学，张松梅. 地球观测领域国际科技合作影响因素探析 [J]. 全球科技经济瞭望，2009，24（4）：18-22.

④ Subramanyam K. Bibliometric studies of research collaboration：A review [J]. *Journal of Information Science*，1983，6（1）：33-38.

其科研生涯中形成了长期稳定的科研合作团队，并对其科研活动产生了重大影响。从学科和国家层面来看，科研合作可以促进科技创新，国际合作为解决一些重大科研问题提供了新的解决模式。因此，在影响科研合作的因素上，不能仅考虑单一因素。例如，有学者指出，地理、经济、社会政治和语言等因素都是影响国际科研合作的重要因素①。印第安纳大学和北卡罗来纳大学教堂山分校的几位学者从合作团队组成的角度分析发现，合作成员的个人兼容性、工作关系协调、工作的奖励政策和研究基础设施等因素也会影响合作②。也有学者利用 2001 年至 2005 年间化学领域的欧洲合作论文数据，分析了网络邻近如何影响区域间合作的结构以及它与地理因素的相互作用。他发现，区域间的网络邻近对于确定未来的合作非常重要，但其影响受到地理位置的调节。这揭示了明确的替代模式，表明网络邻近主要有利于国际合作③。几位法国学者则研究了地理位置临近与合作论文影响力的关系。他们认为，当前关于国际合作的研究主要集中在研究人员的地理分布上，缺乏对合作者之间接近程度如何影响研究质量的分析。他们利用作者的地理定位数据集，研究了 2000—2007 年欧洲科研合作论文，评估了哪个地理范围内的合作产生的高被引论文率最高④。除此以外，国际科研合作还受到科研人员性别⑤、学

①　Katz J S. Geographical proximity and scientific collaboration [J]. *Scientometrics*, 1994, 31 (1): 31–43.

②　Hara N, Solomon P, Kim S L, et al. An emerging view of scientific collaboration: Scientists' perspectives on collaboration and factors that impact collaboration [J]. *Journal of the American Society for Information science and Technology*, 2003, 54 (10): 952–965.

③　Bergé L R. Network proximity in the geography of research collaboration [J]. *Papers in Regional Science*, 2017, 96 (4): 785–815.

④　Apolloni A, Rouquier J B, Jensen P. Collaboration range: Effects of geographical proximity on article impact [J]. *European Physical Journal Special Topics*, 2013, 222 (6): 1467–1478.

⑤　Fox M F, Realff M L, Rueda D R, et al. International research collaboration among women engineers: Frequency and perceived barriers by regions [J]. *Journal of Technology Transfer*, 2017, 42 (6): 1–15.

者流动性①以及国家宏观科技政策②③等诸多因素的影响。

2.2.2　合作规模因素

团队的组合是合作的基础，而团队的规模决定了合作的模式和效率。2005 年在《科学》（*Science*）杂志上刊发的一篇研究文章表明，在艺术领域和科研领域，团队的规模决定了团队的组成模式，而组成模式又决定了团队的协作结构和表现④。合作规模与合作团队的领导力以及创新之间存在相关性。几位学者通过对医疗保健领域的分析发现，团队规模与创新之间存在统计学上的显著相关性⑤。而另外两位学者则认为并不是所有的国际合作都是有益的，他们调查了 2011 年生物化学领域研究论文的引文影响与 Mendeley 读者对 Web of Science 的影响，并采用负二项式回归模型进行分析。他们发现，在排除其他因素影响的情况下，较大规模的合作团队能够带来较大的影响力，与美国的合作对引文影响力具有积极影响，但与其他一些国家的合作却对影响力产生了负面影响⑥。通过量化国际合作的效益，几位学者分析了与不同国家合作的学术论文的影响力，发现合作的国家越多则影响力越大⑦。

①　Jonkers K, Tijssen R. Chinese researchers returning home：Impacts of international mobility on research collaboration and scientific productivity [J]. *Scientometrics*, 2008, 77 (2)：309-333.

②　Lee J, Lim H, Kim H C, et al. Policy issues in international collaboration in nanoscience and nanotechnology：Korean case [A]. Nanotechnology, 2010.

③　Hicks D. Performance-based university research funding systems [J]. *Research Policy*, 2012, 41 (2)：251-261.

④　Guimera R, Uzzi B, Spiro J, et al. Team assembly mechanisms determine collaboration network structure and team performance [J]. *Science*, 2005, 308 (5722)：697-702.

⑤　West M A, Borrill C S, Dawson J F, et al. Leadership clarity and team innovation in health care [J]. *Leadership Quarterly*, 2003, 14：393-410.

⑥　Sud P, Thelwall M. Not all international collaboration is beneficial：The mendeley readership and citation impact of biochemical research collaboration [J]. *Journal of the Association for Information Science & Technology*, 2016, 67 (8)：1849-1857.

⑦　Bote V P G, Olmeda-Gómez C, Moya-Anegón F D. Quantifying the Benefits of International Scientific Collaboration [J]. *Journal of the American Society for Information Science & Technology*, 2013, 64 (2)：392-404.

2.2.3 合作领导力因素

科研领域的合作和商业领域一样涉及领导力的问题，因为团队的有效运转离不开人员的管理。2015 年，有学者在其文章中指出，科学家的领导力不仅体现在对科研工作的领导上，更体现在对从事科研工作的团队成员的管理上[①]。同时，2004 年的一项研究发现，领导力与合作团队的规模是相互影响的关系[②]。辛辛那提大学与迈阿密大学的几位学者的研究指出团队的规模决定了领导力的分配，同时，领导力又对团队的表现产生影响[③]。另外几位学者的研究发现领导力的变革带来了创新，他们检测了 33 个研发团队的研究成果，认为变革型的领导对创新起到了推动作用[④]。一篇 2006 年发表在《美国管理学会学报》（*Academy of Management Journal*）上的文章通过对 102 个团队的实证分析，证明领导力与团队的知识共享、团队成员间的合作效率呈正相关[⑤]。两位加拿大学者在 2018 年利用 SCI 收录的 2010 年美国、德国、英国、法国和加拿大的论文数据，分析了与不同国家合作带来的引文影响力的增量变化情况，发现与美国合作越紧密越能带来高的引文影响力增量，表明了美国在全球科研活动中的领导力[⑥]。

---

① Leonard B E. Book review: Managing scientists—Leadership strategies in research and development [J]. *Human Psychopharmacology Clinical & Experimental*, 2015, 11 (6): 526.

② Pearce C L, Herbik P A. Citizenship behavior at the team level of analysis: The effects of team leadership, team commitment, perceived team support, and team size [J]. *The Journal of Social Psychology*, 2004, 144 (3): 293-310.

③ Mehra A, Smith B R, Dixon A L, et al. Distributed leadership in teams: The network of leadership perceptions and team performance [J]. *The Leadership Quarterly*, 2006, 17 (3): 232-245.

④ Eisenbeiss S A, Van Knippenberg D, Boerner S. Transformational leadership and team innovation: Integrating team climate principles [J]. *Journal of Applied Psychology*, 2008, 6 (93): 1438-1446.

⑤ Srivastava A, Bartol K M, Locke E A. Empowering leadership in management teams: Effects on knowledge sharing, efficacy, and performance [J]. *Academy of Management Journal*, 2006, 6 (49): 1239-1251.

⑥ Gingras Y, Khelfaoui M. Assessing the effect of the United States' "citation advantage" on other countries' scientific impact as measured in the Web of Science database [J]. *Scientometrics*, 2018, 114 (2): 517-532.

2.2.4　合作经费因素

科研合作离不开经费的支持①，特别是在国际科研合作中。由于地理因素的限制，沟通成本增加，例如，参加国际会议和与国际合作者进行面对面交流都需要资金支持。普赖斯在《大科学，小科学》一书中指出，经费是推动科研合作的重要因素。然而，2006 年，瑞典和芬兰的几位学者的研究发现，科研经费本身并不等同于合作，企业为高校提供科研经费促进科研工作的完成，属于一种隐形的合作形式，但不会体现在发表的共同署名的文章中②。2013 年的一篇文章研究了欧洲科研基金的获取及其对国际科研合作的影响。欧洲委员会资助的框架方案旨在支持国际合作，以使欧洲的科研更具竞争力。他们的研究表明，之前的国际合作对获得经费资助的影响较小，但经费资助对之前没有高水平国际合作的地区影响显著③。2019 年，《美国信息科学技术学会会刊》（*Journal of the Association for Information Science and Technology*）刊发的一篇文章在前人的研究基础上，对 Web of Science 论文数据与经合组织（OECD）的经费数据进行分析，研究了政府资助与国际合作对论文引文影响力的作用。他们发现，在经合组织国家，国际合作对论文引文影响力有显著影响，而政府资助的影响较小④。在 2015 年发表的一篇文章中，学者们对比分析了加拿大与美国纳米技术领域的经费资助与国际合作的研究现状。他们发现，基金资助对国际合作的科研产出具有积极影响。基金资助对加拿大的研究产生了显著的正线性影响，而对美国的研究产生了

①　Feuer M J, Towne L, Shavelson R J. Scientific culture and educational research ［J］. *Educational researcher*, 2002, 31（8）：4-14.

②　Lundberg J, Tomson G, Lundkvist I, et al. Collaboration uncovered：Exploring the adequacy of measuring university-industry collaboration through co-authorship and funding ［J］. *Scientometrics*, 2006, 69（3）：575-589.

③　Hoekman J, Scherngell T, Frenken K, et al. Acquisition of European research funds and its effect on international scientific collaboration ［J］. *Journal of Economic Geography*, 2013, 13（1）：23-52.

④　Leydesdorff L, Bornmann L, Wagner C S. The relative influences of government funding and international collaboration on citation impact ［J］. *Journal of the Association for Information Science and Technology*, 2019, 70（2）：198-201.

积极的非线性影响①。

2.2.5　学科差异性因素

不同学科具有不同的研究范式和合作模式。自然科学的研究更倾向于合作，而社会科学领域的科研合作相对较弱。这一差异与自然科学需要大型实验设备和资金支出密切相关。2015 年，在一篇发表于《美国信息科学技术学会会刊》的文章中，学者使用 Web of Science 数据库中收录的自 1900 年以来的论文数据，按照自然科学与工程学、社会科学与人文学科进行了合作规模的划分。他们发现，在自然科学和人文社会科学领域的国际合作中，两个国家之间的合作论文比例都在持续增加，但自然科学领域的合作论文比例要高于社会科学领域。此外，在合作机构数量和作者数量方面，两个领域之间也存在较大差距②。在此之前，另一篇发表在《美国信息科学技术学会会刊》上的研究文章表明，在微生物学、生物学与生物化学领域，合作已经成为普遍现象③。

2.2.6　知识产权因素

毕克新和赵瑞瑞等学者指出，知识产权问题是国际科研合作中亟待研究的领域。他们通过专家访谈和实地调研的方法，总结出影响国际科研合作中知识产权问题的主要因素，包括制度因素、经济因素、技术因素和管理因素，并通过因子分析确定了这些因素对国际科研合作中知识产权保护的重要程度。他们提出应从提高知识产权意识、完善知识产权保护的制度体系和管理体系

---

① Tahmooresnejad L, Beaudry C, Schiffauerova A. The role of public funding in nanotechnology scientific production: Where Canada stands in comparison to the United States [J]. *Scientometrics*, 2015, 102 (1): 753-787.

② Larivière V, Gingras Y, Sugimoto C R, et al. Team size matters: Collaboration and scientific impact since 1900 [J]. *Journal of the Association for Information Science and Technology*, 2015, 66 (7): 1323-1332.

③ Gazni A, Sugimoto C R, Didegah F. Mapping world scientific collaboration: Authors, institutions, and countries [J]. *Journal of the American Society for Information Science and Technology*, 2012, 63 (2): 323-335.

等方面入手，以提高我国在国际科研合作中的知识产权保护水平①。学者赵瑞瑞的研究认为，在国际科研合作中存在技术主体将技术暴露给合作方、知识产权流失和知识产权分配不合理等问题。她从制度、关系、经济、管理和技术等方面确定了对国际科研合作产生重要影响的因素，并进行了定量分析研究②。毕克新和张宁等学者在分析国际科研合作中知识产权保护影响因素的基础上，构建了国际科研合作知识产权保护评价的指标体系，并利用层次分析法（AHP）和灰色关联分析法（GRA）构建了基于 AHP-GRA 的综合评价模型③。学者潘葆铮探讨了国际科研合作中的知识产权问题的处理原则和合作成果归属问题，并提出了增强知识产权保护意识、建立管理机制、建立和完善管理制度以及配备必要的资金来专门管理知识产权工作。他还提出从签署知识产权条款、对知识产权价值进行评估以及知识产权收入管理等方面着手处理合作中产生的知识产权问题④。

2.3　国际科研合作的学术效应分析

构建学术网络，促成科研合作是科研工作者的一项重要学术活动，有效的科研合作能提高学者的科研产出效率，并对学者的职务晋升、科研经费获取等方面具有重要意义。从社会网络的角度来看，建立合作网络可以缩短合作者之间的物理距离，促进知识的分享，无论是单个合作者还是机构、国家都能从中获益。2009 年，一篇关于科研合作对科学论证结果产生影响的文章通过研究三个问题，回答了合作对于个体的学习效果的影响。首先，相较于

---

① 毕克新，赵瑞瑞，冉东生. 基于因子分析的国际科技合作知识产权保护影响因素研究［J］. 科学学与科学技术管理，2011，32（1）：12-16.

② 赵瑞瑞. 国际科技合作知识产权保护策略研究［D］. 哈尔滨：哈尔滨理工大学，2010：40-42.

③ 毕克新，张宁，冉东生. 基于 AHP-GRA 的国际科技合作知识产权保护评价研究［J］. 科学学与科学技术管理，2012，33（5）：15-21.

④ 潘葆铮. 国际科技合作中的知识产权管理［J］. 中国基础科学，2005，7（2）：52-59.

个人独立科研，团队合作是否能够产生更好的论点？其次，个人在多大程度上会采纳并内化团队的论点？最后，个人在团队合作中是否能比在独立工作中学到更多？通过调查，他们发现合作对个人的学习有积极的影响①。对已有的研究进行梳理后发现，科研合作的效用主要体现在以下几个方面。

2.3.1　国际科研合作对科研生产力的影响分析

已有研究表明，国际科研合作能够提高科研生产力，并增加科研论文的产出量。具体而言，2008 年，瑞士与德国的两位学者在对生命科学领域的文章进行研究后发现，中等程度的文化多样性合作团队在科研产出和影响力方面表现最佳。此外，较高的科研生产率还会吸引更多的国际合作②。

从已有的研究来看，国际合作学术论文的研究主要采用文献计量的相关方法与指标体系。例如，通过分析合作国家和机构，比较国际合作与非国际合作学术论文的引文数量等。在期刊《研究》（La Recherche）1989 年 1 月刊载的由陈德言翻译的一篇论文中，学者指出，合著论文是科学家国际合作的重要评价指标。该论文认为学者国际合作论文的评价标准应该由数量逐渐转变为质量③。李文聪和何静等学者利用中国干细胞研究机构的合著论文数据，分析了中国科研机构在国际合作网络和国内合作网络中的位置、关系和结构嵌入，以及论文数量和引文频次对科研产出的影响。他们发现，当科研机构在国际合作网络中处于中心位置时，对科研产出的质量有积极影响，并提出加强国际合作伙伴关系能够促进科研产出④。学者王泽蘅和邱长波以 SCI 收录的 2014 年中国与日本的国际合作论文数据为基础，比较分析了影响论文主导地位的因素，并构建了逻辑回归（Logistic Regresion）模型。通过分析是否

---

① Sampson V，Clark D. The impact of collaboration on the outcomes of scientific argumentation ［J］. *Science education*，2009，93（3）：448-484.

② Barjak F，Robinson S. International collaboration，mobility and team diversity in the life sciences：Impact on research performance ［J］. *Social Geography*，2008，3（1）：23-36.

③ 让·费朗索瓦·米格尔，篠崎·奥户美子，诺拉·纳瓦耶茨，等. 联名发表论文是科学家国际合作的重要评价指标 ［J］. 世界研究与开发报导，1989（4）：31-34.

④ 李文聪，何静，董纪昌. 网络嵌入视角下国内外合作对科研产出的影响差异：以中国干细胞研究机构为例 ［J］. 科学学与科学技术管理，2017，38（1）：98-107.

产生影响、影响程度和影响方向等方面，他们研究了中日之间的异同。研究结果显示，在理学或工学学科领域发表的论文、获得的基金资助数量越多以及流向为国内时，中国更容易产生领导型合作论文①。学者刘云与常青利用 SCI 的论文数据，创建了中国与 33 个国家或地区的国际合作论文数据库。他们采用了六项指标，包括国际合作论文的数量增长与学科分布、学科的科研产出与国际合作的依存度、国际合作的国别分布、重要合作伙伴的国别分布、中国与代表性国家或地区的科研合作学科分布以及重要国内参与机构的机构排序，对中国在基础科研领域的国际合作情况进行了系统分析②。谭晓和张志强等学者采用文献计量法和社会网络分析方法，对中国在基础科研领域的国际合作进行了分析。他们研究了国际合作的整体发展特征、合作网络子群的演变、合作阵营的特征以及学科领域的国际合作总体现状，并总结了近 10 年来 12 个学科国际合作的新特征③。刘睿远和刘雪立等学者基于 SSCI 论文数据，运用合作模式、合作国家或区域分布、被引频次与国际合作等研究指标，分析了我国图书馆学和情报学研究的国际合作现状④。学者张莘和欧阳冬平分析了"一带一路"战略下中国的国际科研合作影响因素。他们利用 Web of Science 数据库中收录的论文数据，研究了中国与"一带一路"沿线国家的国际科研合作现状，并构建了科研引力模型。通过实证分析，他们发现国家的科研积累、地理距离以及伙伴关系是影响中国学者国际合作的重要因素⑤。浦墨和袁军鹏等学者设计了基于科学计量学的国际科技合作研究现状的雪花模型。他们从五个维度展开对国际合作论文的分析，包括样本层次、分析方

①　王泽蘅，邱长波. 基于 logistic 回归的影响国际合作论文主导地位的因素分析：以中日比较研究为视角 [J]. 情报杂志，2017，36（4）：177-182.

②　刘云，常青. 中国基础研究国际合作的科学计量测度与评价 [J]. 管理科学学报，2001，4（1）：64-74.

③　谭晓，张志强，韩涛. 基础科学国际合作的测度和分析 [J]. 图书情报知识，2013（2）：97-104.

④　刘睿远，刘雪立，王璞，等. 我国图书馆学和情报学研究国际合作状况：基于 SSCI 数据库的分析和评价 [J]. 图书馆理论与实践，2013（9）：26-30.

⑤　张莘，欧阳冬平. "一带一路"战略下中国学者国际科研合作影响因素研究：基于 Web of Science 数据库中外合作科研论文的实证分析 [J]. 国际贸易问题，2017（4）：74-82.

法、分析指标、驱动因素或合作机理以及合作成果的效用解析。在分析中，他们选用了经典的计量指标，如论文被引频次、篇均被引量、剔除自引的篇均被引量以及自引率，以及数量符合指标或 H 类符合指标。还采用了统计分析、相关性分析以及社会网络分析等方法①。金炬和武夷山等学者概述了《科学计量学》期刊 30 年来发表的论文中关于使用文献计量学研究国际科技合作的起源与发展、科技合作的主体与效用等内容。他们发现，文献计量学合著研究为国际科研合作决策提供了历史事实证据和统计数据，并且该方法是研究国际科研合作的有效分析工具之一②。

大多数研究显示，科研合作对科研产出具有促进作用。洛特卡（Lotka）③、普赖斯④和哈里特·祖克曼（Harriet Zuckerman）⑤ 等学者的研究都证实了科研合作能提高科学家的科研产出，其中祖克曼在文章中研究了 41 位诺贝尔奖获得者的科研合作与产出关系，发现这些获奖者的科研合作率比普通科学家高，并且能够吸引更多的合作。也有学者认为，合作与产出之间的影响不一定是单一因素的，因此他们综合考虑了研究人员的年龄、性别、经费、家庭关系（是否生育）、国籍和合作策略等因素，并进行了研究。他们发现，合作与产出之间的关系是一个由复杂因素共同作用的结果⑥。2013年，两位日本学者分析了化学领域的国际合作与科研表现以及研究人员的国际合作与流动性之间的关系。他们发现，国际合作对论文的引用率有积极影响，参与国际合作的科研人员通过合作积累了科研人力资源。虽然国际流动

---

① 浦墨，袁军鹏，岳晓旭，等. 国际合作科学计量研究的国际现状综述 [J]. 科学学与科学技术管理，2015（6）：56-68.

② 金炬，武夷山，梁战平. 国际科技合作文献计量学研究综述：《科学计量学》（Scientometrics）期刊相关论文综述 [J]. 图书情报工作，2007，51（3）：63-67.

③ Lotka A J. The frequency distribution of scientific productivity [J]. Journal of the Washington academy of sciences，1926，16（12）：317-323.

④ De Solla Price D J，Beaver D. Collaboration in an invisible college [J]. American psychologist，1966，21（11）：1011.

⑤ Zuckerman H. Nobel laureates in science：Patterns of productivity，collaboration，and authorship [J]. American Sociological Review，1967，32（3）：391-403.

⑥ Lee S，Bozeman B. The impact of research collaboration on scientific productivity [J]. Social studies of science，2005，35（5）：673-702.

性与合作的具体作用关系尚不清楚，但研究人员的国际流动性与国际合作存在正相关关系[①]。在 2017 年的一项研究中，几位学者对斯洛文尼亚科研人员的国际合作对科研生产力和科研成果质量产生的影响进行了分析。他们利用回归分析的方法发现，国际合作对科研生产力和成果质量产生了显著的积极影响，然而，当科研资金分散时，对科研成果质量的提升具有负面影响[②]。在另一项早期研究中，研究者们分析了西班牙学者在 SCI 收录的神经科学、胃肠病学和心血管系统领域发表的论文中的国际合作和国内合作情况。他们发现，在作者层面上，国际合作和国内合作都与科研产出数量呈正相关关系[③]。

2.3.2　国际科研合作对论文引文影响力的作用分析

科研合作对于提高科研生产力、提升科研成果质量和影响力起到了积极的作用。早在 2011 年的一项研究中，两位来自伊朗的学者对哈佛大学 2000—2009 年 Web of Science 收录的论文进行分析后发现，有 88% 的论文是多作者论文，而且多作者论文的平均引用次数明显高于单作者论文。然而，国际合作中参与作者数量的增加却会降低论文的引用次数[④]。早在 1986 年，两位美国学者通过研究发现，相比于单作者论文，多作者论文更容易被期刊录用发表，这表明多作者论文具有更高的质量。他们对 270 篇文章进行分析后指出，无论是否考虑自引，多作者论文的引用率都高于单作者论文，但在临床心理学领域，这种现象没有统计学意义[⑤]。2017 年，几位越南学者利用 Web of Science 数据库收录的 2001—2015 年的论文数据，分析了越南与美国

①　Kato M, Ando A. The relationship between research performance and international collaboration in chemistry [J]. *Scientometrics*, 2013, 97 (3)：535-553.

②　Mali F, Pustovrh T, Platinovšek R, et al. The effects of funding and co-authorship on research performance in a small scientific community [J]. *Science & Public Policy*, 2017, 44 (4)：w76.

③　Bordons M, Gómez I, Mez, et al. Local, domestic and international scientific collaboration in biomedical research [J]. *Scientometrics*, 1996, 37 (2)：279-295.

④　Gazni A, Didegah F. Investigating different types of research collaboration and citation impact：a case study of Harvard University's publications [J]. *Scientometrics*, 2011, 87 (2)：251-265.

⑤　Smart J C, Bayer A E. Author collaboration and impact：A note on citation rates of single and multiple authored articles [J]. *Scientometrics*, 1986, 10 (5-6)：297-305.

关系正常化后的国际科研合作趋势及其影响。他们发现，越南 77% 的学术论文是由国际合作发表的，美国和日本是越南主要的合作对象。然而，随着时间的推移，国际合作的比例有所下降。国际合作论文的引用次数是国内论文的 2 倍，同时海外通讯作者的论文引用率高于国内通讯作者①。在 2014 年发表的一篇文章中，马来西亚的几位学者利用科学引文索引扩展版（SCI-E）收录的 2001—2010 年马来西亚临床医学领域的论文数据，分析了论文发表的期刊质量和引文影响力。他们发现，马来西亚临床医学领域国际合作论文的比例高达 39.7%，国际合作论文更容易发表在高影响因子期刊上。此外，国际合作论文的引用影响力也高于非国际合作论文，这表明国际合作对马来西亚临床医学领域的研究具有显著的作用②。在一项早期的研究中，几位台湾地区的学者利用 Web of Science 数据库收录的 1990—2004 年论文数据，分析了台湾地区临床医学领域论文的国际合作现状。他们发现，临床医学领域的论文国际合作率为 13.6%，其中 69.9% 的国际合作论文与美国学者合作发表。国际合作论文更容易发表在高质量期刊上，同时国际合作论文的引文影响力更高③。在一项更早期的研究中，学者们对印度的国际科研合作及机构表现进行了分析。他们通过定义国际合作影响受益指标对印度科研机构进行了案例分析，发现从科研产出量和引文影响力两个方面来看，私立医院是从国际合作中受益最多的机构。相反，政府资助的医疗机构的国内合作文章发表在较高影响因子期刊上的比例较低④。另位几名学者对体育科学领域的国际合作状况及其对合作论文引文影响力的影响进行了研究。他们发现，在体育科学领域，国际合作论文的比例正在迅速增加，甚至在某些国家这一比例

① Nguyen T V, Ho-Le T P, Le U V. International collaboration in scientific research in Vietnam: An analysis of patterns and impact [J]. Scientometrics, 2017, 110: 1035-1051.

② Low W Y, Ng K H, Kabir M A, et al. Trend and impact of international collaboration in clinical medicine papers published in Malaysia [J]. Scientometrics, 2014, 98 (2): 1521-1533.

③ Chen T J, Chen Y C, Hwang S J, et al. International collaboration of clinical medicine research in Taiwan, 1990—2004: A bibliometric analysis [J]. Journal of the Chinese Medical Association, 2007, 70 (3): 110-116.

④ Basu A, Aggarwal R. International collaboration in science in India and its impact on institutional performance [J]. Scientometrics, 2001, 52 (3): 379-394.

超过了 2/3。同时，与国内期刊论文相比，国际合作论文明显具有更高的引文影响力①。同时，也有学者提出了类似的观点，他们利用 Web of Science 数据库收录的论文分析了美国参与的粒子物理、纳米技术以及生物技术领域的情况。他们发现，在生物技术领域，国际合作论文的引用次数要高于国内合作论文。然而，如果合作的作者数量相同，国际合作论文的引用量却低于国内合作论文的引用量②。

2.3.3　国际科研合作对学术网络构建的作用分析

科研合作网络的分析可以从作者合著网络、机构合作网络和国家合作网络等层面展开。其中，对于作者合著网络的分析，可以运用社会网络分析方法进行深入探讨。在作者合著网络的分析中，社会网络分析方法能够帮助揭示作者之间的合作关系、合作强度以及合作模式等信息。通过构建作者合著网络，可以识别出具有较高合作频率的作者群体和核心合作者，并评估他们在科研合作中的重要性和影响力。此外，社会网络分析还可以揭示合著网络的拓扑结构，如中心度、密度、聚集系数等，以进一步了解科研合作网络的特征和演化规律。通过对机构合作网络和国家合作网络的分析，可以揭示不同机构或国家之间的合作模式、合作强度以及合作领域等情况。利用社会网络分析方法，可以构建机构合作网络和国家合作网络，从而定量评估不同机构或国家在科研合作中的地位和贡献。此外，社会网络分析还可以揭示机构合作网络和国家合作网络的关键节点、核心子群体以及信息传播路径，为国际科研合作的管理和决策提供有益参考。

（1）国际合作与社会网络分析方法。

学者王福生和杨洪勇分析了《情报学报》2001—2006 年发表的文章的作

①　Wang L, Thijs B, Glänzel W. Characteristics of international collaboration in sport sciences publications and its influence on citation impact [J]. *Scientometrics*, 2015, 105 (2): 843-862.

②　Freeman R B, Ganguli I, Murciano-Goroff R. *Why and wherefore of increased scientific collaboration in the changing frontier: Rethinking science and innovation policy* [M]. Chicago: University of Chicago Press for NBER, 2015.

者合著网络，发现合作者间的无尺度网络特性和小世界特性①。在作者合著网络分析中，社会网络分析方法得到广泛应用。学者李亮和朱庆华对国内情报学领域合作进行了分析，包括合作中心性、凝聚子群以及核心—边缘结构②；学者郝志超利用社会网络分析的方法对《图书情报知识》期刊收录论文的作者合著网络进行了分析，并展示了作者合著网络③；学者陈丞采用该方法分析了武汉大学信息管理学院的学者间的合著网络，展示了图书情报学领域内部的学者合著网络④。社会网络分析方法还被用于科研合作中团队的发现与评价方面。学者张洋和刘锦源对国内 8 种竞争情报领域核心期刊1986—2010 年刊载的合著论文的合著网络进行了分析，从网络特征分析、凝聚子群以及中心度等方面对国内竞争情报领域的核心作者群、小团体现象以及科研资源的分布等都进行了分析研究，发现大部分高产作者的合作研究有限，国内竞争情报领域的研究资源高度集中⑤；学者邱均平和王菲菲利用社会网络分析法、作者关键词耦合分析和因子分析的方法对国内竞争情报领域的作者合著网络进行了深入分析，通过作者合著网络发现了潜在的合作团队⑥；学者任妮和周建农利用加权的合著网络分析来发现、分析和评价科研团队的合作情况，并构建了综合性的合作网络加权模型⑦；刘璇和朱庆华等学者以基因工程专业领域 2000—2009 年的合著数据为样本，分析了科研合作的团队，研究了科研团队的科研绩效影响因素，并利用结构方程模型对科研

---

① 王福生，杨洪勇.《情报学报》作者科研合作网络及其分析 [J]. 情报学报，2007，26（5）：659-663.

② 李亮，朱庆华. 社会网络分析方法在合著分析中的实证研究 [J]. 情报科学，2008，26（4）：549-555.

③ 郝志超. 社会网络分析方法在合著网络中的实证研究 [J]. 办公室业务，2017（15）：182-183.

④ 陈丞. 基于社会网络分析法的图书情报内部合著网络的实证研究 [J]. 图书情报导刊，2015（16）：118-120.

⑤ 张洋，刘锦源. 基于 SNA 的我国竞争情报领域论文合著网络研究 [J]. 图书情报知识，2012（2）：87-94.

⑥ 邱均平，王菲菲. 基于 SNA 的国内竞争情报领域作者合作关系研究 [J]. 图书馆论坛，2010，30（6）：34-40.

⑦ 任妮，周建农. 合著网络加权模式下科研团队的发现与评价研究 [J]. 现代图书情报技术，2015，31（9）：68-75.

绩效影响因素进行了假设检验①。除了作者合著网络分析，学者郭金龙和许鑫对图书情报学领域博客和互联网博客之间的学术交流网络进行了分析，并展示了该交流网络中的核心博客和"联结"博客，并提出了促进科研人员交流的方法②。

（2）机构间国际合作网络分析。

学者郭崇慧和王佳嘉的研究显示：2008 年以来，"985"高校在国内期刊中的合作率有所下降，而在国际期刊中的合作率持续上升并保持较高水平③；王纬超和武夷山等学者研究了"985"高校主导的合作强度、被合作强度以及高校间的合作网络④；学者邱均平和温芳芳采用社会网络分析方法中的整体网络分析、网络密度分析以及核心—边缘结构分析等方法，对 39 所"985"高校的合作网络进行了全方位、多角度的分析，发现加大科研合作强度能够提高科研产出的数量⑤；张斌盛和王兴放等学者研究了上海高校间的产学研合作平台与现状，并提出构建上海高校间产学研合作平台的网络体系⑥；学者朱云霞和魏建香利用国家社科基金项目文献数据，结合定量分析、内容分析和社会网络分析方法，对国内高校间的合作进行了分析，并对我国人文社会科学领域的合作研究现状与存在的问题进行了分析⑦；柴玥和刘趁等学者定量分析了 111 所"211"高校的以 SCI 和 SSCI 论文为代表的高水平论文合作情况，发现实力较强的"985"高校的科研合作强度较大，并且高

① 刘璇，朱庆华，段宇锋. 社会网络分析法运用于科研团队发现和评价的实证研究［J］. 信息资源管理学报，2011，1（3）：32-37.

② 郭金龙，许鑫. 领域博客的社会网络分析：基于图书情报与互联网博客的实证［J］. 知识管理论坛，2012（1）：4-11.

③ 郭崇慧，王佳嘉. "985 工程"高校校际科研合作网络研究［J］. 科研管理，2013（s1）：211-220.

④ 王纬超，武夷山，潘云涛. 中国高校合作强度及官产学研合作的量化研究［J］. 科学学研究，2013，31（9）：1304-1312.

⑤ 邱均平，温芳芳. 我国"985 工程"高校科研合作网络研究［J］. 情报学报，2011，30（7）：746-755.

⑥ 张斌盛，王兴放，谈顺法. 上海高校产学研合作平台网络体系的整合与创新［J］. 研究与发展管理，2005，17（4）：115-119.

⑦ 朱云霞，魏建香. 我国高校社会科学领域科研合作网络分析［J］. 情报科学，2014（3）：144-149.

校的合作还存在地理位置和学科的聚类现象①。张玉涛和李雷明子等学者研究了 SCI 和 SSCI 论文中的"数据挖掘"主题的论文题录信息，构建了高校间、公司间和国家间的合作网络，发现在不同机构与实体间的科研合作网络中，数据挖掘领域的成果存在较大差异②。

2.3.4 国际科研合作对科技发展的综合作用分析

国际科研合作对于学术论文质量的提升、研究生教育质量的促进以及国家科技进步等都具有重要作用。学者邱均平和曾倩利用 Web of Science 收录的论文数据，分析了计算机科学领域合作国家数量与被引频次之间的关系。他们发现国际合作论文的被引频次高于非国际合作论文，但是国家数量与被引频次之间的相关性较弱③。袭继红和韩玺等学者使用 Web of Science 收录的 2009—2011 年外科学研究论文数据，分析了国际合作与国内合作、主导论文与从属论文在提高论文影响力方面的不同作用。研究发现国际合作有利于论文影响力的提升，合作国家数量与被引频次之间也存在较弱的相关性，且选择合作国家对论文影响力具有重要作用④。李文聪与何静等学者采用 4 所生命科学研究机构课题组长的论文数据，比较分析了国际合作、国内合作和机构内部合作对论文质量的影响，并研究了海外留学与海外工作经历是否有利于高水平论文的发表。研究结果显示，国际合作对于论文质量的提升具有显著作用，但与国内合作和机构内部合作相比并不存在显著差别。同时，建议科研管理中不应过于突出海外经历⑤。学者王俊婧以上海交通大学为研究案

---

① 柴玥，刘趁，王贤文. 我国高校科研合作网络的构建与特征分析：基于"211"高校的数据 [J]. 图书情报工作，2015 (2)：82–88.

② 张玉涛，李雷明子，王继民，等. 数据挖掘领域的科研合作网络分析 [J]. 图书情报工作，2012，56 (6)：117–122.

③ 邱均平，曾倩. 国际合作是否能提高科研影响力：以计算机科学为例 [J]. 情报理论与实践，2013，36 (10)：1–5.

④ 袭继红，韩玺，吴倩倩. 国际合作对论文影响力提升的作用研究：以外科学为例 [J]. 情报杂志，2015 (1)：92–95.

⑤ 李文聪，何静，董纪昌. 国际合作与海外经历对科研人员论文质量的影响：以生命科学为例 [J]. 管理评论，2018，30 (11)：68–75.

例，利用 1999—2010 年上海交通大学被 SCI-E 和 SSCI 收录的论文数据，研究了国际合作与非国际合作论文之间的差异。研究发现，国际合作论文在高影响因子期刊上的发表比例更高，国际合作论文的篇均被引频次也更高，说明国际合作对学术论文质量的提升具有明显的正向作用[①]。倪萍和钟华等学者根据 2013 年期刊引证报告（Journal Citation Reports，JCR）期刊排名，在免疫学领域选择了影响因子排名前 20 的期刊，并以 2010 年在这些期刊上发表的研究论文为数据，分析了国际合作与论文质量、合作广度与论文质量、合作国家分布与论文质量之间的关系。研究结果显示，国际合作的论文被引频次明显高于非国际合作的论文，合作的广度和合作国家数量与论文质量存在显著相关性。研究者提出应大力推动高国际合作广度的合作模式[②]。学者贺天伟以 SCI-E 收录的国际合作论文为数据，采用科学计量的方法，分析了中国学者国际合作的对象、领域以及合作影响力。研究发现，尽管中国学者国际合作论文的增长速度较快，但增长速度仍然低于整体论文增长速度。中国学者国际合作学术论文的增长动力源于中国科学的迅速发展[③]。学者何海燕和李芳利用 2005—2014 年高校生命科学国家重点实验室的论文数据，以合作的作者数量、合作机构数量、国际合作水平和国家科研实力等作为解释变量，以期刊影响因子和被引频次作为因变量进行研究。研究发现，合作规模和国际合作能够提高论文发表在高水平期刊上的可能性，这说明国际合作与论文质量的提升存在明显相关性[④]。

建立积极的国际交流渠道和进行国际合作办学是有效提高国内高校研究

[①]　王俊婧. 国际合作对科研论文质量的影响研究［D］. 上海：上海交通大学，2012：48-49.

[②]　倪萍，钟华，安新颖. 医学免疫学领域国际合作模式与论文质量的相关性分析［J］. 免疫学杂志，2014（12）：1029-1032.

[③]　贺天伟. 中国学者国际合作论文的科学计量学研究［J］. 中国科学基金，2009，23（2）：93-97.

[④]　何海燕，李芳. 高校科研合作对论文产出质量的影响：基于国家重点实验室分析［J］. 北京理工大学学报（社会科学版），2017，19（5）：162-167.

生教育质量的方法①②③，关于这一点已经产生了很多具有代表性的研究成果。学者马建章和邹红菲在其研究中指出，国际合作能够提升研究生的综合能力，并从科研、教学、国际交流和管理能力等方面进行了详细阐述。他们还举例说明早期接受国际合作训练对研究生的职业发展具有积极影响④。学者查远莉分析了中德联合培养医学研究生的成果，探讨了研究生教育国际合作在不同层次的现状与存在的问题⑤。学者梁树英和汪寿阳提出了加强国际交流与合作来提高博士研究生的培养质量，指出一些大学与海外大学或者研究机构联合开设课程或者组织研讨班来培养高质量的研究生，并通过具体事例来证明国际合作是提高国内研究生教育质量的有效方法，导师需要提供更多的机会和鼓励研究生积极开展国际合作⑥。

国际科研合作对于提高国家的科技创新能力具有积极影响。孙红和郑兴东等学者认为，国际科研合作为海外华人科研工作者提供了报效祖国的平台，有助于培养高水平的研究人才，也有利于提升我国的科技水平。同时，加强国际科研合作和促进科技跨越式发展需要从以下几个方面着手：选择合适的学科带头人、创造良好的工作环境、营造稳定留人的良好氛围，并根据不同问题提出相应的对策⑦。王喜媛和刘艳妮等学者通过分析认为，通过国际科技合作与交流可以获得信息、提高科学技术水平，还能培养科技人才并锻炼科研队伍，同时有利于增加国际科研竞争力。他们还提出了提高国际科研合

---

① 林金辉. 教学与科研相结合：培养中外合作办学研究生的重要途径 [J]. 教学研究，2011，34（5）：1-2.

② 林伟连，许为民. 我国研究生教育国际化的实践途径探微 [J]. 学位与研究生教育，2004（6）：12-15.

③ 钟敬玲，吴松. 中外合作办学与研究生教育国际化 [J]. 中国研究生，2006（1）：21-23.

④ 马建章，邹红菲. 国际科研合作是培养研究生综合能力的捷径 [J]. 黑龙江高教研究，2003（2）：95-96.

⑤ 查远莉. 研究生教育的国际合作与交流研究 [D]. 武汉：华中科技大学，2012.

⑥ 梁树英，汪寿阳. 加强国际合作与交流提高博士研究生的培养质量 [J]. 学位与研究生教育，1998（2）：9-11.

⑦ 孙红，郑兴东，殷学平，等. 国际科研合作在科技发展中的作用 [J]. 解放军医院管理杂志，2001，8（4）：315-316.

作经费申请被资助率的相应方法①。韩艳清和范瑶华等学者分析了中国疾病预防控制中心辐射防护与核安全医学所的国际科研现状，发现经过 30 年的国际交流合作，该所与世界各国建立了较强的合作交流机制，拓宽了研究领域，并找到了差距，为未来的发展提供了参考②。学者崔万安和覃家君分析了区域自然资源可持续发展与国际合作研究的理论，并分析了在自然资源可持续发展方面开展国际合作的必要性和可行性。他们认为，在自然资源开发领域加强国际合作是确保资源永续利用的必要途径③。学者曾旸分析了高校在国家科技创新体系中不可替代的作用，并提出加强高校的国际科技交流与合作以进一步增强高校在国家创新体系中的重要作用④。

　　然而，也有研究提出了相反的观点，认为国际合作并不能十分显著地提升论文的引文影响力。例如，有学者在提出相关质疑后，对 2004—2008 年斯洛文尼亚学者发表的物理、化学、生物学、生物技术和医学领域的论文数据进行了分析。他们发现，虽然斯洛文尼亚的多边合作程度很高，但国际合作并不总能带来更多的引文。只有在研究欠发达的学科领域，国际合作对于引文影响力的提升会非常显著⑤。这说明还需要进一步研究国际合作的效应，需要对国际合作进行分类，以明确国际合作对不同学科、机构、国家的作用。

2.4　中国学者国际合作的学术效应分析

　　自 20 世纪中后期开始，普赖斯等学者对科研合作的起源问题进行了系统

---

　　① 王喜媛，刘艳妮，叶明. 高校科技国际合作与交流工作研究 [J]. 技术与创新管理，2008，29（6）：582-584.

　　② 韩艳清，范瑶华，岳保荣，等. 国际交流与合作在科技发展中的作用 [J]. 中华医学科研管理杂志，2010，23（3）：152-153.

　　③ 崔万安，覃家君. 区域自然资源可持续发展与国际合作研究 [J]. 科技进步与对策，2002，19（3）：26-29.

　　④ 曾旸. 高校在国家科技创新体系中的定位 [J]. 科技管理研究，2005，25（9）：77-79.

　　⑤ Pečlin S. Effects of international collaboration and status of journal on impact of papers [J]. Scientometrics，2012，93（3）：937-948.

的解读与探究。随后，学者们从不同层面展开了对科研合作的研究，主要包括宏观层面的国家（地区）整体科研态势、中观层面的机构和学科间的合作以及微观层面的学者合作网络等。然而，学者们对中国学者国际合作学术效应的综合研究还不够深入，特别是缺乏探讨改革开放以来中国学者国际合作学术论文的分布规律的研究成果。通过对文献进行梳理，作者发现目前对中国学者国际合作学术效应的分析主要集中在以下几个方面。

2.4.1　国际科研合作对中国科技发展的作用分析

对国际科研合作现状进行分析，是了解国际科技发展水平的有效方法之一。通过文献检索与阅读，可以分析某一国家（地区）与其他国家（地区）的科技合作紧密程度，比较研究国家（地区）间科技合作的差异，解析科技政策对科研合作产出和影响力的影响，以及国家（地区）的经济发展水平对科研合作的影响等。在一篇国际合作论文中，学者们对中美合作进行了分析，研究了中国与美国在纳米技术领域的合作。他们分析了 1990 年至 2009 年期间中美之间的合作模式，并观察到合作模式随时间的变化情况。研究结果显示，中美间纳米技术合作的结构变化较快①。长久以来，学者们一直在探究与哪些国家的合作能带来更高效益，一项研究在分析了 1985 年至 1995 年间欧盟国家与其他发达国家、转型经济体和发展中国家的国际合作状况后发现，发展中国家在国际科研合作中的受益程度高于发达国家②。同时，也有学者关注特定区域的国际合作关系，他们通过统计分析 34 家日本与欧洲公司在药品、化学制药以及电子领域发表的合作论文数据，发现欧洲公司的合作率从 1980 年的 31% 上升到了 1989 年的 52%，而日本的合作率分别为 22% 和 33%。值得注意的是，欧洲公司与大学之间的合作增长迅速③。

①　Li T, Shapira P. China—US scientific collaboration in nanotechnology：Patterns and dynamics ［J］. *Scientometrics*, 2011, 88（1）：1-16.

②　Glänzel W, Schubert A, Czerwon H J. A bibliometric analysis of international scientific cooperation of the European Union（1985—1995）［J］. *Scientometrics*, 1999, 45（2）：185-202.

③　Hicks D M, Isard P A, Martin B R. A morphology of Japanese and European corporate research networks ［J］. *Research Policy*, 2004, 25（3）：359-378.

分析国家（地区）间的合作状况可以评估科技发展水平并为科技政策的制定提供重要依据，这也是当前国际科研合作研究的热点之一。以欧盟为例，作为经济共同体，欧盟内部的科技合作也在日益加强。在 2010 年，几位学者研究了欧盟内部的物理距离和地域边界对科研合作强度的影响①。另外，中国作为新兴经济体，其科技进步也受到科学界的关注。在对中国的国际合作的研究中，几位学者发现，中国的区域科研合作受到地区经济和科技发展水平的较大影响②；此外，还有学者对中国与七国集团（G7）国家间的科技合作进行了分析，发现中国与这七个国家之间的合作存在差异，而主要的合作伙伴是美国③。另外，几位日本学者对日本的远距离区域合作进行了研究，他们采用概率伙伴关系指数（Probabilistic Partnership Index，PPI）分析了日本与法国之间的科技合作状况④。

2.4.2 国际科研合作对中国学者学术影响力的作用分析

对科研机构的科研合作现状进行分析是探究科研机构科研产出和影响力状况的最常用方法，也是对机构进行科研评价的重要指标之一⑤。以天文学领域为例，一位英国学者在对期刊进行统计分析后，发现不同作者的身份对科研合作的质量具有影响，高校和非高校作者的文章合作率和拒稿率存在明显差异⑥。早在 1996 年，两位学者通过研究发现，机构间的合作的巨大增长

① Hoekman J, Frenken K, Tijssen R J W. Research collaboration at a distance：Changing spatial patterns of scientific collaboration within Europe ［J］. *Research Policy*，2010，39（5）：662-673.

② Wang Y，Wu Y S，Pan Y，et al. Scientific collaboration in China as reflected in co-authorship ［J］. *Scientometrics*，2005，62（2）：183-198.

③ He T. International scientific collaboration of China with the G7 countries ［J］. *Scientometrics*，2009，80（3）：571-582.

④ Yamashita Y，Okubo Y. Patterns of scientific collaboration between Japan and France：Inter-sectoral analysis using Probabilistic Partnership Index（PPI）［J］. *Scientometrics*，2006，68（2）：303-324.

⑤ Egan R L. Experience with mammography in a tumor institution：Evaluation of 1000 studies ［J］. *Radiology*，1960，75（6）：894-900.

⑥ Gordon M D. A critical reassessment of inferred relations between multiple authorship，scientific collaboration，the production of papers and their acceptance for publication ［J］. *Scientometrics*，1980，2（3）：193-201.

源于学科内部需求和科研政策的双重驱动作用①。科研合作学科的研究主要体现在对学科发展态势的分析。例如，2010 年，两位学者对淡水生态学领域的国际合作进行了分析，发现美国和加拿大在这一领域的合作率超过了其他学科，淡水生态学领域的国际合作文章比例超过了医学、生物学和化学等学科的相关比例②。

张心悦和宋伟等学者以 Web of Science 数据库收录的论文数据为基础，采用文献计量学和社会网络研究方法，对管理领域的科技论文进行了分析。他们发现我国创新管理的国际科研合作网络规模较大，科研合作取得了较为突出的成绩，并与国际知名学者建立了科研合作关系。然而，他们也指出存在的一些问题，例如学者之间整体连接不够紧密，与香港的科研团队相比，内地的科研团队结构单一，学者间的连接较为松散③。学者钟永沣和周萍利用西班牙 SCImago（西班牙的综合性科学指标数据库和评估平台）机构的世界机构排名报告数据，对中国科研机构在健康科学、生命科学、物理科学以及人文社会科学领域的论文产出、国际合作以及高质量论文等在国际上的地位进行了分析。他们发现中国在上述领域的国际科研合作中表现并不突出，与国际合作非常活跃的欧洲国家相比差距较大④。

2.4.3　国际科研合作对中国学者学术关系构建的作用分析

科研合作能够扩展学者的科研范围，有利于跨领域和跨学科的研究。有学者对生物医学领域的国内与国际合作进行了分析，在 1996 年的研究中，他

---

①　Melin G, Persson O. Studying research collaboration using co-authorships [J]. *Scientometrics*, 1996, 36 (3)：363-377.

②　Resh V H, Yamamoto D. International collaboration in freshwater ecology [J]. *Freshwater Biology*, 2010, 32 (3)：613-624.

③　张心悦，宋伟，宋小燕. 从 SCI 看我国国际科研合作网络：以创新管理领域为例 [J]. 中国高校科技，2015 (4)：26-29.

④　钟永沣，周萍. 分学科探讨中国科研机构之国际表现：科学计量学视角 [J]. 情报杂志，2012, 31 (4)：70-75.

们发现，科研合作能够拓宽学者的科研视野，促进跨学科研究的进行①。社会网络分析（Social Network Analysis，SNA）的兴起为科研合作提供了新的研究方法和方向。学者纽曼（M. E. J. Newman）在他的研究中使用物理、生物医学和计算机科学领域的数据构建了学者之间的合作网络，并分析了网络的聚类程度②。这种方法可以揭示科研合作的结构和模式。几位学者从 Scopus 数据库中提取了 1970—2009 年的作者关联数据，发现在合作领域出现了稳定的合作"钢架结构"（steel structures）③。这一研究结果表明，在科研合作中形成了一种稳定的合作关系，这种关系可以被看作是支撑合作网络的基础结构。

此外，也有学者采用大规模数据对国际合作进行研究。他们使用 Web of Science 数据库中收录的 1.4 亿篇文献对科研合作规模进行了研究，发现在近 10 年来较大规模的合作并没有显著增加，然而较小规模的团队却出现了显著增长。此外，大规模团队更倾向于进行国际合作。从学科层面来看，西方国家的学科合作的广泛性有所增强④。加拿大学者江文森（Larivière Vincent）与其合作者针对 Web of Science 数据库中收录的 1900—2011 年的所有论文数据进行了分析，全面研究了科研合作规模的演化趋势。他们从国家、机构和作者三个层面进行了分析。研究结果表明，在自然科学领域和社会科学领域，科研合作的演化趋势存在较大差异。近 10 年来，自然科学领域的主要合作规模是 4~5 位作者的论文，而人文社会科学领域仍以两位作者之间的合作为

①　Bordons M, Gómez I, Mez, et al. Local, domestic and international scientific collaboration in biomedical research [J]. *Scientometrics*, 1996, 37 (2)：279-295.

②　Newman M E J. Scientific collaboration networks. I. Network construction and fundamental results [J]. *Physical Review E Statistical Nonlinear & Soft Matter Physics*, 2001, 64 (2)：16131.

③　Abbasi A, Hossain L, Uddin S, et al. Evolutionary dynamics of scientific collaboration networks：Multi-levels and cross-time analysis [J]. *Scientometrics*, 2011, 89 (2)：687-710.

④　Gazni A, Sugimoto C R, Didegah F. Mapping World Scientific Collaboration：Authors, institutions, and countries [J]. *Journal of the Association for Information Science & Technology*, 2013, 64 (12)：323-335.

主①。综上所述，可再次证明，近年来，较大规模的科研合作并没有显著增加，而较小规模的团队却出现了显著增长。大规模团队更倾向于进行国际合作。另外，在自然科学领域和人文社会科学领域，科研合作的演化趋势存在差异。

刘睿远和张伶等学者提出了国际科研合作的计量指标，包括合作指数、合作率、合作系数以及修正合作系数等指标。他们指出，合作能力较强的科研工作者也会有更多的科研产出，并且科研合作可以提高论文的引用水平②。学者牛奉高和邱均平基于 Web of Science 收录的 2002—2011 年中国学者国际科研合作论文数据，分析了中国学者国际科研合作的数量、国别、学科领域以及期刊变化等情况。他们发现虽然中国的国际合作学术论文数量在不断增加，但篇均作者数和合作度没有明显变化。中国的国际合作主要集中于与科技发达国家之间展开，尤其是集中在自然科学领域学科，而人文社会科学领域学科的国际合作较少③。岳晓旭和黄萃等学者采用 2004—2013 年的 SCI 论文数据，对中国学者国际科研合作的主导地位变迁进行了分析，并与日本、印度的情况进行了对比研究。他们发现中国已经开始广泛参与国际科研合作，但国际合作率和国际合作论文数量的排名呈反比关系。在一些基础学科的国际合作中，中国的主导地位较高，但近几年呈下降趋势④。学者周萍和曹燕利用论文产出、引用影响以及国际合作等指标，对中国研究机构的国际竞争力进行了比较分析，并研究了论文产量和影响力与国际合作的关系。他们发现中国机构的国际合作率明显低于欧洲机构，中国机构更倾向于选择与学科

① Larivière V, Sugimoto C, Tsou A, et al. Team size matters: Collaboration and scientific impact since 1900 [J]. *Journal of the Association for Information Science & Technology*, 2014, 66 (7): 1323-1332.

② 刘睿远，张伶，李姝娟. 国际科研合作计量指标研究 [J]. 江苏科技信息，2017 (20): 11-13.

③ 牛奉高，邱均平. 基于国家、学科合作网络和期刊分布的中国科研国际合作研究 [J]. 情报科学，2015 (5): 111-118.

④ 岳晓旭，黄萃，孙轶楠. 基于 ESI 学科分类的中国科研国际合作主导地位变迁分析 [J]. 科学学与科学技术管理，2018，39 (4): 3-17.

排名前 25% 的机构合作，国际合作能有效提高中国机构的论文质量①。侯海燕等学者采用 SCI-E 中的论文数据，通过科学计量的方法，对 1978—2007 年中国科学计量学家在《科学计量学》期刊上发表的论文进行了分析，并绘制出中国科学计量学合作网络知识图谱。他们发现中国科学计量学研究已经形成了以少数学者为核心的较为稳定的科学合作网络②。学者文阳以 2009—2013 年的 SCI 论文数据为样本，分析了电子科技大学的国际科研合作现状。他发现电子科技大学主要与西方发达国家展开合作，而与亚洲的合作主要集中在日本、韩国和新加坡。不同学科领域呈现出不同的合作态势③。学者刘凤朝和姜滨滨利用 SCI 收录的 1989—2011 年中国学者合作学术论文数据，运用 Ucinet 6 软件（社会网络分析软件），绘制了中国区域科研合作网络图谱并获得了网络结构的表征。他们验证了节点属性、联系强度和中介位置等对创新绩效存在着显著的促进作用④。

2.5　本章小结

2.5.1　国际科研合作相关研究总结

通过对国内外相关研究的调研发现，目前国内外有关国际科研合作的研究已经取得了显著进展，但是还存在以下几个方面的问题：

（1）缺乏对中国学者国际合作影响因素的系统分析。中国学者国际合作既受到科研合作一般影响因素的影响，又受中国的国情影响，因而具有独特性。特别是改革开放以来，中国经济的快速发展为科研的发展提供了充分的

---

①　周萍，曹燕. 中国科研机构知识生产力与影响力的国际比较研究［J］. 科技进步与对策，2012，29（19）：111-114.

②　侯海燕，刘则渊，赫尔顿·克雷奇默，等. 中国科学计量学国际合作网络研究［J］. 科研管理，2009，30（3）：172-179.

③　文阳. 从 SCI 论文看高校国际科技合作现状：以电子科技大学为例［J］. 四川图书馆学报，2014（3）：10-13.

④　刘凤朝，姜滨滨. 中国区域科研合作网络结构对绩效作用效果分析：以燃料电池领域为例［J］. 科学学与科学技术管理，2012，33（1）：109-115.

资金保障，科研论文的产出量和国际合作的比例快速增加。国外学者对国际合作影响因素的归纳较为全面，而国内学者对中国学者国际合作的影响因素的归纳分析还比较缺乏系统性和全面性，中国的国际科研合作受到多方面因素的综合影响，例如地理位置、科技政策、经济发展、语言文化以及科研人员的个体因素。

（2）缺乏对中国学者国际合作学术论文影响力的系统研究。目前对国际合作学术论文影响力的研究主要集中于国际合作对论文引文影响力的作用方面，缺乏对作者合作的规模、领导力、经费资助等方面的系统性分析，大部分的研究只对某一方面进行了分析。对中国学者国际合作学术论文影响力研究指标的选择也较为局限，引文频次为主要的研究指标，缺乏与学科领域内世界平均水平指标的比较分析。

（3）国际合作影响因素与学术论文影响力的相互作用关系不明确。从国内的研究现状分析来看，目前还缺乏对国际合作影响因素与影响力相互作用的效用分析。已有的研究成果主要集中于从论文影响力表现来研究某一领域的国际合作现状，或分析与某些国家合作对于提升国际合作影响力的作用。

基于此，本书对中国学者国际合作学术论文影响力的研究将从影响因素分析、影响力现状分析、影响因素与影响力的相互性分析、综合影响力评价等方面来综合分析研究中国学者国际合作学术论文影响力。探究中国学者国际合作的影响因素，提升中国学者国际合作学术论文的影响力，为中国的国际科研合作提供参考是本书的研究目的。因此，本书的选题具有创新性，研究内容具有科学研究的意义，也具有应用价值。

2.5.2　提高国际科研合作的方法分析

学者李延瑾在 1997 年的文章中指出，国际科技合作与交流是提高高校国际竞争力的有效方法。通过分析，她认为我国高校存在合作质量较高但合作偏少、人才流失严重、知识产权保护不力等问题，并提出了加强我国高校国际科研合作的思想认识、增加科研经费、加强管理和增强知识产权意识等方面的建议①。廖日坤和张琰等学者提出了扩展国际合作途径，建立长期的国际合作伙伴关系的四点主要建议，包括建立共同的研究领域、开展双边协议与学术交流、发挥科技管理部门的作用以及借助国际科技组织的力量，利用专家库引擎寻找合适的潜在合作对象②。学者张仁开通过研究提出了增强上海国际科研合作的几点方法。他将国际科研合作提升为战略目标，加强科研人才队伍的建设，鼓励国际合作与交流，加强国际合作中的公共服务，并提出了国际科研合作中的知识产权问题③。张勇和陈振风等学者分析了我国高校在国际科研合作与交流中取得的主要成果，并探讨了存在的问题。主要问题包括缺乏定位明确的管理目标、管理体制、管理制度，以及专业化管理不足和信息系统不健全等。从管理体制创新的角度，他们提出了促进我国高校国际合作与交流的办法，具体涉及政策、法规、评价指标体系完善以及管理模式创新等方面的改进④。

---

① 李延瑾. 高校开展国际科技合作与交流的认识及思考［J］. 研究与发展管理，1997（2）：57-59.

② 廖日坤，张琰，杨凌春，等. 拓展国际科研合作的途径［J］. 科技导报，2010，28（2）：126.

③ 张仁开. "十三五"时期上海市深化国际科技合作思路研究［J］. 科技进步与对策，2015，32（10）：24-27.

④ 张勇，陈振风，何海燕. 高校国际科技合作与交流的管理体制创新［J］. 科技进步与对策，2009，26（10）：142-144.

第3章　中国学者国际合作学术论文影响力模型

3.1　中国学者国际合作学术论文影响力研究框架

3.1.1　中国学者国际合作学术论文影响力内涵

（1）影响力内涵。

内涵是指事物本质属性的总和。在学术论文中，影响力内涵指反映学术论文所产生的影响力的本质属性。然而，目前并没有对学术论文影响力内涵进行清晰界定的共识。导致这种现象的一个主要原因是学术界对学术论文影响力的定义尚不明确。随着 Web 2.0 时代的到来，学术论文影响力的外延也得到了更多的扩展。因此，在本书中，我们对学术论文的影响力概念进行了界定，即将其定义为学术论文本身以及发表后所产生的价值。这种价值既包括学术方面的，也包括社会方面的。学术论文的学术价值即学术影响力，而社会的价值即社会影响力。传统的学术论文影响力研究通常将发表后所获得的引用数量作为衡量学术论文影响力的指标，并以此来评估学者、机构和国家（地区）的学术影响力。然而，如今交互式的互联网环境丰富了学术论文影响力的研究指标，例如论文的阅读量、下载量、转载量、推送量以及媒体报道等。总体而言，无论是传统的学术论文影响力还是 Web 2.0 时代的学术论文影响力，其本质和核心仍然在于评估学术论文的价值以及这种价值对其他事物的影响。

国际合作学术论文是由两个或两个以上国家的学者共同完成的科研成果。

其影响力不仅包括学术论文本身的影响力，还应该考虑到对合作国家科研产生的影响力。因此，本书认为中国学者国际合作学术论文影响力的内涵应该包括学术论文所产生的学术价值以及对合作国家科研影响力的价值。

（2）影响力的产生。

学术论文影响力的产生与学术交流和传播密不可分。只有通过交流和传播过程，才能体现学术论文的价值。默顿（Merton）的科学社会学理论认为，科学家的贡献大小取决于同领域其他科学家的认可程度[①]。在科学奖励系统中，物质奖励只是对科学奖励的补充和加强，最主要的方面来自同行的认可。这种认可的重要表现就是引用，即引用同领域内其他科学家的成果作为一种科研奖励。因此，基于默顿的科学社会学理论，引文是科研奖励系统的重要组成部分，引文影响力受其他科学家的认可程度影响，而这种认可程度又受学术交流和传播的影响。随着社交媒体的出现，学术论文的交流和传播变得更加便捷，影响范围也更广，产生的影响也是多方面的。根据默顿的理论，学术论文影响力的产生经历了一系列过程，包括论文经过同行评议后被发表、引用和其他形式的交流和传播等。同时，科研奖励系统中存在着"马太效应"，即学术论文受关注度越高，引用量也会越多，并随时间累积不断增加。学术论文的交流和传播过程中还存在反馈机制，论文被接受或批评都是论文影响力的表现。因此，学术论文的影响力并非必然是正向和积极的，但目前的研究尚不能区分学术论文影响力的正向或负向性。

整个科研体系可以被看作是一个学术生态系统（academic ecosystem），如图 3-1 所示，其中学术论文的发表、使用、交流和传播形成了学术论文影响力的产生过程。在学术生态系统中，学术论文的影响力可分为原生影响力和次生影响力两个层面。原生影响力指的是学术论文最基本、最初始的影响力，即学术论文本身所具有的影响力。而次生影响力是指进入交流传播系统后产生的影响力，它是对原生影响力的延伸。例如，一篇学术论文质量很高（原生影响力），因此受到更多的关注和引用，这就形成了论文的次生影响力。当一篇学术论文被引用越多时，它会受到更多的关注。此时，人们通常会将注意力转移到次生影响力上，认为论文之所以被引用很多是因为它受到

---

① 默顿 R K. 科学社会学：理论与经验研究 上册 [M]. 北京：商务印书馆，2003.

足够的关注，而忽略了论文本身所具备的特质才是真正促使其次生影响力提高的原因。举例来说，如果一篇论文是由某个领域知名的科研团队撰写的，在发表之前就具有很高的影响力，当论文发表后，其他领域的学者开始关注并引用该论文，从而形成了次生影响力。这时，人们对这篇学术论文的评价不再从原生影响力的角度出发，而是根据次生影响力来衡量其原生影响力，即通过引用数量或关注度等指标来评估论文的质量。

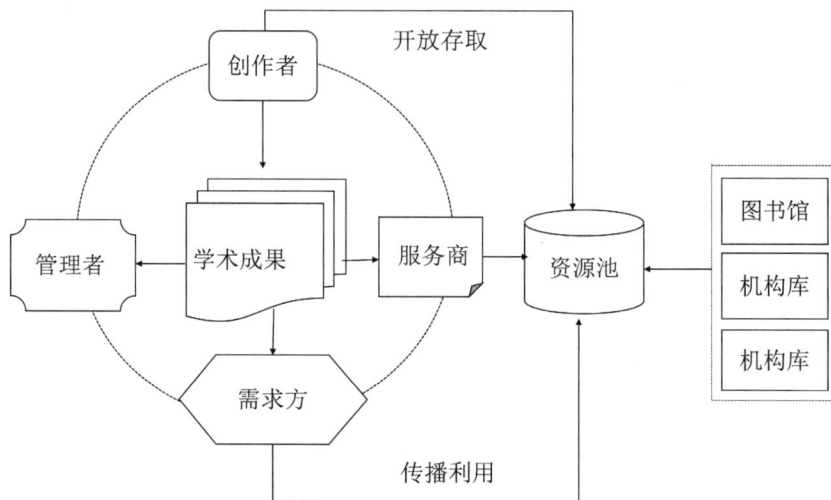

图 3-1　社交媒体时代的学术生态系统示意图①

3.1.2　中国学者国际合作学术论文影响力的构成

根据 Altmetric.com 网站对于学术论文影响力的划分，将学术论文的影响力分为使用、同行评议、引文以及 Altmetrics 指标包含的存储、书签和讨论等，见图 3-2。这说明，在社交媒体时代，学术论文影响力的构成已经不仅仅是引文的数量，还有论文被关注与被传播而产生的影响力。论文的被使用包括被下载、被访问和被阅读等，同行评议是期刊论文发表前的必经过程，只有经过同行评议的论文才能被期刊收录，这也是一种学术价值的被认可。

---

① 李燕波. Altmetrics 对学术生态系统的影响研究［J］. 图书馆工作与研究，2015（12）：19-22.

默顿在科学奖励系统的论述中将引文作为科研奖励的一种形式①，而在社交媒体时代，学术奖励系统已经是包括作者（署名）、专利、引文、致谢和被阅读等方面的综合系统②。Altmetrics 指标中的书签和评论是表征论文被收藏和被阅读的标志，阅读者能通过实时互动与其他读者一起对论文进行评价和讨论，这是学术论文影响力的重要外延。但是从图中可以看出，期刊影响因子不再作为衡量单篇论文影响力的指标，表明期刊影响因子在学术论文影响力的研究中已不再作为测度指标。

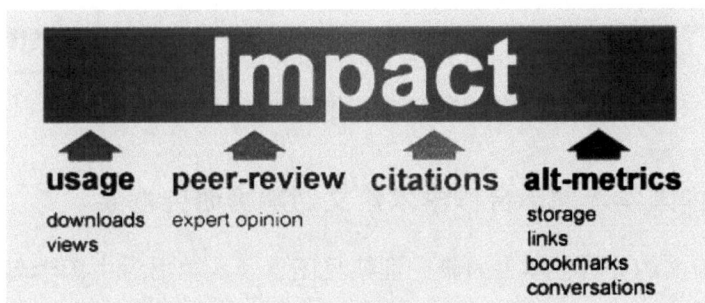

图 3-2　学术论文影响力构成③

在学术生态系统理论中，论文的学术影响力可以分为原生影响力与次生影响力。原生影响力即论文未发表时本身的影响力，例如论文的基金资助、合作国家和机构等都构成了论文的原生影响力，具体见图 3-3。次生影响力则是论文发表之后进行交流、传播而产生的影响力，例如被引用、被下载、被报道等。本书将中国学者国际合作学术论文的影响力分为原生影响力和次生影响力，分别表征论文未发表时自身所具有的影响力和论文发表之后进入学术交流系统被使用、交流和传播所产生的影响力。原生影响力和次生影响力又由不同的要素构成，并形成了不同的学术影响力计量指标。

---

① Cole S., Cole J. R. Scientific output and recognition：A study in the operation of the reward system in science ［J］. *American Sociological Review*，1967，32（3）：377-390.

② Desrochers Nadine，Paul-Hus Adèle，Haustein S，Costas R，et al. Authorship，citations，acknowledgments and visibility in social media：Symbolic capital in the multifaceted reward system of science ［J］. *Social Science Information*，2018（57）：223-248.

③ Altmetrics：A manifestó ［EB/OL］. ［2019-03-04］. http：//altmetrics. org/manifesto/.

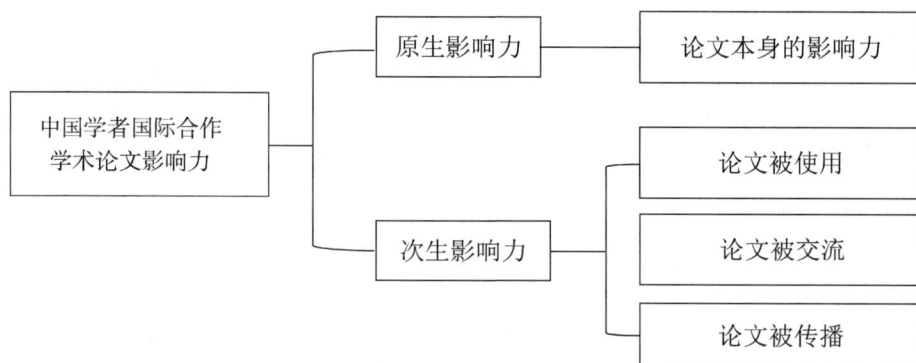

图3-3　中国学者国际合作学术论文影响力构成

3.1.3　中国学者国际合作学术论文影响力研究框架

基于前文的分析，本书的研究框架见图3-4。本书对中国学者国际合作学术论文影响力的研究主要是在对原生、次生影响力进行分析的基础上开展实证分析。首先从中国学者国际合作学术论文影响力的原生影响力构成要素着手，选择合作国家（地区）、机构、合作规模、经费资助以及领导力等要素进行分析，这是从影响幅度的角度进行分析，即影响的范围。在此基础上对次生影响力进行分析，这是从影响强度的角度进行分析，主要分析引文影响力、高被引论文以及 AAS 得分，由于原生影响力要素与次生影响力要素相互影响，因此在分析中将结合原生影响力要素进行分析说明。最后，对中国学者国际合作学术论文影响力进行实证分析，分为两个方面：影响力构成要素与影响力的相关性、基于综合影响力评价模型的评价研究。在影响力分析的基础上对影响力构成要素与引文量、AAS 得分，以及 Altmetrics 指标与 AAS 得分影响显著性进行分析，以探究影响力构成要素对影响力产生的影响的显著性；通过综合影响力评价模型对中国学者国际合作学术论文影响力进行评价，并对高影响力论文的特征进行分析，为提高中国学者国际合作学术论文影响力提供参考。

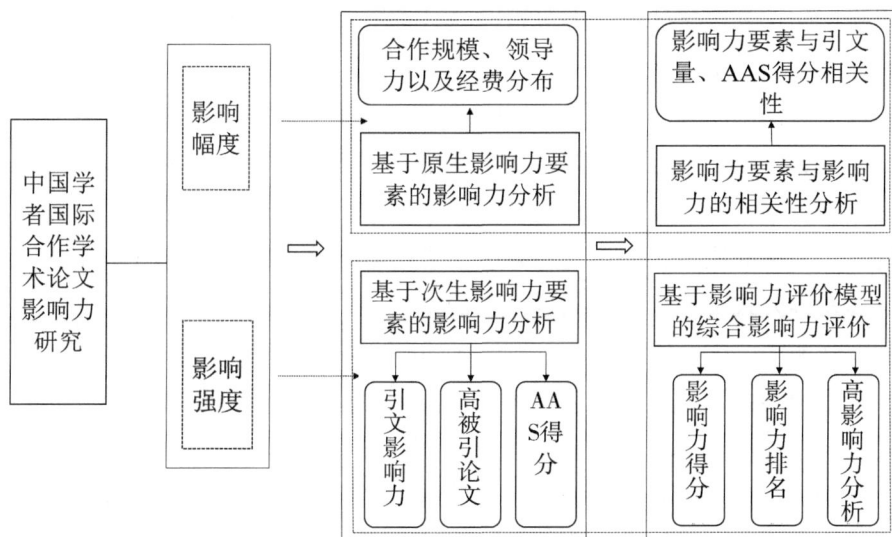

图 3-4　中国学者国际合作学术论文影响力研究框架

3.2　中国学者国际合作学术论文影响力的构成要素

3.2.1　中国学者国际合作学术论文原生影响力要素

国际合作学术论文因为涉及国家与国家之间的合作关系，因此在学术论文影响力的构成要素方面与非国际合作学术论文存在着显著差别。合作规模是指合著论文的作者、机构和国家数量构成，合作规模与论文的质量存在相关性，并且已有学者对科研合作中的最佳合作规模进行了探究①②，合作规模是反映科研生产关系与科研生产力关系的指标，也是表征国际合作学术论文

———————

　　①　曹霞，刘国巍. 基于博弈论和多主体仿真的产学研合作创新网络演化 [J]. 系统管理学报，2014，23（1）：21-29.

　　②　刘则渊. 科学合作最佳规模现象的发现 [J]. 科学学研究，2012，30（4）：481-486.

原生影响力的指标，合理的合作规模能提高国际合作学术论文的质量①，从而影响论文发表之后的被传播与被交流，即对论文次生影响力产生作用。经费资助有利于学术论文质量的提升，基金资助对学术论文引文影响力的提升有积极促进作用②③。在国际合作中更需要基金的支持，国际合作不仅是科学家之间的合作也是基金之间的合作，无论是派遣学者进行国际合作，还是国际联合项目的实施都需要足够的经费作为保障。经费对学术论文影响力的作用反映在论文的质量上，这一质量在学术论文的交流与传播中会以引文、转载、提及等方式反映出来，从这一方面来看，经费是对国际合作学术论文产生重要影响的关键性因素，即学术论文的原生影响力构成要素。

原生影响力要素主要是表征论文未发表时就已经具有的影响力，例如合作的规模（作者数、机构数和国家数）、合作的科技强度、基金资助的项数、论文的领导力以及所属的学科、学者的学术经验等。这些影响力要素主要影响着论文的质量，例如从科研管理的角度来看，论文合作的规模应该控制在合理的范围内，太大的合作规模不利于团队的沟通与管理以及人均经费的有效资助，但是当遇到需要大型试验设备和大规模合作的情况时，大的合作规模才能解决实际问题。

3.2.2 中国学者国际合作学术论文次生影响力要素

次生影响力要素从论文被发表之后被引用、被关注以及被阅读和下载等角度来影响国际合作学术论文的影响力。论文被发表之后被交流与传播，之后产生基于引用的影响力，如引文数量、高被引论文等。被下载、链接、转载和报道等是从学术论文被传播的角度显示论文被发表之后受关注的程度，Altmetrics 指标是从补充计量的角度对传统引文影响力进行的补充，以弥补传统的基于引文数据库的不足。从被转载来看，中国人民大学的《复印报刊资

---

① 钟镇. 农业经济与政策 Web of Science 期刊论文合著规模与绩效的相关性分析［J］. 中国科技期刊研究，2014，25（12）：1513-1518.

② 向丽，邱敦莲，等. 从地质学类 SCI 期刊探究科研基金重复资助和论文影响力的关系［J］. 科技与出版，2016（6）：123-127.

③ 刘迪. 科学基金对 SCI 论文资助计量研究：10 个国家的比较分析［D］. 大连：大连理工大学，2013.

料》从国内人文社会科学领域的期刊中精选出优秀论文进行转载，被认为是研究领域内研究热点以及论文影响力的重要数据源[①][②]。

原生影响力与次生影响力是相互作用与影响的（图 3-5），论文的原生影响力决定了论文本身具有的影响力特征，例如论文的合作国家、基金项目以及论文所属的学科都是对论文次生影响力产生重要作用的关键因素，合作的国家可以影响论文的引文来源，也就是论文发表之后主要会受到哪些国家的引用；基金是合作得以开展的重要前提，而基金资助对于论文的质量产生影响，被资助论文与非资助论文的引文水平存在差异[③][④]。同时，次生影响力要素也会对原生影响力产生作用，如 Altmetrics 指标中的被推送数量，当论文被

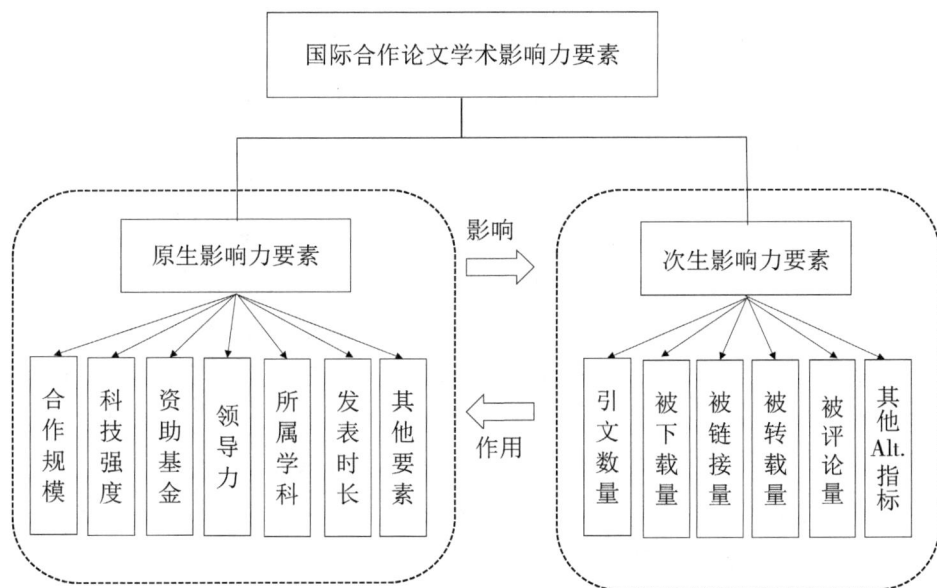

图 3-5　国际合作论文学术影响力构成要素

---

①　宣小红，薛莉，熊志刚，等. 教育学研究的热点与重点：对 2014 年度人大复印报刊资料《教育学》转载论文的分析与展望 [J]. 教育研究，2015（2）：29-42.

②　赵晖. 浅谈人大《复印报刊资料》的学术影响力 [J]. 全国新书目，2008（8）：82-83.

③　钟旭. 科学基金论文与非科学基金论文短期影响力比较研究 [J]. 中国科学基金，2010（4）：222-225.

④　周霞. 国家社科基金论文产出与影响力分析：以 2012 年社会学论文为例 [J]. 情报资料工作，2013，34（5）：44-49.

广泛传播之后能增进学者对该论文的了解，并提高论文的引文数量[①]。在社交媒体平台上将论文进行推送也是近年来学者提高学术影响力的主要方法[②]。

3.3　中国学者国际合作影响因素分析

本书对影响中国学者国际科研合作的影响因素进行归纳总结发现，影响中国学者国际合作的因素是多方面的综合因素，根据已有研究可以将这些因素综合归纳为：国家层面（宏观）、机构和学科层面（中观）以及学者层面（微观）的因素，见图3-6。国家层面主要是从国家总体的角度对宏观政策、经费的投入以及经费的分配、国家的地理位置、语言文化背景等方面进行分析；而机构与学科层面则是从合作机构、学科的差异性来分析；微观层面主要是从学者的个人差异性因素，如性别、年龄等，以及作者的国际性流动角度来说明研究人员的个人因素对中国学者国际合作的影响。并在此基础上对这些因素的效用进行分析，为后续章节的指标选择奠定基础。总之，本章作为后续内容分析的基础将从不同的层面解读影响中国学者国际合作的因素，以及这些因素对中国学者国际合作学术论文会产生怎样的效用。

本章将采用理论梳理与数据分析相结合的方式研究影响中国学者国际科研合作的影响因素，采用的数据来源主要有：教育部发布的《高等学校科技统计资料汇编》（2001—2015）、国家自然科学基金委员会发布的年度工作报告（2010—2016）、世界银行发布的世界各国 GDP 统计数据以及 Web of Science 数据库的论文数据。

---

① 周志峰，韩静娴. H 指数应用于微博影响力分析的探索：以我国"211 工程"大学图书馆微博为例［J］. 情报杂志，2013（4）：63-67.

② Zhao R，Wei M. Academic impact evaluation of Wechat in view of social media perspective ［J］. *Scientometrics*，2017，112（3）：1777-1791.

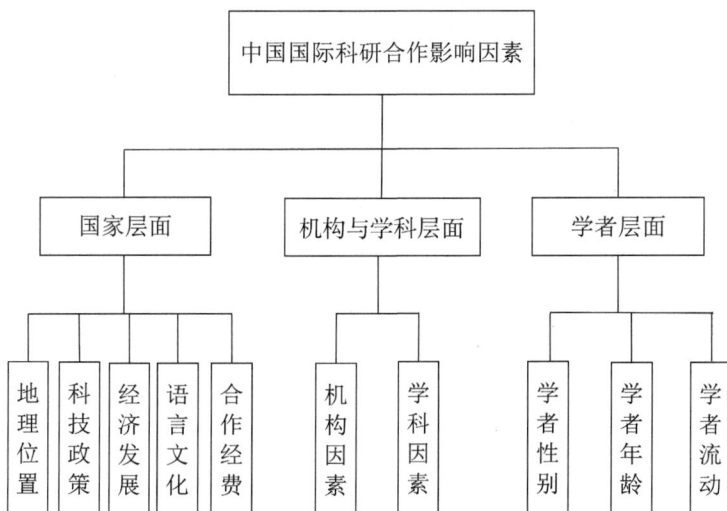

图 3-6　中国学者国际科研合作影响因素构成

3.3.1　国家层面因素

（1）地理位置因素。

在现代交通技术和通信技术兴起以前，人们的交流主要依靠书信进行沟通，选用的通信工具到达范围有限，跨越地理距离的文化交流与合作往往需要耗费很长时间与很多人力。早期的国际科研合作受到交通和通信的限制，科研工作者通过沟通交流对合作项目贡献智力劳动并不容易实现，这一点在国际科研合作的发文量上就有充分体现。随着通信技术的快速发展，虽然可以借助互联网减小地理因素的限制，国际化的交流与合作也越来越频繁，但是地理因素仍然是制约国际合作的一个重要因素。有学者在研究中通过对英国、加拿大和澳大利亚的科研合作的比较分析证明地理位置是影响国际科研合作的一个重要因素①，作者在文章中指出在科研合作中面对面的交流（face to face communication）是最为有效的沟通方式。

虽然交流方式的变革与交流成本的降低让学者间的国际交流合作越来越

---

① Katz J S. Geographical proximity and scientific collaboration［J］. *Scientometrics*，1994，31（1）：31-43.

容易，但是"临近效应"仍然存在①，即合作强度与学者间的距离成反比②。为了激励学者跨越地理边界的合作，各国政府出台了诸多政策促成合作③。1979年，学者们通过研究指出科研合作受到很多因素的影响，例如，政治、地理和语言等决定了学者是否能找到潜在的合作对象④。更有研究表明，科技实力较弱的国家更倾向于选择国际合作⑤，而在国际合作的论文中第一作者和最后一位作者间的地理位置"临近效应"能带来更多的引用⑥。同时，科技实力彰显出中国在科技领域的软实力，直接影响对国际合作的吸引力，同时影响中国在国际合作中的态势。中国的国际科技实力的增强最直接的体现是在科研论文产出的数量上，在国际合作论文数量不断增长的过程中，中国学者国际合作论文数量也在不断增加。

地理位置因素对中国学者国际合作的影响体现在诸多方面，除了表现在科研合作产出的数量上，更多的是体现在国际合作的规模上，例如合作中涉及的是双边合作还是三边甚至多边合作。本书接下来的研究将会具体探讨中国学者国际合作的规模问题。

（2）科技政策因素。

科技政策对国际科研合作的促进作用主要体现在宏观科技政策的引导上。政策导向会对科研经费的投入以及人才的引进产生重要作用。

①国家宏观科技政策。科技政策直接影响到国家宏观科技投入、对特定科研项目的重点资助或者与特定国家（地区）的重点合作。为了全面了解中

---

① Autant-Bernard C, Massard N, Mairesse J. Spatial knowledge diffusion through collaborative networks [J]. *Papers in Regional Science*, 2007, 86 (3): 341-350.

② Larivière V, Sugimoto C R, Cronin B. A bibliometric chronicling of library and information science's first hundred years [J]. *Journal of the American Society for Information Science and Technology*, 2012, 63 (5): 997-1016.

③ Abramo G, D'Angelo C A, Costa F D. Research collaboration and productivity: Is there correlation? [J]. *Higher Education*, 2009, 57 (2): 155-171.

④ Davidson Frame J, Carpenter M P. International research collaboration [J]. *Social Studies of Science*, 1979, 9 (4): 481-497.

⑤ Luukkonen T, Persson O, Sivertsen G. Understanding patterns of international scientific collaboration [J]. *Science, Technology & Human Values*, 1992, 17 (1): 101-126.

⑥ Lee K, Brownstein J S, Mills R G, et al. Does collocation inform the impact of collaboration? [J]. *PloS one*, 2010, 5 (12): e14279.

国对国际科研合作的政策，本书从科技部网站中检索国际科研合作的文件，主要包括 1986 年至 2018 年间的文件，具体如表 3-1 所示。1986 年的《关于参加国际科技组织的若干规定》中明确了参加国际科技组织，了解国际科技发展的动态，对参加国际科技组织的条件、申请、审批和组织管理进行了详细的说明。在 2017 年还颁发了《"十三五"国际科技创新合作专项规划》①，在规划中指出了目前中国在国际科研合作中存在的问题：首先，中国融入全球科技创新网络的能力有待提高；其次，开放创新的机制亟待提高，企业"走出去"的激励措施和服务体系不够完善；最后，国际科技合作经费投入水平和使用政策与合作需求不匹配。立足这些问题，中国对"十三五"期间的国际科研合作实施更开放和更积极的举措，用国际科技合作推动知识经济的发展。

从表 3-1 中可以发现，科技部网站公布的关于国际合作的专项科技文件中有关于基金使用的专门文件，而且从发布单位的统计中可知，财政部是其中 4 份文件的主要发布者，说明这些政策文件对国际科研经费的资助使用进行了明确规定。

表 3-1　我国发布的重要国际合作文件（1986—2018 年）

时间	文件	发布机构
1986 年	关于参加国际科技组织的若干规定	国家科学技术委员会、外交部
1999 年	中国 APEC 科技产业合作基金使用管理办法（试行）	财政部、外交部等
2001 年	国际科学技术会议与展览管理暂行办法	科技部、外交部
2003 年	中国海外科技创业园试点工作指导意见	科技部
2007 年	国际科技合作与交流专项经费管理办法	财政部、科技部
2009 年	国家自然科学基金国际（地区）合作研究项目管理办法	国家自然科学基金委员会
2011 年	国家国际科技合作基地管理办法	科技部

---

① 中华人民共和国科技部．"十三五"国际科技创新合作专项规划［EB/OL］．［2018-10-23］．http：//www. most. gov. cn/kjzc/gjkjzc/gjkjhz/201706/t20170629_ 133849. htm.

续表

时间	文件	发布机构
2011 年	中欧中小企业节能减排科研合作资金管理暂行办法	财政部、科技部
2011 年	国家国际科技合作专项管理办法	科技部、财政部
2014 年	国家国际科技合作基地评估办法（试行）	科技部
2016 年	发展中国家技术培训班管理办法	科技部
2017 年	"十三五"国际科技创新合作专项规划	科技部
2018 年	国务院关于印发《积极牵头组织国际大科学计划和大科学工程方案》的通知	国务院

中国在国际科研合作中的政策支持在最近几年越来越明显，以国务院发文为例，2018 年 3 月发布的《国务院关于印发〈积极牵头组织国际大科学计划和大科学工程方案〉的通知》① 中提出了组织和牵头国际大科学计划是体现中国国家综合实力和科技竞争力的重要标志，对提高我国科技实力和科技话语权具有重要意义。在该通知文件中还明确强调要加强经费的投入，更好地发挥财政资金在中国牵头国际大科学计划中的引导作用，同时还需要建立多元化的参与模式，吸引国际政府、机构、高校的参与，并建立更开放的高层次人才引进机制。这项通知的颁布必将对中国未来的国际合作产生重要影响，正如通知中强调的经费投入、管理模式、人才引进机制都将在未来的科研合作中产生积极深远的影响。管理模式和人才引进机制产生的影响并不像经费投入产生的影响那样显而易见，但也是不可忽略的内容。

②科技政策与经费。表 3-1 中统计的文件说明中国在国际科研合作中关于经费的分配和使用有了明确的规定，科技政策对国际科研合作中经费的使用到底产生了什么样的影响呢？本书对中国最大的科研基金来源——国家自然科学基金委员会的年度国际科研项目资助情况进行了统计，从统计报告（表 3-2）中可得出，2013 年的提交申请项目数是 2560 项，批准 1181 项，资助比例为 46.13%；2016 年提交 4772 项，批准 1056 项，资助比例为

---

① 国务院. 国务院关于印发《积极牵头组织国际大科学计划和大科学工程方案》的通知［EB/OL］.［2018-10-23］. http：//www. gov. cn/zhengce/content/2018-03/28/content_ 5278056. htm.

22.13%。从 2013 年开始，我国提交的国际申请资助项目数量逐年增加，虽然最后获得资助的项目比例并没有明显增加，但批准的经费却有显著提高，从 2010 年的 2.90 亿元增加到 2016 年的 8.97 亿元。由此可见，随着中国的经济实力的增强，对国际合作的经费资助力度不断加大，这成为中国学者国际科研合作论文数量能持续增加的一个重要推动力量。

表 3-2　国家自然科学基金的国际资助项目与经费（2010—2016 年）

时间	提交项目/项	资助项目/项	资助比例/%	经费/亿元
2010 年	—	1157	—	2.90
2011 年	—	1169	—	4.78
2012 年	—	1296	—	5.78
2013 年	2560	1181	46.13	6.4
2014 年	2722	1078	39.60	6.2
2015 年	2622	744	28.38	6.73
2016 年	4772	1056	22.13	8.97

　　③科技政策与人才引进。科技政策对国际科研合作的另一项重大推动作用就是对国际科技人才的引进。国际科技合作落实到具体事务就是人才间的合作，近几年来的科技人才引进计划最有影响力的就是"千人计划"，该计划的一个关键要求就是引进具有海外工作或学习经验的高层次人才，目前已经引进 6000 多名专家学者，对推动国家创新创业发挥了重要作用。同时，这些具有国际科研机构研究经历或国际企业管理经验的人才的加入搭建起了国际合作的桥梁，加快了中国在各个领域与国际一流机构的合作与交流。

　　（3）经济发展因素。

　　科学研究离不开研究经费的支持，而研究经费的投入与国家的经济发展水平具有直接关系。世界银行（The World Bank）提供的联合国教科文组织（UNESCO）统计研究所的统计数据显示①（图 3-7）：中国的 GDP 在 2009 年

---

　　①　世界银行与联合国教科文组织. 研发支出（占 GDP 的比例）[EB/OL]. [2018-10-23]. https：//data. worldbank. org. cn/indicator/GB. XPD. RSDV. GD. ZS？end = 2015&locations = CN - US&start = 1996&view = chart.

超过了日本，成为了世界第二大经济体。虽然与美国相比中国的 GDP 仍然有差距，但是与日本和英国相比中国的经济增长较快，在 2016 年中国的 GDP 总额达到了 11.189 万亿美元。随着经济总量的增加，中国对科研的投入不断增加，虽然目前还没有找到直接的数据显示中国在 GDP 增加的同时对国际科研合作的投入亦有所增加，但是已有的数据显示出了中国的科研投入占 GDP 的比例变化情况。

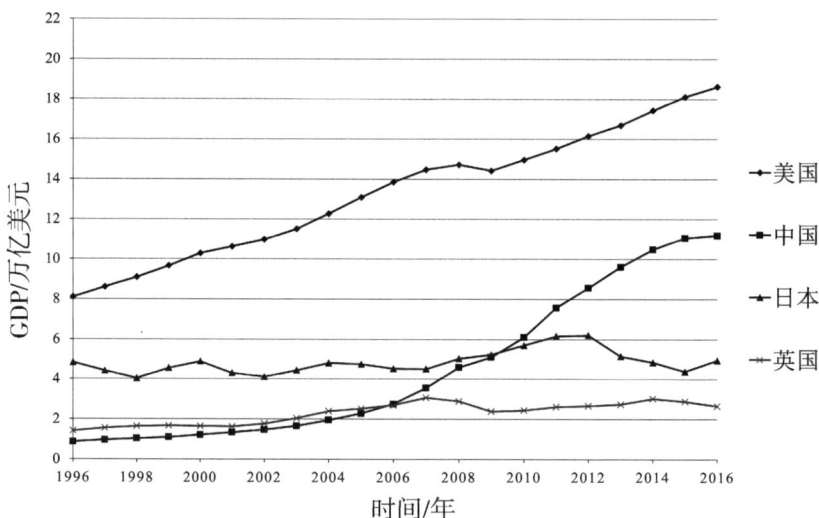

图 3-7　中国与其他国家的 GDP 比较（1996—2016 年）

通过对世界银行提供的中国研发（R&D）① 支出占 GDP 比例的数据的统计发现，中国研发支出占 GDP 的比例持续增长（图 3-8）。作为一个中等收入国家，中国在 1996 年的研发支出仅占当年 GDP 的 0.56%，到 2016 年这一比例为 2.19%，说明中国在研发上的投入比例逐渐向美国、英国和日本等国家靠拢，并在 2010 年超过了英国。但是，从图中也能发现中国的研发投入比例与日本和美国相比仍然有差距，特别是邻国日本在研发上的投入比例超过了美国。研发投入与科研产出及科研影响力都存在着明显的正相关性，1997

---

　① 研发（R&D）包括基础研究、应用研究和实验开发。

年，一篇刊发于《科学》（*Science*）的研究文章①就已经指出，美国、日本和德国等国家的 GDP 用于研发（R&D）投入的比例都超过了 2%，而这些国家的总体科研产出（论文）数量高于其他国家，并且论文的相对引文影响力（Relative Citation Impact，RCI）也高于其他国家，而中国与印度当年的研发（R&D）支出分别仅占 GDP 的 0.63% 和 0.67%，中国和印度的论文 RCI 也显著低于美国（排名 1 位）、英国（排名 5 位）和日本（排名 15 位）等国，世界排位分别为 65 位和 66 位。这说明，中国科研经费的持续性投入会对科研产出产生积极而深远的影响，主要影响包括对科研论文的数量和科研论文的引文影响力产生影响。

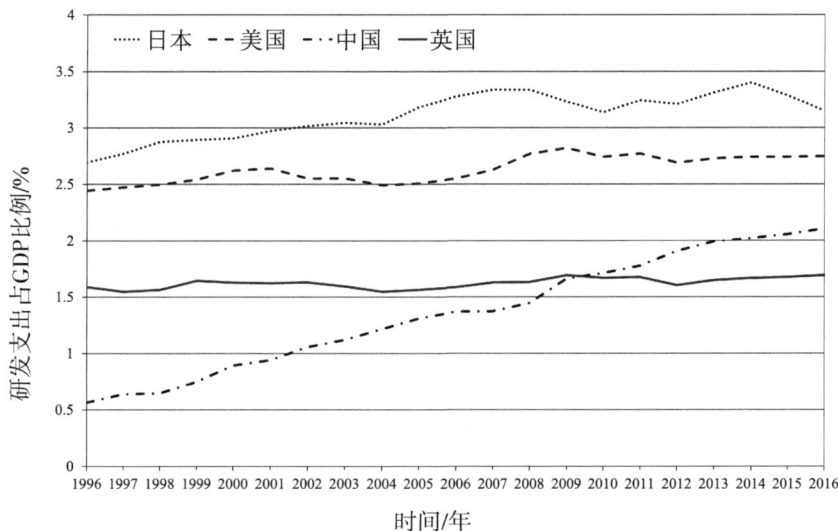

图 3-8　中国、美国、英国和日本的研发支出占 GDP 的比例（1996—2016 年）

科技投入最直接的影响是在科技人力方面。科技投入不仅仅表现在科研经费的增加，而且通过增加科研经费能对科研设备的提升、科研人员的培养和科研管理的改进等带来重大影响。科研工作者并不是生活在虚拟社会，经济上的投入可以提高科研工作者的收入，并创造更多科研相关职位以推动整

---

① May R M. The scientific wealth of nations [J]. *Science*，1997，275：793।

个社会的科技发展①。根据世界银行的数据，对每百万人中从事研发工作的人数进行统计，结果见图3-9。对中国、美国和日本的科技人力进行比较可以发现，和美国、日本相比，中国在科技人力方面的差距很大。1996年，每百万人口中从事科研工作的人员数量，中国为442人，美国为3122人，日本为4947人，到2016年这一数量分别为1113人、4231人、5386人。到2016年，中国还没有达到日本和美国在1996年的水平，这说明了我国与美国、日本在科技人力方面的差距之大，也体现了日本在国际科研竞争力上的优势。从图中可明显看出，日本长期保持着高国际科研合作率。另外，数据显示，中国的研发（R&D）人数整体呈现增长趋势，这一趋势也将会影响到国际科研合作，给中国的国际科研合作带来积极的推动作用。

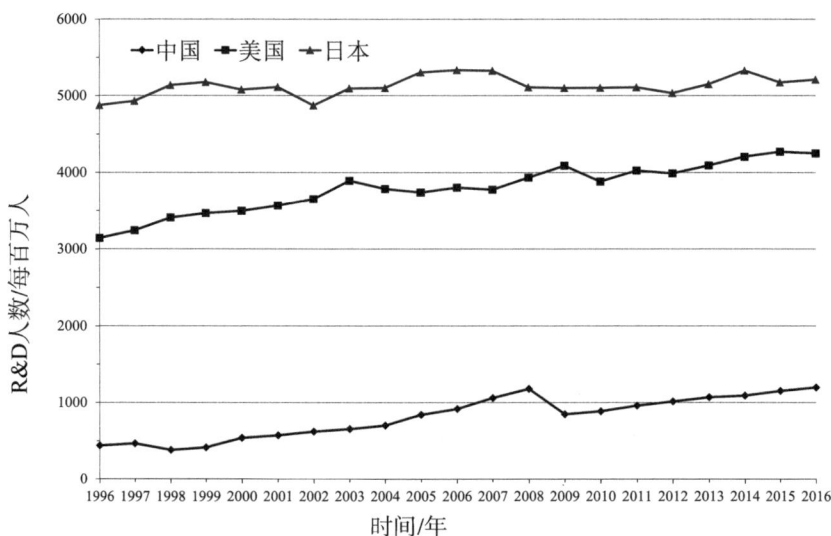

图3-9　中国、美国和日本科技人力比较（1996—2016年）

从中国、美国和日本的国际合作论文数量占总发文量的比例来看（图3-10），中国在1980年国际合作率较高，虽然中国的发文量较少，但国际合作率高于美国和日本，在2005年中国的国际合作率低于日本，到2006年发文

---

　　① Bozeman B，Dietz J S，Gaughan M. Scientific and technical human capital：An alternative model for research evaluation ［J］. *International Journal of Technology Management*，2001，22（7-8）：716-740.

量超过日本，说明在早期的国际合作中，中国的国际合作论文数量在总体发文量中占有重要比例，而随着中国科技实力的提升，国际合作逐渐不再是发文的主要推动力，因此国际合作率低于美国和日本。从另一个角度来看，国

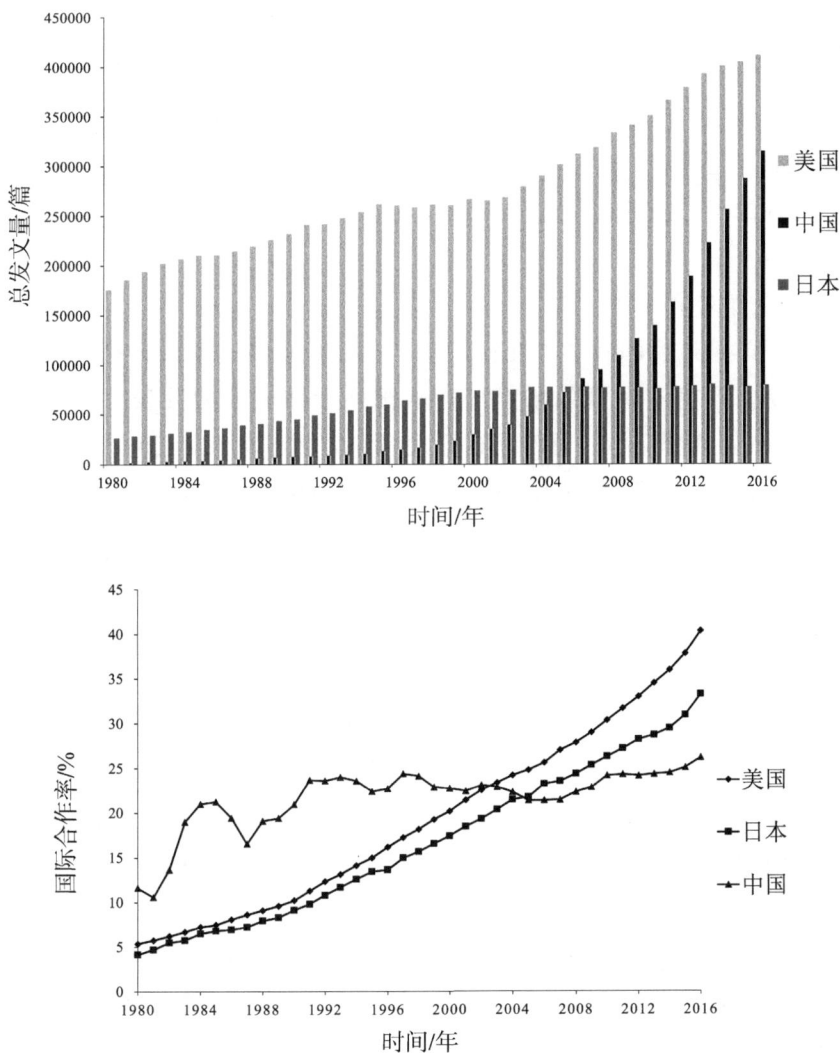

图 3-10　中国、美国和日本的总发文量与国际合作论文数量占总发文量的比例（1980—2016 年）

际合作是一种科技竞争力的体现，日本和美国的国际合作率一直处于平稳上升趋势，这一现象说明美国和日本作为科技发达国家仍在不断吸引国际合作，充分展示了它们在国际科技领域的竞争力与国家的科技软实力。

同时，中国的国际合作率虽然有波动的趋势，但总体还是处于上升趋势，特别是近 10 年来，中国的国际合作率呈缓慢上升趋势发展，并且中国的总发文量增长较快，已经是仅次于美国的第二大科研产出国。从国际合作率的角度来看，即使中国的研发投入占 GDP 的比例已经不断增加，但是对比日本与美国仍然有一定差距，这一差距在国际合作率上也有明显的体现，更进一步说明，总体的科技投入在促进国际合作和提升国家总体科技竞争力上的重要作用。

（4）语言文化因素。

语言是学者进行国际学术交流最基本也是最重要的工具，是国际合作能进行的关键，语言的交流效果直接影响国际合作成果的发表。特别是目前 Web of Science 数据库中收录的期刊绝大部分是英语期刊，其他语言的期刊数量还很有限，用英文写作成为中国学者国际交流中需要跨越的第一道门槛。

表 3-3 显示了 2010—2016 年 Web of Science 数据库中收录的论文数量按语言分布统计的情况，排名前五的语言是英语、德语、西班牙语、法语和汉语，其中英语是占绝对优势的语言。作为国际通用语言，英文论文数量与其他语言的论文数量之间形成了巨大的差距。这和英语的使用范围广，世界上占优势领导地位的科技大国，如美国、英国和加拿大等国以英文为官方语言不无关系。同时，通过该表还可以发现，作为世界上使用人口数量最多的语言——汉语的影响力在不断下降，从 2010 年的 14095 篇论文到 2016 年只收录了 7717 篇汉语论文，说明即使在中国的科技实力不断增强、国际合作学术论文数量不断增长的背景下，用汉语作为书写语言发表并被 Web of Science 数据库收录的文章数量仍在不断下降。从表中还能发现，德语、西班牙语和法语的论文数量也远多于汉语，甚至在 2016 年，葡萄牙语和俄语的论文数量也超过了汉语论文的数量。当然，这和 Web of Science 数据库中收录的中文期刊数量变化有直接关系，也与学者在使用写作语言时的选择有很大关联，但是仍然能够从一定层面说明语言在国际科学交流中日益凸显的作用。

表 3-3　Web of Science 数据库收录的论文数量按语言分布统计（2010—2016 年）

单位：篇

语言	2010 年	2011 年	2012 年	2013 年	2014 年	2015 年	2016 年
英语	1942202	2024570	2154125	2154125	2346907	2623745	2745692
德语	25327	25833	24383	24383	20975	27030	27015
西班牙语	14302	14526	14166	14166	13492	35747	37225
法语	22027	20326	19527	19527	18707	21122	19922
汉语	14095	17265	10635	10635	7832	7760	7717
葡萄牙语	8458	8204	6850	6850	5307	13649	12935
俄语	3935	3812	4117	4117	3547	10977	11956
意大利语	5251	5439	4679	4679	4219	7456	6414
波兰语	2956	2776	2790	2790	1571	2701	2611
土耳其语	1702	1667	1692	1692	1740	4033	3827

自地理大发现以来，英语已经成为世界性通用语言，是世界范围内近 60 个国家的唯一官方语言或者官方语言之一，特别是美国、加拿大和英国等科技处于领先地位的国家的最常用的语言。作为国际科技领域的通用语言，英语在国际交流中成为最基础也是最为关键的影响因素，但是由于这一因素不能直接体现在科研论文中，因此并不能简单直接地用量化指标进行评价研究。实际上，也有一些研究对语言在国际交流合作中的作用进行了有益探讨，早在 1993 年，几位墨西哥学者①就研究了拉丁美洲国家与西班牙之间的国际科研合作中论文的发表偏好，他们发现，即使由于历史原因，拉丁美洲国家和西班牙之间有着很深的文化联系，如西班牙语是拉丁美洲国家的主要使用语言，但是当拉丁美洲国家的学者和西班牙学者合作时，更倾向于把论文发表于 SCI 主流期刊，而非被 Web of Science 收录的西班牙语期刊。

---

① Narváez-Berthelemot N, De Ascencio M A, Russell J M. International scientific collaboration: Cooperation between Latin America and Spain, as seen from different databases [J]. *Journal of Information Science: Principles and Practice*, 1993, 19 (5): 389-394.

（5）合作经费因素。

经费的影响不仅体现在论文的资助上，还有助于国际合作的促成，科学家之间的交流需要经费作为支撑，实验设备也需要经费的资助，论文的发表等都以经费为基础，可以说科研经费已经影响到国际科研合作的各个方面。经费也是吸引国际合作的重要原因之一，特别是中国近年来的 GDP 增长和在研发中的投入比重越来越大，能为促成国际合作提供重要的保障，从而形成了新的研究问题：中国学者国际合作能力的增强以及在国际合作中领导力的变化是否和经费有关？是否会因为中国在研发中经济投入的增加，学者能获得的经费支持力度更大，解决科研问题、寻求国际合作变得更容易？这也导致中国在国际合作中更多处于领导地位，因此科研中的领导力是否其实是经费的作用？从发表的中国学者国际论文的经费资助情况来看，论文获得基金资助的比例在逐年增加，本书将分析经费与领导力之间的关系，探究中国科研经费资助投入的增加是否提升了中国在国际合作中的领导力。

3.3.2　机构与学科层面因素

（1）机构因素。

①机构总体趋势。为了更具体说明高校的层级差异对国际合作的影响，我们将 2010 年至 2015 年间不同层次高校的国际合作派遣与接受人次统计并制作成表 3-4。从表中可以看出，在派遣人次方面，从 2010 年到 2015 年，"211" 高校的国际合作派遣人次总体增加。具体来看，2010 年和 2015 年分别派遣了 20514 和 24366 人次进行国际合作交流，而普通本科院校明显低于这一水平，高等专科学校的与其差距最大，在 2015 年仅有 1101 人次的合作派遣。而从接受人次来看，不同层次的学校差距较大，其中 "211" 高校在 2012 年的接受人次要高于 2015 年，但是总体还是处于上升趋势，普通本科院校的接受人次明显少于 "211" 高校，但是高等专科学校的数据显示有下降趋势。这说明，不同层级的高校不仅在科研经费的分配上具有明显差距，在国际合作的能力上也存在显著的差异，"211" 高校无论在人才派遣还是接受能力上都要高于其他层次的学校，从一定程度显示出在中国的国际合作中，机构因素无疑是非常重要的影响因素。

表 3-4　中国高校国际合作派遣与接受人次比较（2010—2015 年）

时间	派遣/人次			接受/人次		
	"211" 高校	普通本科院校	高等专科学校	"211" 高校	普通本科院校	高等专科学校
2010 年	20514	13504	987	22136	10523	392
2011 年	21894	14313	905	21601	12175	484
2012 年	24639	15574	1287	24528	11919	766
2013 年	21529	16747	1492	24092	12091	586
2014 年	21507	17965	1503	23434	13081	543
2015 年	24366	18703	1101	24234	12980	337

　　表 3-5 是中国不同层级高等学校参与国际会议的情况，包括出席人次、交流论文的篇数和特邀报告的场次。从出席国际会议的人次来看，在 2010 年 "211" 学校共有 82377 人次出席国际会议，普通本科院校只有 37927 人次，而高等专科学校仅有 870 人次，到 2015 年这一数据分别为 112724、50467 和 702 人次，进一步说明 "211" 高校相对于其他学校更能获得国际交流的机会；从交流论文的数量和在国际会议中特邀报告的场次同样能发现这一差距。国际会议是国际同行间进行学术交流的平台，积极参与到国际会议中能获得更多的潜在合作机会，由于机构的层级差异性，不同级别的高校获得学术交流的机会不均，同样会在国际合作中处于不同的态势。

表 3-5　中国高校国际会议参与情况（2010—2015 年）

时间	出席/人次			交流论文/篇			特邀报告/场		
	"211" 高校	普通本科院校	高等专科学校	"211" 高校	普通本科院校	高等专科学校	"211" 高校	普通本科院校	高等专科学校
2010 年	82377	37927	870	50637	25160	356	8290	4386	21
2011 年	86805	37223	1175	57914	29590	627	9290	4694	48
2012 年	96317	47361	814	60545	37410	701	9720	5562	23
2013 年	107590	47452	1012	58331	35570	715	10594	5682	24

续表

时间	出席/人次			交流论文/篇			特邀报告/场		
	"211"高校	普通本科院校	高等专科学校	"211"高校	普通本科院校	高等专科学校	"211"高校	普通本科院校	高等专科学校
2014 年	110921	48053	866	60500	35969	798	12352	5471	28
2015 年	112724	50467	702	59605	33096	763	12731	5992	25

②机构人力因素。表 3-5 中清晰地显示："211"高校参与国际会议的人次要远高于其他层次的学校，这种现象形成的因素之一是不同层次高校中的人力资源分布不均衡，为此，本书统计了"211"高校、普通本科院校和高等专科学校在人力资源方面的差异性。从表 3-6 中的数据可以看出，从平均教学与科研人员的数据来看，2010 年"211"高校的平均教学与科研人员为 2608.12 人，到 2015 年增长为 2934.07 人，与普通本科院校和高等专科学校相比存在着显著差距。同样，平均研究与发展人员的数量也存在着明显的差距。

表 3-6   中国高校平均科技人力统计（2010—2015 年）

时间	平均教学与科研人员/人			平均研究与发展人员/人		
	"211"高校	普通本科院校	高等专科学校	"211"高校	普通本科院校	高等专科学校
2010 年	2608.12	836.28	204.06	1378.82	297.07	26.85
2011 年	2743.72	841.48	210.01	1429.16	313.56	29.98
2012 年	2837.13	126.21	216.39	1436.33	321.09	29.67
2013 年	2803.22	830.41	215.34	1382.7	322.4	30.64
2014 年	2878.33	827.13	218.74	1426.6	321.8	29.44
2015 年	2934.07	807.37	217.7	1461.34	311.45	30.97

科研合作的本质是科研人员为了解决同一科研问题而贡献集体智慧，所以科研人力资源是国际合作进行的最基本保障。从科技人力的差距能推断出不同层次高校在进行国际合作时的表现差异，对国家而言，机构的科技人力

差异将成为影响国际合作的重要因素之一，并且在国际合作的显示度上形成明显的机构分层现象。随着时间的推移，在国际科研合作中表现优异的机构可能会吸引更多的潜在合作者，发表更多国际合作论文，更多地处于领导地位，并带来更大的引文影响力。同时，这些优势又将吸引政府的财政支持，从而获得更多的经费用于国际合作，形成"马太效应"。在接下来的内容中将重点探究不同层级高校科研经费的获取和使用情况，从而证实机构的层级对国际合作的影响。

　　③机构的经费因素。从不同层次高校人才的派遣能力、科技人力的状况来看，不同层次高校间的差距较大，而从经费配置情况进行分析，"211"高校的年平均拨入经费与普通本科院校和高等专科学校相比较存在着巨大差距。以 2010 年为例，当年"211"高校拨入的平均经费约为 47094 万元，而普通本科院校为 4060.376 万元，高等专科学校仅有 151.116 万元，而到 2013 年"211"高校的拨入经费增长显著，为 73183.61 万元，普通本科院校为6014.171 万元，高等专科学校为 257.482 万元。拨入经费的差距也影响了不同层次高校的年平均支出经费，"211"高校有更多的经费用于科研，这会直接影响到不同层次高校的科研产出数量，同时影响国际科研合作。例如学者的国际学术交流、访问，学生的国际联合培养等，都需要科研经费的支撑。

表 3-7　中国高校平均拨入与支出经费统计（2010—2015 年）

时间	平均拨入经费/万元			平均支出经费/万元		
	"211"高校	普通本科院校	高等专科学校	"211"高校	普通本科院校	高等专科学校
2010 年	47094	4060.376	151.116	42128.54	3752.258	136.884
2011 年	62325.37	4726.848	186.297	53291.7	4306.849	164.814
2012 年	66697.63	5461.231	221.854	60098.12	4951.719	202.049
2013 年	73183.61	6014.171	257.482	65004.32	5440.052	230.919
2014 年	75370.57	6234.813	273.615	68492.84	5777.892	256.715
2015 年	75365.24	6182.661	276.561	69717.15	5810.385	255.723

　　从"211"高校到"985"高校的设定是为了集中优势资源在具有科研优

势的学校，从而达到鼓励高校进行科技创新的目的。目前，"211"和"985"高校在国际科研论文和国际合作学术论文的产出中都占据了明显的优势。教育部发布的《高等学校科技统计资料汇编》（2001—2015），中国科技信息研究所发布的《中国科技统计年鉴》（2010—2017），科技部发布的《2009年科技发展报告》以及科睿唯安和国家科技评估中心联合发布的《中国国际科研合作现状报告》等信息资料表明，来自北京、上海和江苏等经济较为发达地区的机构拥有更多的国际科研合作产出，其中，中国科学院、北京大学、清华大学、浙江大学和上海交通大学等"双一流"高校是国内科研高产的机构，这些机构吸引了来自美国、英国、加拿大等国家的一流机构的合作，产出的国际合作学术论文无论从引文量，还是高被引论文数量的占比来看都处于国内领先地位。

基于此，本书将不再重点从机构层面去探讨机构差异性对中国学者国际科研合作，以及对国际科研合作学术论文的影响，而主要选择研究合作机构的规模对中国学者国际合作学术论文产出、领导力以及学术论文引文的影响。

（2）学科因素。

①学科总体差异性。学科差异性在科研合作中的影响已经在许多科研成果中得到证实①②③，也有许多学者对跨学科和学科内部的合作进行研究④，科研合作在不同的学科中有不同的模式和影响。中国的国际科研合作在自然科学与社会科学领域具有显著差异性，就自然科学而言，由于自然科学领域的研究更多地需要借助于实验设备和仪器，因此更需要合作团队的协作。例如在物理学领域的核能与高能物理，很多大型实验设备并不是一个国家能提供的，还需要国际合作共同建立，如欧洲粒子物理研究所（European

---

① Subramanyam K. Bibliometric studies of research collaboration: A review [J]. *Journal of Information Science*, 1983, 6 (1): 33-38.

② Van Raan A. The influence of international collaboration on the impact of research results: Some simple mathematical considerations concerning the role of self-citations [J]. *Scientometrics*, 1998, 42 (3): 423-428.

③ Wagner C S. Six case studies of international collaboration in science [J]. *Scientometrics*, 2005, 62 (1): 3-26.

④ Cropanzano R, Mitchell M S. Social exchange theory: An interdisciplinary review [J]. *Journal of management*, 2005, 31 (6): 874-900.

Organization for Nuclear Research，CENR）就是由欧盟 20 个成员国共同提供资金保障，是国际合作的典型案例，能同时容纳全球几千名科学家共同工作，这也是该学科领域的论文多以国际合作形式发表的原因，并且作者的数量能达到上千人。而人文社会科学领域的成果则可以是单独完成的，特别是在文学领域，更多的成果则以著作的形式发表，在 Web of Science 数据库中对人文社会科学论文的收录数量可能会更低，这也存在着国家间的差距。

　　从表 3-8 的对比可以看出，自然科学领域的总发文量高于社会科学领域，日本和美国发文量最高的都是临床医学，而中国则是工程学与技术，这与中国经济的高速发展，以及国内基础建设对工程学知识的需求增大相关。同时，三个国家的发文量中最低的学科都是艺术学，日本和中国分别只有598 和 664 篇论文，国际合作率却占到了 23% 和 21%，而美国在这一学科中的比例却只有 2%，但是发文量为 45361 篇，远高于日本和中国。化学、专业领域和人文分别是日本、美国和中国学者国际合作率最低的学科。表中的数据对比不仅展示了日本、美国和中国在总体发文量和国际合作中的明显差异，更显示出国际合作在不同学科领域存在着显著差异，同时这种差异又由于国家的科技实力的不同和在学科研究中的实力因素产生了非常明显的相似与差异，接下来的研究将对学科因素进行更深入的探讨。

表 3-8　中国、日本与美国国际合作率的学科比较（1980—2016 年）

学科	日本		美国		中国	
	发文量/篇	国际合作率/%	发文量/篇	国际合作率/%	发文量/篇	国际合作率/%
生物学	152213	18	670375	21	123563	32
生物医学研究	304674	24	1494874	26	263892	29
化学	315317	13	631504	22	457996	14
临床医学	638556	15	3123689	19	349422	25
地球与空间科学	80058	44	567160	36	143961	36
工程学与技术	302698	18	925265	24	554872	23
数学	45429	23	267902	30	116303	24

续表

学科	日本		美国		中国	
	发文量/篇	国际合作率/%	发文量/篇	国际合作率/%	发文量/篇	国际合作率/%
物理学	357444	22	843110	31	356647	22
健康学	6527	28	246579	13	9928	43
人文	1997	14	254462	2	4637	10
专业领域	5542	35	399254	1	25760	47
心理学	11467	23	341599	13	8633	53
社会学	14653	25	431455	13	19933	47
艺术学	598	23	45361	2	664	21

②专业差异。表 3-8 中已经清晰地展示了不同国家间的学科差异，学科差异对于经费的获取、使用以及科研合作的团队规模、合作的领导力等是否会产生明显的影响呢？在接下来的效用研究中将进一步深入分析。表 3-9 显示了日本、美国和中国总体发文量最高的前 10 个专业的国际合作率，排名第一的专业分别是应用物理学、生物化学与分子生物学以及材料科学，这 3 个专业的国际合作论文占总发文量的比例分别是 14%、23% 和 21%，说明深入到专业领域，不同的专业对国际合作的比例产生了显著影响。

表 3-9　中国、日本与美国总发文量最高的前 10 个专业的国际合作率（1980—2016 年）

国别	专业	总发文量/篇	国际合作率/%
日本	应用物理学	134183	14
	生物化学与分子生物学	115422	20
	普通物理	90437	25
	普通化学	84658	12
	物理化学	81871	18
	药理学	75541	13
	神经病学和神经外科	74205	19

续表

国别	专业	总发文量/篇	国际合作率/%
日本	电气工程与电子	72459	13
	材料科学	70968	23
	有机化学	60383	8
美国	生物化学与分子生物学	490703	23
	神经病学和神经外科	366763	23
	一般生物医学研究	286531	32
	药理学	259408	20
	普通内科	252238	15
	免疫学	234612	24
	癌症	225288	25
	普通物理	200379	39
	电气工程与电子	200155	23
	应用物理学	195308	24
中国	材料科学	163292	21
	物理化学	140510	16
	普通物理	129282	16
	普通化学	123782	14
	电气工程与电子	95860	28
	一般生物医学研究	87653	29
	金属与冶金	71163	13
	应用物理学	70709	25
	光学	64066	18
	计算机	63530	31

　　基于此，对于中国的国际合作，我们将深入到学科和专业领域去探究不同的学科、专业与国际合作的关系，并将学科、专业作为论文划分的标准，探究不同学科、专业中存在的经费、团队合作规模和领导力差异。

3.3.3 学者层面因素

科研人员的构成是衡量科研竞争力的一个重要指标，大至国家的整体科研竞争力，小到研究机构或者学科的发展都和科研人员的努力密不可分。其中，科研人员的年龄结构、性别结构、教育层次结构等都是影响其学术职业发展的因素，而这些因素对科研人员的学术产出和科研合作会产生影响，这些影响具有隐性，不易被研究，例如，科研人员的年龄与科研产出量、科研成果影响力是否有关系，重大科研突破主要是在什么年龄阶段产生，科研人员的性别与其学术职业发展有什么关系，女性学者在科研合作中承担的角色等。

（1）科研人员年龄因素。

科研工作者的科研产出和科研影响力与年龄存在相关性，美国国立卫生研究院（NIH）的研究显示，美国科研工作者第一次申请到 NIH 基金的平均年龄从 20 世纪 70 年代初开始已经有了显著增加，从 1970 年的平均 34.3 岁，到 2004 年的平均 41.7 岁。通过模型，学者发现到 2016 年这一平均年龄会达到 48.2 岁甚至 54.3 岁。加拿大的研究显示，加拿大大学教授的平均年龄从 1976 年的 42 岁增加到 1998 年的 49 岁，并一直保持稳定。而在我国，新当选院士的平均年龄从 2001 年的 60 岁下降为 2009 年的 54.1 岁。国内外关于学者年龄与科研经费获取和重要学术职位的晋升等内容的研究都向我们展示了研究者的年龄与科研产出、科研影响力以及重大科研突破等具有重要相关性，并且这一问题会随着时间的变化出现演化趋势，对于国家科研政策的制定具有非常重要的意义，并通过对科研工作者在取得重大科研突破时的平均年龄的预测为科研经费的分配和职务的晋升提供有益参考。

学者哈维·克里斯蒂安·雷曼（Harvey Christian Lehman）[1] 的研究显示，青年科研工作者的重大科研突破主要是在 40 岁以下时取得的，并且科研工作者年龄与科研产出的关系已经受到了科研工作者的广泛重视，例如学者托马斯·塞缪尔·库恩（Thomas Sammual Kuhn）[2] 在研究中提出，青年科研工作

---

①　Lehman H C. *Age and achievement* ［M］. Princeton：Princeton University Press，1953.

②　Kuhn T S. *The structure of scientific revolutions* ［M］. Chicago：University of Chicago press，1963.

者在研究中对研究问题的认识稍有欠缺，却能带来科学变革（scientific revolution）的力量；社会学家默顿等①在文章中提出科研领域更多的是老人社会（gerontocracy），年龄是一个重要的构成因素。2008 年，几位加拿大学者②的研究指出，在加拿大魁北克地区的教授中，40 岁是一个分界线，40 岁以后的科研产出效率要明显低于青年时期，而 50 岁则是科研影响力的转折点，50 岁之后的科研影响力逐渐降低。另外，随着年龄的增大，学者发表的第一作者文章数量下降，且逐渐将署名顺序移动至最后一位，这是因为在加拿大，导师在文章中的署名一般放在最后一位，说明随着年龄的增加学者会承担更多的指导学生的任务，因此在论文中的署名顺序也发生了变化。

各年龄阶段的科研工作者都能做出不同年龄阶段的贡献，这是一个动态的过程。从科研工作的年龄与科研产出的关系来看，在青年时期，科研工作者处于科研活动的活跃期，也是科研合作的活跃期，能获得更多加入国际科研合作的机会，找到领域内的潜在科研合作对象，而随着年龄的增加，当其承担更多指导学生的任务时，能获得更多指导国际学生的任务，并且在科研经费的获取方面比年轻学者更有优势，也能吸引更多的国际合作机会。因此，国际合作的动态变化与学者的学术活动变化相关。年龄还会影响科研兴趣③、在科研中承担的角色（例如，随着年龄的增长承担更多管理工作和学生培养工作）、国际科研合作中的领导力④。

在中国，随着国际交流的加深，越来越多的青年科研工作者能获得基金资助进行国际交流和合作，国家留学基金管理委员会（China Scholarship Council，CSC）公布的数据显示⑤，越来越多的在校博士生申请到国家留学基

---

① Zuckerman H, Merton R K. Age, aging, and age structure in science [J]. *Higher Education*, 1972, 4 (2)：1-4.

② Gingras Y, Larivière V, Macaluso B, et al. The effects of aging on researchers' publication and citation patterns [J]. *PloS one*, 2008, 3 (12)：e4048.

③ Zuckerman H, Merton R K. Age, aging, and age structure in science [J]. *Higher Education*, 1972, 4 (2)：1-4.

④ Waugh Jr W L, Streib G. Collaboration and leadership for effective emergency management [J]. *Public administration review*, 2006, 66：131-140.

⑤ 国家留学基金管理委员会. 十八大以来国家公派出国留学情况 [EB/OL]. [2018-10-29]. http：//www. moe. gov. cn/jyb_ xwfb/xw_ fbh/moe_ 2069/xwfbh_ 2017n/xwfb_ 170301/170301_ sfcl/201703/t20170301_ 297674. html.

金管理委员会的资助进行国际交流与访问，其中在 2012 年派出留学人员 13394 人，2015 年派出 30014 人，而自党的十八大（2012 年）以来派出的 107005 名留学人员中攻读博士学位或联合培养博士的约 37023 人（占 34.6%）。而北京大学出版社出版的《中国博士质量报告》① 显示，中国博士生攻读博士学位平均所需时间为 3.54 年，平均毕业年龄为 33.17 岁，由此可以推断出中国攻读博士学位的研究生年龄在 29~34 岁，说明越来越多处于科研起步阶段的年轻学者得到了国家科研经费的支持，他们的国际经验将会为中国的国际交流带来新的活力。

总之，科研人员的年龄对中国学者国际合作的影响尚未被充分研究，科研合作的论文产出数量和影响力与科研人员的年龄存在着怎样的关系还有待进一步的研究，但从已有的研究可以发现以下几点：首先，越来越多的中国青年学者获得国家经费的支持进行国际交流和合作；其次，科研工作者在科研生涯的不同时期合作的对象存在差异，并且科研产出量和影响力存在差别；最后，由于科研人员的年龄在国际科研合作中的差异性，针对不同年龄阶段的学者制定不同的资助政策，有利于中国科研成果的创新。由于数据获取的限制，本书对于这一因素将不再进行详细探讨。

（2）科研人员性别因素。

科研工作者的性别差异研究逐渐成为国际范围内的热门话题之一。早在 20 世纪 80 年代，伊夫琳·福克斯·凯勒（Evelyn Fox Keller）等学者就已经指出，在科研领域，特别是物理学和数学领域，女性科学家的人数只占了很少的比例②。科研领域的性别差异来源于很多因素，比如不同性别在教育中的差异③、女性科学家在生活中承担的角色、文化差异等诸多因素④。对于国

---

① 中国博士质量分析课题组. 中国博士质量报告 [M]. 北京：北京大学出版社，2010.

② Keller E F, Scharff Goldhaber G. Reflections on gender and science [Z]. AAPT, 1987.

③ Farenga S J, Joyce B A. Intentions of young students to enroll in science courses in the future: An examination of gender differences [J]. *Science Education*, 1999, 83 (1): 55-75.

④ MacCormack C P, Strathern M. *Nature, culture and gender* [M]. Cambridge: Cambridge University Press, 1980.

际科研合作，2013 年，一篇研究文章①指出，从全球范围来看，女性科学家比男性科学家的国际合作率低，并且如果女性科学家为论文的第一作者则论文平均相对引用数量低于男性科学家作为第一作者的情况，这一现象同样出现在女性科学家作为最后一位作者的情况中（在北美教育系统下，论文最后一位作者往往是通讯作者或者是研究生指导老师）。

在中国，从已有的研究中可以发现，学者的性别因素与工资差异相关②，上海财经大学学者王西民和上海大学学者崔百胜对经济学领域中的科研贡献和性别差异性进行了研究③，指出《财经研究》杂志刊载的论文中，女性学者的发文量仅为男性学者的 25%，平均引文数量也低于男性学者，而男性学者的引文数量受年龄、基金和单位性质的影响比女性学者更为显著，同时强调女性学者更需要外部学术资源的支持。科研工作者的性别研究在中国已经受到了大家的重视，已有研究显示出的女性科研家在国际合作中的比例和论文引文影响力的差异性值得我们在研究中国学者国际合作时引起重视，这对提高中国学者国际合作的科研论文产出与影响力具有重要意义。但是，由于 Web of Science 数据库中中国学者存在姓名消歧问题，目前还不能对这一问题进行进一步探讨。

3.3.4　学者流动与国际科研合作

大科学时代，创新要素在全球范围加速流动，人才是创新的第一要素，学者培养是人才体系建设的重要组成部分。全球化背景下，学者的国际性流动成为学术交流的重要环节，促进了学者学术关系的建立、高质量学术成果的产出、学术创新的形成与扩散，有利于拓展学者的国际化前沿视野，凝聚更多全球性智慧资源，推动国家科技创新，提升国际科技话语地位，加速创新发展。在中国学者越来越多地参与国际性流动之际，对中国学者国际性流

---

①　Larivière V, Ni C Q, Gingras Y, et al. Bibliometrics：Global gender disparities in science ［J］. *Nature News*，2013，504（7479）：211.

②　王宁莲. 高校教师性别工资差异影响因素分析 ［D］. 西安：陕西师范大学，2011.

③　王西民，崔百胜. 经济学研究中的产出之谜：学术贡献与性别不平等：以《财经研究》（2000—2012）为例 ［J］. 财经研究，2014，40（10）：119-130.

动产生的学术效应进行全面、系统的测度研究，将成为深入实施新时代人才强国战略和创新驱动发展战略的重要支撑。

科研人员的跨国流动行为促进了潜在的科研合作网络的形成，特别是处于职业生涯早期的青年学者，流动的增加能产生更多的合作与交流，扩大科研合作网络①。科研人员的跨国流动对学术影响力的提升也产生了积极作用②③，特别是从流动的国际模式（international model）和国内模式（national model）的比较分析中可以发现，从国际模式的人才流失期绩效和人才回流期绩效两个角度分析，短期内发展中国家受到了负面影响，但是长期来看，人才回流之后对发展中国家的影响是积极且深远的。但也有研究显示科研人员的国际流动网络远小于国际科研合作网络，表明国际科研合作并不一定是国际性流动的动因，但国际性流动能产生潜在的国际合作④⑤。

科研人员国际性流动与科研人员职业生涯发展的关系研究是学者们关注的研究方向之一。科研人员的职业生涯发展受到了多种因素的影响⑥，也一直是研究的重点，有研究认为国际性流动为科研人员的职业发展带来了诸多益处⑦，例如，更多的合作机会⑧、丰富的文化交流、学术知识的交流与融合，特别是在大科学时代，对于学生和青年科研人员，跨国流动对其职业生

① Xi X, Wei J, Guo Y, et al. Academic collaborations: A recommender framework spanning research interests and network topology [J]. *Scientometrics*, 2022, 127 (11): 6787-6808.

② 刘云，杨芳娟. 全球科学精英覆盖地图及动态特征：基于 SCI 论文的计量分析 [J]. 科学学与科学技术管理, 2016, 37 (10): 27-37.

③ Polyakov M, Polyakov S, Iftekhar S. Does academic collaboration equally benefit impact of research across topics? The case of agricultural, resource, environmental and ecological economics [J]. *Scientometrics*, 2017, 113: 1385-1405.

④ Kato M, Ando A. National ties of international scientific collaboration and researcher mobility found in Nature and Science [J]. *Scientometrics*, 2017, 110 (2): 673-694.

⑤ Zaida C R, Miao L, Dakota M, et al. A global comparison of scientific mobility and collaboration according to national scientific capacities [J]. *Frontiers in Research Metrics & Analytics*, 2018, 3: 17.

⑥ Amjad T, Ding Y, Xu J, et al. Standing on the shoulders of giants [J]. *Journal of Informetrics*, 2017, 11 (1): 307-323.

⑦ Matveeva N, Sterligov I, Lovakov A. International scientific collaboration of post-Soviet countries: A bibliometric analysis [J]. *Scientometrics*, 2022, 127 (3): 1583-1607.

⑧ Rodrigues M L, Leonardo N, Cordero R J B. The benefits of scientific mobility and international collaboration [J]. *Fems Microbiology Letters*, 2016, 363 (21): fnw247.

涯的发展产生了深远影响。

目前主要采用单一数据源或多源数据的单个学者层面国际性流动方向与动机分析，例如有学者在 2017 年对 2008 年至 2015 年间共 1400 万篇论文中的 1600 万单个学者数据进行分析后发现，96% 的学者并未进行国际性流动，仅有约 4%（约 595000 名）的学者存在国际性流动[①]；几位学者从 Web of Science 收录的 2008—2015 年的学术论文中分离出 1600 万个作者数据进行分析，发现在国际性流动的学者中约 72.7% 的学者只是短期流动[②]。由于数据库收录数据的局限性，采用多源数据进行流动方向的验证也是目前研究的关注重点，对国际科研合作与国际流动的关系进行分析发现，近几十年来的国际科研合作是基于研究人员自身的动机以及其科研网络，但对研究人员特别是对学生和青年科研人员[③][④]来说，通过国际性流动有利于建立国际科研合作网络。结合全球高被引科学家和高强度专利发明人信息数据源，利用复杂网络大数据分析方法，构建全球科技领军人才流动网络模型，发现科技领域人才已经出现从发达国家向发展中国家流动的特征[⑤]。由于单个学者层面的数据追踪依赖于学者的姓名消歧技术，但也存在一定的局限性，因此对 Web of Science、Scopus、EI 等数据库的数据和 Dimensions、微软学术图谱（Microsoft Academic Graph）等开放获取网络数据平台的数据，以及作者的开放研究者与贡献者身份识别码（ORCID）、作者邮箱、机构等多源异构数据进行验证，是目前发掘科研人员全球性流动方向的重要方法。

突发性的政治事件也会影响科研人员的跨国流动。例如，突然暴发的全

① Sugimoto C R, Robinson-Garcia N, Murray D S, et al. Scientists have most impact when they're free to move [J]. *Nature*, 2017, 550 (7674)：29-31.

② Robinson-Garcia N, Sugimoto C R, Murray D, et al. The many faces of mobility：Using bibliometric data to measure the movement of scientists [J]. *Journal of Informetrics*, 2019, 13 (1)：50-63.

③ Chinchilla-Rodríguez Z, Miao L, Murray D, et al. Networks of international collaboration and mobility：A comparative study：16th International Conference on Scientometrics & Informetrics [C]. Wuhan：2017.

④ Rodrigues M L, Leonardo N, Cordero R J B. The benefits of scientific mobility and international collaboration [J]. *Fems Microbiology Letters*, 2016 (21)：21.

⑤ 王寅秋，罗晖. 科技人才流动全球化网络研究：1990—2012：从专利数据视角分析 [J]. 中国软科学，2019：73-82.

球性疫情①，除此以外，国家的政策调整也会对全球科研人员流动产生影响②，例如，2017 年美国总统特朗普颁布"旅行禁令"。利用论文中包含的机构信息，对国家间的科研合作与流动概况进行分析发现，移民政策与科研合作与流动具有相关性，这也强调了地理位置和文化相似性的重要性。从亲和力的角度比较科研合作和流动性可以识别科研合作与流动性水平之间的差异。

除此以外，科研人员的国际性流动与国际合作还受到学科距离的影响，所谓学科距离是指迁入与迁出学科之间的相对距离。还有学者将学科距离扩展为学术机构之间的距离，即学科间的领导力。例如，孙玉涛等学者采用 1~4 批次信息科学领域"青年千人计划"入选者在国际学术机构间的流动数据构建了学术人员跨国流动的网络。发现"青年千人计划"学者在学术机构间的流动受到迁入与迁出学术机构间学术距离的影响③。

目前还缺少对高校科研评价机制对科研人员国际性流动影响的实证分析。高校的科研人员还会受到科研评价机制的影响，特别是科研奖励④、职业晋升⑤以及职业生涯发展等的影响。例如，已有研究发现部分国内高校的教师职业晋升需要一定时间的海外交流经验，这不仅是科研国际化的要求更是建立潜在合作学术关系的需要。因此，国际性流动不仅是外部因素的作用，也是内在因素的驱动，例如寻求潜在的合作者与合作机会，为自身职业生涯发展提供机遇等。

以上研究现状表明，尽管已有的文献对科研人员的跨国流动进行了一定的研究，但是对高校科研人员的国际性流动规律的研究还较少，特别是对国

---

① Bernard M, Bernela B, Ferru M. Does the geographical mobility of scientists shape their collaboration network? A panel approach of chemists' careers [J]. *Papers in Regional Science*, 2020, 100 (1). 79-99.

② Costa K M, Sengupta A. Short-term scholar visas are essential for science [J]. *Neuropsychopharmacology*, 2020, 46 (2): 277-278.

③ 孙玉涛, 张帅. 海外青年学术人才引进政策效应分析：以"青年千人计划"项目为例 [J]. 科学学研究, 2017, 35 (4): 511-519.

④ Quan W, Chen B, Shu F. Publish or impoverish: An investigation of the monetary reward system of science in China (1999—2016) [J]. *Aslib Journal of Information Management*, 2017, 69 (5): 1-18.

⑤ Shu F, Quan W, Chen B, et al. The role of Web of Science publications in China's tenure system [J]. *Scientometrics*, 2020, 122 (3): 1683-1695.

际流动与科研国际合作的作用机制的实证研究较少，当前文献存在如下重要的研究缺口：

（1）针对中国高校科研人员的大样本研究较少。由于目前大样本研究中采用学者姓名消歧处理还存在一定的局限性，特别是重名现象日益凸显，例如：张三，在 Web of Science 数据库中显示为 Zhang，San，标准化处理之后显示为 Zhang，S.，与来自同一机构的名字首字母为 S 的其他学者姓名显示一致（例如，Zhang，Su）。虽然目前已经有针对英文文献中中文姓名消歧技术的研究，但还欠缺大样本数据的实证以对这些方法的可靠性进行检验。由于这一局限性，目前对于中国高校的科研人员国际性流动研究主要采用问卷调查、案例、抽样调查等小样本数据分析。

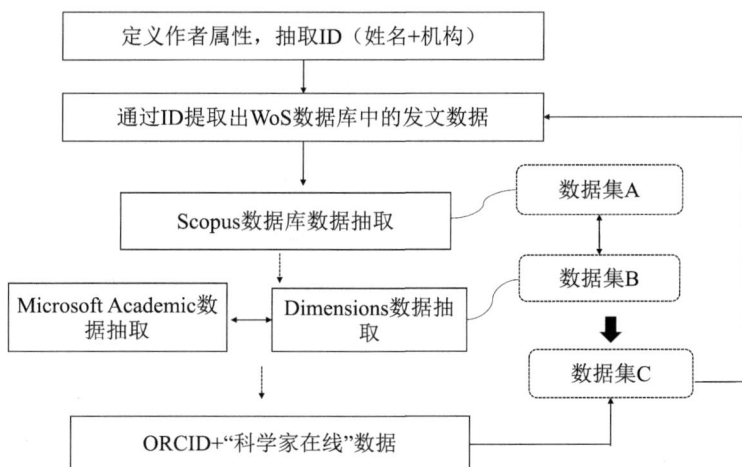

图 3-11　学者流动数据搜集流程图

（2）缺乏对中国高校科研人员的跨国流动规律的研究。目前的文献主要集中于流动的测度、流动的影响、中国高校科研人员与其他国家（地区）科研人员流动特征的对比分析，并未形成系统性的流动模式与规律分析。特别是较少有研究针对中国高校科研人员的特征进行流动模式的分类，并以此为依据进行流动规律的系统性归纳。

（3）缺乏对中国高校科研人员国际性流动影响因素的研究。当前文献主要是以国际性流动对科研生产力的影响为主，缺乏对流动现象背后原因的解释，特别是缺乏对影响因素的影响强度以及作用机制的研究，即现象与归因。例如，国家宏观政策的驱动，学科知识交叉融合对流动的需求；科研人员个人的家庭、收入、职业发展等需求对流动的作用。为了了解制约中国高校科研人员国际性流动的原因，需要采用全新的视角来研究国际性流动这一问题，以促进对国际性流动的规律探究，并影响中国高校科研人员的流动政策。

全球化背景下，学术人才的培养影响着国家科技创新，对学者国际流动与国际科研合作的研究具有重要意义。对学者国际性流动的研究具有以下意义：

（1）学者的跨国流动成为提升国家科技竞争力的焦点问题。

大科学背景下，人才是链接创新要素、引领技术升级与提升国家科技竞争力的核心。科研人才是学术人力资源的核心力量，其在学术劳动力市场的资源配置，使得人才的国际性流动成为了提升国家科技竞争力与创新力的重要基石。《自然》杂志对全球学者的流动进行的分析显示：在全球范围内，学者的国际性流动越强产生的学术影响力越大。目前，科研人员的流动从人才流失（Brain Drain）或人才回流（Brain Gain）逐步变为人才环流（Brain Circulation）[①]。中国作为科技人力资源大国，科研人才的国际性流动逐步从人才流失转变为人才回流，并正以更开放的姿态参与到国际学术人力资源流动配置的循环中[②]。

（2）多源异构数据的处理技术使研究学者的国际性流动问题成为可能。

科研人员的国际性流动网络追踪与测度，以及识别流动的主要动因，是促进我国科技人力资源优化配置的基础。数据科学时代，科研人员流动产生的数据量是巨大的，处理这些数据需要相应的处理技术，例如在网络开放平台 AMiner 上共收录了超过 1.3 亿科研人员数据、2.6 亿论文数据。然而，单个学者层面的流动轨迹识别技术是制约科研人员跨国流动研究的重要因素，

① 李江. "科研人员流动及其影响" 专题前言 [J]. 图书情报知识，2020，194（2）：17-17.

② Jonkers K, Tijssen R. Chinese researchers returning home: Impacts of international mobility on research collaboration and scientific productivity [J]. *Scientometrics*, 2008, 77（2）：309-333.

随着学者姓名消歧技术的进步，对单个学者的流动轨迹追踪成为可能①。然而，数据库的收录数据存在一定差异，采用不同数据库的研究数据对实验结果会产生一定影响，采用多源异构数据进行数据源的整合能有效减少数据源不精确的问题。多源数据的采用，使得研究的样本数据量从小样本的调研数据跨度到了大样本数据，例如，采用 Web of Science 数据库、Scopus 数据库、ORCID 数据、"科学家在线"的专家简历样本数据等，其中"科学家在线"就收录了 1200 多万中国学者的数据。

科研人员的流动其实是科学知识的流动，人才在国家（地区）之间的流动带动了知识与技术跨越地理空间与学科边界的交流，学科发展产生了人才流动的虹吸效应，因此，对科研人才的流动追踪测度还需要深入到学科领域，测度学科间的相对距离与人才流动的规律，以及国际流动与潜在学术网络的构建、学者学术关系的延伸、国际合作学术论文的产出等，基于深度学习的技术已经使得这一研究成为可能。

3.3.5　影响因素的效用分析

本节的主要目标是对影响中国学者国际合作的因素进行分析，在此基础上对影响因素的效用进行研究，为下一章节的展开奠定基础。在前 3 节中已经对影响因素进行了分析和归纳，这些因素主要是宏观层面的国家地理位置、科技政策、经济发展与科技投入；中观层面的机构、学科自身的差异与科技人力资源、科研经费在机构和学科间的分布等；微观层面的科研人员的年龄、性别以及他们的国际性流动等。在本节中将主要针对这些因素对中国学者国际合作的科研产出量、影响力等方面的影响进行研究。

（1）对科研人员自身发展的影响。

各层面影响因素的最直接作用是对科研人员发展的影响。国际科研合作的主体是科研人员，无论何种层面的影响因素最直接的作用都是科研人员，例如，科研经费投入对科研环境的改善，对科研人员待遇的提高，对科研设备的更新，对国际交流和合作的支持等。分析宏观、中观和微观层

---

① Robinson-Garcia N，Sugimoto C R，Murray D，et al. The many faces of mobility：Using bibliometric data to measure the movement of scientists［J］. *Journal of Informetrics*，2019，13（1）：50-63.

面的因素对科研人员的自身发展产生的影响，这些影响主要体现在以下几个方面：

首先，宏观层面的影响因素主要体现在科技政策对科研人员事业发展的影响上。目前，科技政策的调整主要是针对科研经费的使用、科研人员绩效的奖励、科技成果的转化、科研设备的共享、科技人力的合理转移等。从《关于实行以增加知识价值为导向分配政策的若干意见》《中华人民共和国促进科技成果转化法》《国家技术转移体系建设方案》以及《国家重大科研基础设施和大型科研仪器开放共享管理办法》等文件来看，科研经费政策能更灵活地应用于科研人员的国际交流与合作，提高科研人员的基本经济保障，同时在鼓励科研成果转化应用等方面形成良好的政策导向作用。最直接的体现是近年来中国学者的国际流动性增强，与欧洲、美国、加拿大等地区的交流越来越频繁，并且中国从早期最大的人才流失国逐渐转变为吸引更多人才的人才接收国，科研人员的储备增加了。同时，人才的国际性流动对国际科研合作产生了积极影响，提高了科研人员的科研产出量，对科研论文的影响力也产生了积极作用。科研政策对于科研人员的科研生涯是否会形成长远效应，这一点还需要更长时间的数据积累，在将来的研究中有待进一步探索。

其次，中观层面的影响因素主要体现在机构差异性对经费的分配上，以及国际交流机会的差异上。从高校获取的平均经费来看，相比普通高校与专科学校，"211"高校能获得更多的经费，并拥有更多的科技人力资源。从人均经费来看，"211"高校的学者仍具有优势。而已有的研究表明，经费能促进科研人员的产出，并产生更高的引文影响力，在这样的背景下，较好的平台意味着更多的经费支持，经费又直接作用于国际交流的机会、科研产出和影响力，长此以往则形成"马太效应"。基于此，机构差异性将对不同机构的学者产生重要影响，在与不同层次机构的横向比较中可发现机构对于科研人员的事业整体发展的作用。从纵向的角度来看，在同一机构里，层次越高的机构的科研人力资源储备越充足，科研人员间的竞争越激烈，激励了科研人才的横向流动。同时，由于学科的差异性，不同学科的研究范式存在差异，因此国际合作的规模也存在差异性，例如，高能物理学出现1000人以上规模的国际合作研究论文，而文学作品却往往由单个作者完成；发达国家发表的有关医学研究的论文较多，而发展中国家发表的自然科学和工程学方面的论文较多。

最后，微观层面的影响因素主要体现在科研人员的年龄、性别等因素的作用上。不同年龄阶段的科研人员的科研贡献模式不一样，青年学者特别是刚进入学术领域的学者想要获得科研事业的成功除了通过自身的努力，还可通过与相关领域内的高级学者建立合作关系来帮助提升自身影响力。在这一时期的国际合作中，青年学者更多承担参与者的角色，随着时间的积累则更多承担领导者的角色，并参与到学生的指导工作中。从总体来看，年龄除了对科研产出产生影响（重大科研突破主要产生于青年时期），对科研成果影响力产生影响（超过一定年龄后影响力将下降）之外，最大的作用是对国际科研合作中的领导力产生影响，但这一作用还需要更进一步的研究。性别差异对国际科研合作的影响除了影响科研产出之外，还影响科研影响力且使得女性科学家在合作中承担更少的领导角色。性别对于女性科学家的科研事业发展产生影响的具体原因是多方面的，例如女性科学家的生育压力、家庭压力、社会环境对女性的影响等。而在研究中，年龄、性别因素又是难以被量化的，数据库的局限性让我们很难对每一位科研人员的年龄、性别进行划分，以及对他们的科研生涯进行跟踪分析，特别是中国科研工作者的姓名存在消歧问题，利用数据库进行大规模调研还有一定难度，从已有的小样本研究中已经发现了在某些领域内，中国女性科学家的科研产出率以及论文的引文影响力较低。

（2）对国际科研合作的影响。

科研论文产出的主体是科研人员，各层次的影响因素对科研人员自身发展的影响最终都会体现在机构和国家总体科研产出上。从宏观、中观和微观的因素来看，对中国学者国际合作的影响主要会体现在国际科研合作的产出上，以及国际科研合作论文的引文影响力上。

①对国际科研合作产出的影响。首先，是对国际科研合作产出数量的影响。在本书中为了从时间序列的角度来探究中国的国际合作论文产出量，我们选择了 1980—2016 年的全部国际合作数据，其中就包括了发文的基金数据，我们可以从基金的角度来看这些综合因素对于中国学者国际合作的总体科研投入的增加产生影响，从而对国际科研合作产出量发挥作用。通过统计分析发现，国家自然科学基金委员会资助的国际合作论文数量从 2008 年的

615 篇达到了 2016 年的 6995 篇，并且，中国发表的国际合作论文还受到了国际科研基金的支持，2014—2016 年共收到美国国家科学基金会（NSF）资助4128 次。

其次，对国际科研合作规模的影响。合作规模有三个层次，包括个人（作者）、机构和国家层面，主要指在论文中合作的作者数量、机构数量和国家数量。科研合作数量的增加并不代表科研合作规模的增大。在已有的研究中发现①，从 1900 年以来，科研合作论文中的作者数量、机构数量和国家数量变化较大，但双边合作（两个国家合作）和多边合作（多个国家合作）所占的比例较低，其中无论在自然科学领域还是人文社会科学领域，双边合作的论文比例呈现缓慢上升的趋势。在中国的国际合作综合因素的影响下，科研工作者的国际合作越来越频繁，并能获得更多的政策和经费支持，同时学者的国际流动性增强，这些是否意味着合作的规模会越来越大，即中国学者能吸引或者加入更多的国际合作？合作的规模是否会在达到某一特定的临界点后停止增大？从组织行为的角度来看，团队的规模还涉及团队的管理和合作的效率问题。中国的国际合作中的诸多影响因素影响合作行为并必然会对合作规模产生一定的作用，本书在第 4 章对中国学者国际合作论文的合作规模进行了深入分析。

最后，是对国际科研合作领导力的影响。对领导力的影响主要来自三个方面的因素，即中国的科研能力、经费和学者自身因素（性别、流动性等）。科研发达国家能吸引国际合作的主要原因是在某些领域拥有领导地位，这是一种科研软实力，吸引其他国家与之合作，例如美国。美国的国际合作率近年来保持在 40% 左右。从经费的角度来看，经费是国际合作的保障，同时也是影响合作领导力的决定因素。例如，来自日本的科学家就某一研究问题申请并获得了政府经费，寻求国际合作伙伴将他（她）的研究项目进行推进，那么他（她）将很大程度承担合作的领导角色，对项目进行总体规划和经费管理，同时在科研成果的发表中，按照合作分工在作者署名中将其体现为第

---

① Larivière V，Gingras Y，Sugimoto C R，et al. Team size matters：Collaboration and scientific impact since 1900 ［J］. *Journal of the Association for Information Science and Technology*，2015，66（7）：1323-1332.

一作者或者通讯作者。而且，在科研合作中要尊重每一位合作者的贡献，在科研成果的认定和评价中需要合理使用领导力指标来认可每一位合作者在合作中的贡献。更进一步来看，学者自身的性别、流动性等因素对领导力的影响更为隐性和不可预测，特别是性别因素。在合作的过程中对于合作者的选择（选择男性科学家或者女性科学家），以及科研合作中由哪一性别的科学家担任领导角色，还需要进一步研究。但是我们从已有的研究中发现，在某些领域中女性科学家的论文发表量更少，也更少承担第一作者或通讯作者的任务，对于这一现象的成因还需要进一步探究。

②对国际科研合作论文影响力的作用。对科研合作论文影响力的作用主要体现在科研论文收到的归一化的平均相对引文（ARC）数量。从综合的角度来看，论文的引文数量具有随机性，作者发表论文之后对于论文的引文数量无法预测，中国学者国际合作的影响因素中的国家总体层面因素难以通过引文的数量来体现，影响因素只有体现在合作的论文层面上才能以引文这一指标来测度，因此，经费、领导力、性别和流动性因素能从论文中得以体现。经费不仅能提高论文的产出数量，也能提高论文的质量，从而提高引用量。领导力对于论文影响力的作用还缺少足够的研究，但从引用的动机分析中能发现不同国家对于论文的引用存在差异，例如美国作为最大的科研论文产出国，其在国际科研中具有领导力地位，如果去掉美国论文的引用数据，那么论文的总体引用水平将受到极大的影响。因此，中国的国际合作中的领导力将会对国际合作学术论文的影响力产生重要作用，而性别因素对科研论文影响力的作用还存在争议。不同性别科学家参与的合作论文的引文数量并不能用来衡量论文的质量，从引用动机来看，引用的主要目的是论文能提供参考，而不会首先检查论文的主要作者是女性或者男性，我们也不能用已有的数据来说明女性科学家承担领导角色的论文就会有更高或者更低的质量。从行为学的角度来分析，目前还没有研究结果显示引用行为与作者的性别有明显的联系，在本书中不会将性别因素作为主要因素进行分析。学者的国际性流动的加强会给学者带来更多与国际同行进行交流的机会，也会带来更多的合作机会，这种国际性的交流会促进思想的交流和完善，例如人文社会科学研究中与同行的辩论有助于研究问题的完善，从而提高论文的质量。

（3）对国家科技竞争力的作用。

国际合作的动机之一就是提高国家的科技竞争力。国际合作对中国国家总体科技竞争力的作用体现在科研显示度的增强。从 Web of Science 数据库中收录的论文数量来看，中国学者国际合作发表的论文数量已经占目前发表全部论文数量的 25%，而这一比例在美国和日本已经达到了 40% 左右，由此可见提高国际合作率对增强国家科技总体竞争力具有重要作用，而同时科技竞争力又能吸引国际合作，这是一个相互作用的过程。

国家科技竞争力的提升依赖于基础科研的进步和突破，中国的国际科研合作促进了基础科研的进步。国际合作不仅仅是联合发表论文，论文只是科研产出的一种形式，国际合作最重要的影响还在于科研人员通过国际合作得到的经验，而科研人员的国际化发展最终体现在科研成果上。因此，国际合作对国家科技竞争力的作用首先体现在科技人员自身的发展上，通过科技人员的内化作用最后作用于科研的进步。罗兰（Rowland）在 1883 年的演讲中就将基础科学作为科技发展的基石[1]。中国学者国际合作学术论文的增加说明中国对国际科研合作的参与越来越积极，这是国家综合科技实力进步的表现。同时，国际科研合作能增加论文的影响力[2]，中国的国际科研合作在一定程度上给国际科技竞争力的提升带来了重要影响。在 2012 年国务院就曾以增加国际科技合作多元化投入，以及培育国际化科技人才队伍作为发展目标[3]。在国际科技合作中，人才的国际化培养是未来科技发展的趋势也是推动力量，特别是在一些前沿科技的国际合作中，例如人类基因组计划、国际热核计划、国际空间站建设等大型科技项目，中国的参与既是科技实力的体现，也是促进科技发展的重要举措，因为大型国际科研合作项目都需要巨额经费的投入与大量科技人员的参与。这些项目耗时较长，一般都是具有重大科研意义的议题。

---

① Rowland H A. A plea for pure science [J]. *Science*, 1883, 2 (29)：242-250.

② Van Raan A. The influence of international collaboration on the impact of research results：Some simple mathematical considerations concerning the role of self-citations [J]. *Scientometrics*, 1998, 42 (3)：423-428.

③ 国家发展改革委，商务部，等. 关于加快培育国际合作和竞争新优势的指导意见 [EB/OL]. [2018-11-30]. http：//www. miit. gov. cn/n1146295/n1146557/n1146619/c3072784/content. html.

　　国际合作是一个良性互动的过程，既"走出去"寻求合作，也"引进来"让世界了解中国。在研究国际合作的国内外研究动态和理论基础时，本书注意到有关国际合作的议题一直是各国研究的重点，国际合作不仅仅是人才的合作，还是思想的交流、信息的互动、科研成果的分享。中国的国际合作既让国内的学者有机会和国际同行交流，也让国际同行有机会了解中国的科研现状。随着科技的进步，科研议题的规模也在发生着非常大的变化，科研朝着"小"与"大"两个维度发展，"小"代表科研主题更加细分化，而"大"是指解决议题难度大，需要的合作规模更大。在这一背景下，科学研究需要更充足的经费投入、更有效的管理方式以及更科学的研究方式，这对于中国科学家乃至全球的科学家都是一个挑战。因此，进行国际合作对未来的科技发展具有深刻的意义。

3.4　中国学者国际合作学术论文影响力模型构建

　　社会科学研究是定性研究与定量研究相结合的过程，在定量研究中常使用数学模型来测度变量间的关系。辩证唯物主义观认为事物都是普遍联系的，所谓数学模型就是根据社会现象的内在本质特征、外在因素变量以及它们的相互关系，进行抽象、假设，构造出反映社会事物间关系的数学方程式。根据不同的研究目的可以建立相应的数学模型，在本书的研究中主要是对中国学者国际合作学术论文的影响力进行测度，因此需要建立影响力评价模型，还需要对影响因素与影响力之间的相关关系进行分析，因此需要建立回归模型。建立数学模型的方法主要有：

　　（1）类比法。类比就是从事物类型的相似性着手，从而推断两个事物在其他性质上存在某些相同或者相似的特性。该方法具有创造性，例如通过鸡蛋被敲碎的模型类比飞机失事时人颅脑的损伤情况；利用物理学中弹性梁的模型类比猪的身长与体重的关系；等等。

　　（2）层次分析法。层次分析法主要用于对一些较为复杂和模糊的问题进行分析，该方法不依赖大量数据，主要通过分析各种因素所占的权重，来判断影响程度。但是该方法对主观判断依赖较强，需要分析人员具有很强的分析归纳能力和知识累积量。

（3）回归分析法。回归分析是基于相关关系建立数学模型，用此模型来近似地表示变量间的平均变化关系。回归分析可以分为一元线性回归、多元线性回归以及非线性回归模型。通过建立因变量与自变量之间的回归模型，并对模型进行信度检验，对自变量对因变量的影响显著性进行判断，最后通过模型对变量间的关系进行预测。

（4）其他方法。在解决不同的问题时，可以采用相应的模型，除了上述模型之外，还有参数估计、动态规划、多元规划等方法。

3.4.1　影响力指标选择

（1）指标的选取原则。

根据学术影响力研究和评价研究，学术论文影响力的测度指标应该客观、全面、公正同时能兼顾数据的可获取性。指标的选取原则如下[①]：

①方向性原则。指标的选择应该建立在清晰的研究问题的基础上，要能反映所要研究的主要问题。

②一致性原则。一致性原则是方向性原则的具体化，在具体研究中既要考虑宏观层面也要兼顾到微观层面，实现指标与研究目标的一致性。这要求指标体系是具体化的和行为化的，还要能反映事物的本质。

③系统性原则。测度指标应该能全面系统地反映研究对象的特征，要求指标具有整体性、相关性和层次性。整体性是指指标要能较为全面地反映事物的特征，相关性是指指标之间存在一定的联系，层次性是指要按照不同的研究对象的类型选择不同的指标体系，采用不同的测度方法。

④独立性原则。这一原则是为了防止指标重叠，在实际研究中如果指标不是独立的就会造成对某些特征进行重复研究，特别是在学术评价中会增加某些指标的权重，得到的结果不能真实地反映研究对象的实际情况。

⑤可获取性原则。在实际研究中需要依赖数据的可获取性，指标设定时要考虑人力、财力和时间的消耗情况，既体现研究的客观性和指标选择的原

---

① 邱均平，王碧云，汤建民，等. 教育评价学：理论、方法与实践［M］. 北京：科学出版社，2016.

126

则，又兼顾实际操作中的可行性。

（2）指标说明。

中国学者国际合作学术论文影响力的研究指标体系见图 3-12，从原生影响力和次生影响力中选择测度指标。通过对指标选取原则以及本书的数据可获取性的分析，共选择 8 个主要指标作为中国学者国际合作学术论文影响力的测度指标。这些指标的说明与数据来源如下：

①合作规模、资助经费以及合作学科分别是指：中国学者国际合作学术论文的合作作者数、机构数和国家数，经费的资助来源与数量，合作的学科分布。这 3 个指标主要用于测度中国学者国际合作学术论文的影响幅度，即合作学术论文的原生影响力。

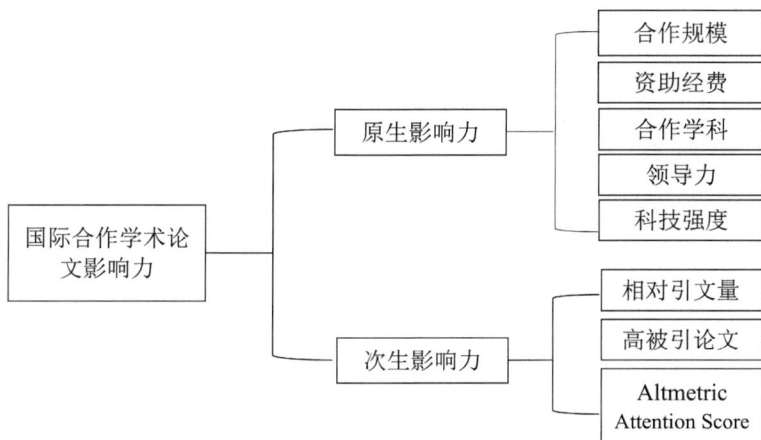

图 3-12　中国学者国际合作学术论文影响力研究指标体系

②领导力。将中国发表的国际合作论文中中国学者为第一作者或者通讯作者的论文作为中国领导完成的国际合作论文，反之如果中国学者并未作为第一作者或通讯作者的论文则被认为是非中国领导完成的论文。采用第一作者或通讯作者作为领导力识别的标准主要是基于多作者论文中的作者署名与贡献大小的问题，通常情况下第一作者被认为是对文章做出主要贡献的作者，而通讯作者是文章前期数据搜集、分析过程中的组织者，也是投稿时与期刊编辑取得联系以及论文发表后回答读者提问等事项的负责人，因此也是对文章具有主要贡献的作者。由于国际上目前对第一作者和通讯作者的贡献大小

并没有明确划分，因此在本书中，将第一作者和通讯作者都作为文章的主要贡献者。

③科技强度。该指标是根据国际合作学术论文影响力模型进行设定的。科研实力对科研合作具有促进作用①。在本书中，科技强度是指中国学者国际合作学术论文合作国家中的科技发达国家数量。科技发达国家根据世界银行公布的科技研发投入占当年（本书采用 2016 年的数据）GDP 的比值进行排名。2016 年，中国的科技研发投入占 GDP 的比例排名为 12 位。如果一篇学术论文是由中国、美国（排名 9 位）、日本（排名 4 位）和南非合作完成的，那么科技强度计为 2（在计算时没有将中国计算在内）。

④相对引文量。引文数量是目前被用于测度单篇论文影响力的最常用的指标，加菲尔德对引文影响力的论述已经说明引文数量在测度单篇论文或者单个作者的影响力时的作用，但也说明了单独的引文数量在作为指标测度影响力时的缺陷，特别是在国家的科研影响力方面，由于国家间的科研实力存在差距，发表的论文数量存在差距，那么收到的总体引文数量也存在差距。因此，在本书中将采用归一化的相对引文数量，即平均相对引文（ARC）数量。

相对引文（RC）数量主要是针对单篇论文，其计算方法可以表示为：

$$RC（P_i）= \frac{Cit_{P_i}}{WAC} \qquad 公式 3-1$$

$$WAC = \frac{Tot_{Cit}}{Tot_{art}} \qquad 公式 3-2$$

另外，已有的研究表明，单篇论文的引用峰值大概出现在论文发表后的 4~5 年内，发表时间太短则还没有达到引用峰值，不能全面地反映论文的引用情况；如果时间太长则会出现文献老化，超过一定年限之后引文数量变化不大。由于需要展示 ARC 的演化趋势，而最近几年发表的论文和 1980 年左右发表的论文无法比较，因此，本书的研究将采用 5 年期的 ARC 值作为研究

---

① 张苹，欧阳冬平. "一带一路"战略下中国国际科研合作影响因素研究：基于 Web of Science 数据库中外合作科研论文的实证分析［J］. 国际贸易问题，2017（4）：74-82.

引文影响力的指标。

⑤高被引论文。本书以进入某一特定学科引文数量的前 10% 和前 5% 比例的论文来说明论文的高被引情况。Top10% 和 Top5% 的论文是根据 ARC 的值进行计算的，当论文的 ARC 值进入了当年某学科的相对引文数量的前 10% 则被称为 Top10%，同理进入引用数量的前 5% 则被视为 Top5%。

⑥Altmetric Attention Score。该指标是根据 Altmetric. com 网站提供的数据计算得到的，具体做法是将本书中使用的全部数据样本的 DOI 链接到 Altmetric. com 数据系统以获取每篇论文的 Altmetric Attention Score 数据。Altmetric Attention Score 是根据新闻提及（News mentions）、博客提及（Blog mentions）、政策文件提及（Policy mentions）和谷歌+提及（Google + mentions）等多项指标数据，通过综合计算得到的，是综合反映学术论文在社交媒体上的影响力的指标。

3.4.2　指标权重赋值

在科学评价中所选择的指标并不是同等重要，因此需要对指标进行权重计算，权重的大小反映的是评价指标在综合评价模型中的重要程度，权重系数越大则说明指标的重要性越高。在世界大学评价中，对各一级指标和二级指标分别进行权重赋值①，最后计算得到 3 类共 30 个科研竞争力排行榜。目前，对影响力综合评价指标的权重赋值方法主要有层次分析法、主成分分析法、专家调查法（德尔菲法）。

层次分析法是由运筹学家萨蒂（T. L. Saaty）提出的，主要是基于对指标的两两比较，并利用判断矩阵进行分析。专家调查法也被称为德尔菲法，主要是根据专家的主观经验进行判断，该方法的关键步骤是选择领域内具有丰富的实际工作经验并且理论功底深厚的专家，请他们对各个指标进行赋值，待回收结果后还需要计算各指标的均值与标准差，然后将计算结果返回给专家补充判断权重，并重复上述步骤一直到所有专家的意见（权重赋值）趋于一致时才能将最后结果作为指标的权重系数。

① 邱均平，赵蓉英，王菲菲，等. 世界一流大学与科研机构学科竞争力评价的做法、特色与结果分析［J］. 评价与管理，2009（2）：18-24.

主成分分析法是把多个评价指标综合成 n 个主成分，再以这 n 个主成分的贡献率为权重系数构造新的综合性指标，并在此基础上进行评价模型构建。本书对指标权重的赋值将采用主成分分析法，对选择的原生、次生影响力指标进行主成分分析并得到新的成分，然后计算各成分得分协方差矩阵，并根据因子方差解释旋转平方和载入方差比例，计算出每个成分的权重系数。主成分分析法的具体计算方法与步骤将在影响力综合评价模型构建中进行阐述。

3.4.3　影响力模型构建

（1）多元回归模型。

回归模型是在相关性分析的基础上建立的，相关关系反映的是客观事物之间的非严格、不确定的线性依存关系。这种线性关系有两个显著的特点：首先，客观事物之间在数量上确实存在一定的内在联系，表现在一个变量发生数量上的变化时，另一个变量也相应地发生数量上的变化。例如，身高较高的人体重也会相应地重一些；劳动生产率的提高会降低生产成本。其次，客观事物之间的数量依存关系不是确定的，而是具有一定的随机性，表现在当一个或几个相互联系的变量取一定值时，与之对应的另一个变量可以取若干个不同的值。

这种关系虽然不确定，但是因变量会遵循一定规律围绕这些数值的平均数上下波动，究其原因是因为影响因变量发生变化的因素不止列出的这些，例如影响一个人体重的因素除了身高还有胖瘦、年龄等。

相关性分析较为常用的有皮尔逊相关系数（Pearson correlation coefficient）、斯皮尔曼相关系数（Spearman correlation coefficient），这两个相关系数反映的都是变量间的变化趋势的方向以及程度，取值范围为 -1 到 $+1$，0 则表示两个变量间不存在相关性关系，取值在 0 至 1 之间表明存在正相关关系，越接近 1 则说明相关性越高，-1 到 0 之间表示存在负相关关系，越接近 -1 则表示负相关关系越强。当数据是连续的，符合正态分布，并存在线性关系时，采用皮尔逊相关系数最为恰当，当不满足上述条件时采用斯皮尔曼相关系数。

皮尔逊相关系数的计算公式如下所示[1]：

---

[1]　茆诗松，王静龙，濮晓龙. 高等数理统计［M］. 北京：高等教育出版社，2006.

$$\rho_{x,\,y} = \frac{\mathrm{COV}(X,\,Y)}{\sigma_X \sigma_Y} = \frac{E\big[\,(X - uX)\,(Y - uY)\,\big]}{\sigma_X \sigma_Y} \qquad 公式 3\text{-}3$$

以上公式计算的是总体相关系数 ρ，若要计算样本的相关系数还需要计算样本的协方差和标准差，一般用 r 表示。计算公式如下：

$$r = \frac{\sum\limits_{i=1}^{n} (X_i - \bar{X})\,(Y_i - \bar{Y})}{\sqrt{\sum\limits_{i=1}^{n} (X_i - \bar{X})^2}\ \sqrt{\sum\limits_{i=1}^{n} (Y_i - \bar{Y})^2}} \qquad 公式 3\text{-}4$$

回归分析的主要方法有线性回归（linear regression）、逻辑回归（logistic regression）、多项式回归（polynomial regression）以及逐步回归（stepwise regression）等几种常用的方法，其中线性回归人们最为熟悉，是建立预测模型时最常用的技术。这一技术中的因变量（y）是连续的，自变量（x）可以是连续的也可以是离散的，根据自变量的数量又将这一技术分为一元线性回归和多元线性回归。回归分析是用来确定自变量 x 对因变量 y 的影响程度，建立回归模型，根据数据求解模型参数，并对模型进行评价是否能很好地拟合实际数据，如果能够很好地拟合则能进一步进行预测。其线性方程一般可以表示为：

$$y = a + bx + \varepsilon \qquad 公式 3\text{-}5$$

其中系数 a 和 b 分别为回归直线的截距和斜率，ε 为随机误差项，主要是反映各种随机因素对模型的影响。

在本书的研究中，对中国学者国际合作学术论文影响力产生作用的影响因素是多方面的，因此在分析中需要建立多元线性回归模型来测度影响因素对论文影响力的作用程度。具体做法如下：

$$\hat{y} = a + b_1 x_1 + b_2 x_2 + \cdots + b_n x_n \qquad 公式 3\text{-}6$$

以上模型中 a 为常数项，b_i 为 y 对 x_i 的回归系数（$i = 1,\,2,\,\cdots,\,n$），b_1 表示在其他自变量不变的情况下，自变量 x_1 变动一个单位而引起的因变量 y 的平均移动量；其余的各个自变量对因变量的影响与此相同。因此可以得到本书的多元线性回归模型：

ARC $=a+b_1$ 合作规模 $+b_2$ 科技强度 $+b_3$ 发表时长 $+b_4$ 学科 $+b_5$ 经费数量

公式 3-7

以上模型为相对引文影响力与影响因素的回归模型，其他影响力的回归模型与此类似。

（2）影响力评价模型。

①评价模型构建方法。影响力评价模型是在表征影响力的指标选取的基础之上进行的，在评价中首先要确定指标、指标权重，然后才能构建模型。主要的评价方法有主成分分析法、因子分析法、熵权法、灰色关联分析法和变异系数法等。在影响力评价中，主成分分析法和因子分析法是影响较大的两种方法，由于在实际操作中指标较多，而且指标之间有一定的关联，对问题的分析会造成干扰，因此选用主成分分析法可以将原来的指标重新组合成一组新的综合指标。因子分析法和主成分分析法类似，目的是使指标间的结构更为明确，进行"正交旋转"使得产生的新因素与变量间的载荷更为集中。

主成分分析法和因子分析法建立综合评价模型的主要步骤如下：

通过研究相关矩阵或者协方差矩阵内部的依存关系，将多个变量 x_1，x_2，$\cdots$，x_n（可观测的随机变量）综合成少数几个因子 F_1，F_2，$\cdots$，F_n（不可观测的潜在变量）来体现指标与因子之间的相关关系。

原始数据标准化转换，将数据进行无量纲化处理，使得各指标的均值为 0，方差为 1，以消除量纲和数量级的影响。

利用标准特征方程 $|R-\lambda_i|=0$，求出相关矩阵或协方差矩阵 R 的特征向量矩阵 A 和特征值 $\lambda_1 \geqslant \lambda_2 \geqslant \cdots \geqslant 0$，并使 $F=A'x$，其中 F 为主因子矩阵。

建立因子模型，可以写成：

$$\begin{cases} x_1=a_{11}F_1+a_{12}F_2+\cdots+a_{1m}F_m+a_1\varepsilon_1 \\ x_2=a_{21}F_1+a_{22}F_2+\cdots+a_{2m}F_m+a_2\varepsilon_2 \\ \cdots \\ x_p=a_{p1}F_1+a_{p2}F_2+\cdots+a_{pm}F_m+a_p\varepsilon_p \end{cases}$$

公式 3-8

其中 F_1，F_2，$\cdots$，F_m 为主因子，a_{pm} 为因子载荷系数，是第 p 个指标在

第 m 个因子上的负荷，即某个指标在某个因子中的作用大，则该因子的载荷系数就大。ε_p 是特殊因子，在实际操作中一般忽略。

建立因子模型后还需要计算因子贡献率以及累积贡献率，以确定该因子反映原始指标的信息量，贡献率越大则因子越重要。在通过因子模型矩阵得到初始因子载荷矩阵后，为了能够明确因子负荷的差别，还需要进行正交旋转，通过旋转坐标轴使因子负荷在新的坐标轴上按列或行排列。上述操作是在因子负荷大小相差不大，无法明确分析结果时所要采用的方法。进行因子载荷矩阵旋转的方法是因子分析法，如果不进行旋转就是主成分分析法。

进行因子载荷计算后就能根据结果构建综合评价模型，公式为：

$$F = a_1 x_1 + a_2 x_2 + \cdots + a_n x_n \qquad\qquad 公式 3-9$$

上式中 a_1，a_2，$\cdots$，a_n 是各公因子所对应的得分系数，通过该公式可以计算出各公因子的得分和排名，并以各公因子对方差贡献率占所有公因子对总方差贡献率的比重作为权重进行加权汇总，得出影响力的综合得分与排名。

②模型构建。基于上述方法，在本书的研究中，构建中国学者国际合作学术论文的影响力模型，可以先提取影响力指标，得到如下综合指标体系，见图 3-13。

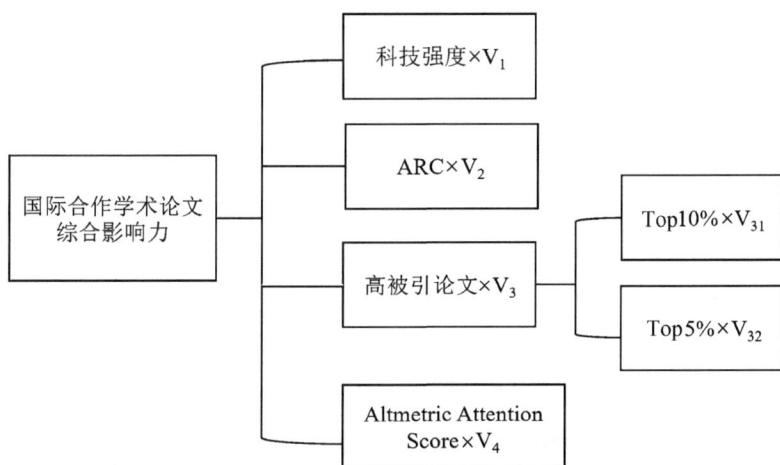

图 3-13 中国学者国际合作学术论文综合影响力评价指标体系

根据综合影响力指标体系和权重赋值，可以计算中国学者国际合作学术论文影响力分值（Impact Value，IV）：

$$IV = V_1 \times T + V_2 \times ARC + V_3 \times (V_{31} \times Top10\% + V_{32} \times Top5\%) + V_4 \times AAS$$

公式 3-10

其中，IV 表示综合影响力的值，V_1、V_2、V_3、V_4 表示各指标的权重值，T 表示论文的科技强度，ARC 是论文的平均相对引文影响力，Top10% 和 Top5% 分别表示前 10% 和 5% 高被引论文情况，AAS 表示 Altmetric Attention Score。上述指标的值在实际评价中都采用归一化之后的值，以消除量纲的影响。

3.5　本章小结

本章主要是对中国学者国际合作的影响因素进行了分析和归纳，并且对这些影响因素对于中国学者国际合作的影响效用进行了分析。影响因素的分析主要涵盖了三个层次：国家总体的宏观层面，机构和学科因素的中观层面，以及学者自身因素的微观层面。其中宏观层面主要包括国家的地理位置、所处的科研竞争力态势、科技政策、经济发展对科技的投入等。在通信不畅的时代里，地理位置临近的国家进行国际合作更为方便，而国际合作的产生又会对国家的总体科技竞争力产生影响。科技竞争力具有软实力效用，能够吸引更多的国际合作，并促进科技政策的调整，宏观科技政策的最直接、最有力的作用就是科技投入，而科技投入和一个国家的经济发展水平相关。GDP的增加让国家有强大的科技投入能力，不仅体现在针对科研产出的经费投入，还体现在科研人员的培养、为科研储备人才上。这些因素相互影响，对中国的国际科研合作产生的作用体现在对科研人员发展的影响上，还体现在对科研产出和科研论文的影响力的影响上。

同时，中观层面的因素是宏观总体因素作用下的产物，也体现了科研产出中的学科显著差异性。就机构层面来看，国家在不同机构上的经费投入程度、政策支持力度不同，导致不同级别的高校间能获得经费支持的差距巨大，并形成了深远影响，经费较多的高校不仅仅能更大力度地支持国际合作研究，而且更能在吸引科研人才和国际合作上形成优势；而学科的差异体现在科研论文的产出速度和对国际合作的体现形式，自然科学领域能产生 1000 名以上作者的论文，这在人文社会科学领域中是难以存在的，因为学科的需求不同，国际合作的规模也会不同。

诚然，学者本身的年龄、性别和流动性等因素并不能清晰直观地用论文本身的数据进行反映，因此研究的时候往往被忽略或者由于数据获取的原因而被搁置，但是从本章呈现的结果来看，年龄、性别因素都是影响国际合作的重要因素，而学者的流动性和中国坚持改革开放、经济发展对国际合作的支持以及科技政策的刺激相关。学者的流动性为中国学者和国际同行进行交流与合作带来了新的研究视角，在接下来的章节中将继续探讨。

最后，本章的主要作用是对影响中国学者国际合作的因素进行分析归纳，初步探究它们的效用，并为接下来的研究打下基础。综合分析数据获取的可行性之后，在接下来的章节中将主要探究中国在国际合作中的经费、合作规模、领导力以及学者流动性在合作论文中的现状，以及这些因素与影响力之间的关系。

第4章　中国学者国际合作学术论文原生影响力分析

科研论文数量是衡量科研产出能力的一项重要指标。科研能力体现在科研论文的产出量，也体现在重大科研突破的产生，通过分析科研论文数据来探究科研发展的态势是目前了解科研能力最主要的方法。本章旨在利用科研评价指标分析中国学者国际科研合作的现状、分析中国在国际科研合作中的优势与不足、明晰中国学者国际合作学术论文的分布特征。为了达到这一目标，我们将构建中国学者国际合作学术论文影响力研究模型，并梳理、归纳影响中国学者国际合作的因素。在此基础上，我们将对中国学者国际合作学术论文原生影响力进行分析，主要从合作的国家（地区）分布、机构分布、合作规模（作者数、机构数和国家数）、领导力的特征等方面展开具体研究。

本章将使用合作规模（team size）、合作领导力（leadership）等指标，其中，合作规模是指合作的学术论文中的作者数量、机构数量和合作国家数量；合作领导力是指中国在国际合作中所承担的角色，在本书中将第一作者（first author）或通讯作者（corresponding author）作为论文的主要贡献者。本章节的研究数据来源于 Web of Science 核心集，共检索得到 1980—2016 年中国学者国际合作学术论文数量 581919 篇。这些论文是无数科研工作者辛勤付出的成果，反映了改革开放以来的中国学者国际科研合作总体状况。在本书中，并没有将单个科研工作者作为研究对象，而是从科研合作的整体出发进行分析，因此选择了合作规模、资助经费、领导力等指标。在本章中，我们主要研究了从 1980 年到 2016 年的 581919 篇国际合作学术论文中提取出的合作国家、合作的学科领域、合作的经费、合作的规模、合作的领导力等方面的内容，对它们进行了全方位的分析。

4.1　中国学者国际合作学术论文合作幅度分析

4.1.1　国际合作学术论文数量演化趋势

（1）总体发文量分析。

长久以来，中国的科研国际显示度（论文发文数量）较低，这一现象受到了语言因素的影响，还因为中国的科研实力和发达国家间存在巨大差距。随着中国科研实力的逐渐提升，中国发表的国际学术论文数量持续增加，在Web of Science 数据库中已经位列第 1 位，成为了超越美国的科研产出大国。

如图 4-1 所示，1980—2016 年，中国发表的国际学术论文数量快速增加，中国的国际学术显示度明显增强。同时，中国的国际合作学术论文数量占当年发表的全部国际论文总数的比例也不断提升。从论文数量的角度来看，这说明中国的科研产出能力有了明显提高，已经形成了稳定的国际科研合作态势。具体来看，1980 年中国发表了 413 篇国际论文，其中国际合作论文 48篇，国际合作率为 11.62%；2016 年发表的国际论文数量已经达到了 314290篇，国际合作论文数为 82245 篇，国际合作率 26.17%。从数量上看，中国的国际科研产出经历了长期低国际化程度和低国际合作率的阶段，目前已经有超过 1/4 的国际论文是以国际合作的形式发表的。从图 4-1 所展示的数量变化趋势中我们也可以看出：中国的国际科研产出逐渐提高主要是缘于不断提高的科研能力，而不是借助国际合作力量的推动；随着科研能力的提升，中国在不断吸引其他国家与中国展开国际合作。

（2）学科合作演化分析。

根据 Web of Science 数据库对学科的分类，学科共分为 14 个学科（discipline）门类，144 个专业（specialty）。这些学科被划分为自然科学与工程学（Natural and Engineering，NSE）、社会科学与人文（Social Science and Humanity，SSH）两个大类（这两大类所涉领域简称自然科学领域和人文社会科学领域）。具体的分类情况如表 4-1 所示。在这 14 个学科中，有 8 个属于自然科学与工程学类，包括生物学、生物医学研究、化学、临床医学、地球与空

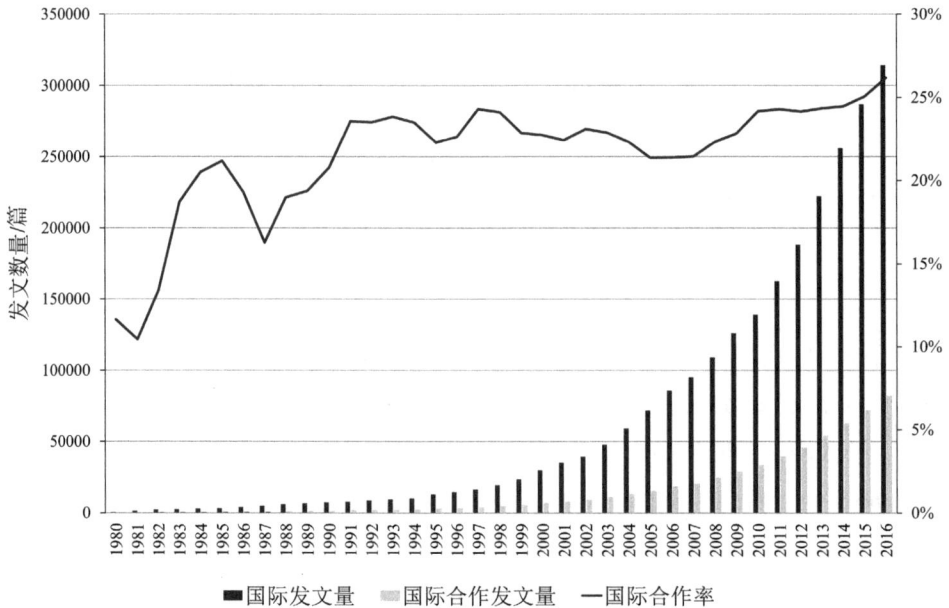

图 4-1　中国发表的国际学术论文以及国际合作学术论文数量（1980—2016 年）

间科学、工程学与技术、数学、物理学。另外 6 个学科则属于社会科学与人文类。此外，还可以更细致地将学科划分为自然科学与工程学、医学、社会科学三个类别，其中医学（Medicine，MED）包括了生物医学研究、临床医学和健康学领域。

表 4-1　自然科学与人文社会科学学科分类表

Discipline	学科	所属大类
Arts	艺术	SSH
Biology	生物学	NSE
Biomedical Research	生物医学研究	NSE /MED
Chemistry	化学	NSE
Clinical Medicine	临床医学	NSE/MED
Earth and Space	地球与空间科学	NSE
Engineering and Technology	工程学与技术	NSE
Health	健康学	SSH/MED
Humanities	人文	SSH
Mathematics	数学	NSE

续表

Discipline	学科	所属大类
Physics	物理学	NSE
Professional Fields	专业领域	SSH
Psychology	心理学	SSH
Social Sciences	社会科学	SSH

　　为了深入分析不同学科领域的国际合作情况，本书统计并分析了两大不同学科领域的国际合作发文量以及中国学者国际合作论文占当年该学科总国际发文量的比例，具体数据见图 4-2。由于社会科学学科在 1980 年至 1999 年间的发文量较少，因此本节仅选取了 2000—2016 年的数据进行分析。

　　从图 4-2 中可以观察到，在自然科学领域，国际发文量在 1980 年至 1990 年间显示度较低，国际合作率也较低。然而，随着中国在该领域发文量的增加，国际合作论文数量占当年总国际发文量的比例也逐渐增加。不过，在 1995 年国际合作率出现了明显的下降趋势，这与图 4-1 中的趋势一致。进一步观察自然科学领域的国际合作情况，可以看到国际合作率呈稳步增长的趋势，1980 年的国际合作率为 11.41%，到 2016 年增加到 25.49% 左右。然而，我们也注意到在自然科学领域中，国际合作只占总体发文量的一小部分，大部分论文是由中国独立完成的。虽然自然科学领域的国际发文量在 2016 年突破了 30 万篇，但国际合作的比例仅为 25.49% 左右。这说明中国在自然科学领域发文量的巨大增长依赖于中国科研实力的增强，而非外部合作，而科研实力的增强可以吸引更多的国际合作，因此整体的国际合作率仍在上升。

　　相反地，在人文社会科学领域，国际合作率高于自然科学领域。在 1980 年，人文社会科学领域仅有 1 篇论文是与国际合作者共同发表的，而到了 2016 年，46.33% 的国际论文是与国际合作者共同发表的。这一比例远高于同一时期自然科学领域的国际合作率。同时，在人文社会科学领域，国际发文量远低于自然科学领域，说明图 4-1 所显示的快速增长趋势主要来自自然科学领域论文数量的增加。

　　从 2000 年开始，人文社会科学领域的国际合作率保持在 40% 左右，并呈现出整体平缓上升的趋势。这表明在人文社会科学领域，国际发文对国际合作的依赖程度较高。因此，就国际合作而言，人文社会科学学科与自然科学学科之间存在明显的差异。

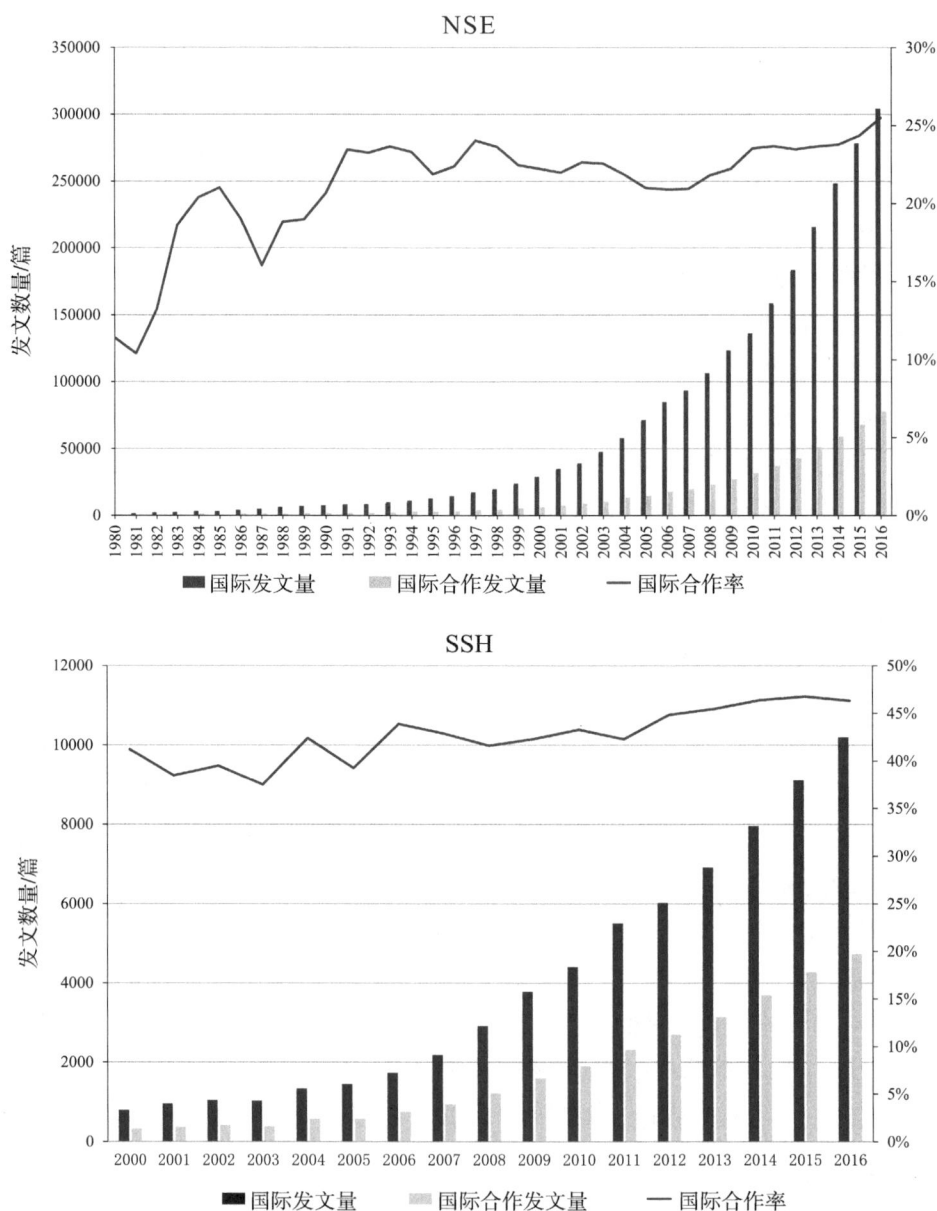

NSE

SSH

图4-2 按学科分布的中国学者国际合作学术论文数量（1980—2016年）

（3）发文量学科分布分析。

根据表 4-2 的数据，可以观察到 1980 年至 2016 年期间，工程学与技术是国际发文量最高的学科，同时也是国际合作发文量最多的学科，其国际合作率为 23.14%。其次是化学学科，尽管发文量仅次于工程学与技术，但国际合作率远低于工程学与技术。人文社会科学领域中的人文与艺术学科在发文量上相对较低，与工程学与技术、化学以及物理学等学科相比存在较大差距。这一差距可能与人文社会科学期刊在 Web of Science 数据库中的收录范围以及人文社会科学成果更倾向于以著作等形式发表有关。同时，还可以观察到国际合作率最高和最低的学科都出现在人文社会科学领域，这反映了人文社会科学的学科特性和发展模式。在本书中，将继续探讨自然科学和人文社会科学的学科差异对中国学者国际合作学术论文的影响。

表 4-2 中国学者国际合作发文量按学科排名（1980—2016 年）

学科	总发文量/篇	国际合作发文量/篇	国际合作率/%
工程学与技术	554848	128408	23.14
化学	457976	62369	13.62
物理学	356647	78762	22.08
临床医学	349148	86749	24.85
生物医学研究	263829	75218	28.51
地球科学	143961	52146	36.22
生物学	123551	39491	31.96
数学	116303	27667	23.79
专业领域	25739	12179	47.32
社会学	19883	9250	46.52
健康学	9911	4272	43.10
心理学	8593	4529	52.71
人文	4633	461	9.95
艺术	664	139	20.93

根据之前的研究发现，不同国家在科研合作中具有不同的特点。通过对

美国和日本学者在 1980—2016 年的不同学科发文量进行统计（表 4-3 和表 4-4），可以发现日本和美国发文量最多的学科都是临床医学。然而，二者在其他学科上存在一些差异。日本在物理学、化学和生物医学研究方面的发文量相对较多，而美国的发文量主要集中在生物医学研究和工程学与技术学科。值得注意的是，人文社会科学领域的发文量相对较少，但中国与日本在这个领域的国际合作率较高，即国际合作论文占总论文量的比例较高。与此相反，美国在人文和艺术学科的国际合作率仅为 1% 左右。另外，数学学科在中国和日本都是自然科学领域中发文量最少的学科，但其发文量仍高于社会学学科。美国的数学学科发文量较少，低于社会学、专业领域和心理学等学科。然而，美国的数学学科的国际合作率（30.36%）高于中国（23.79%）和日本（22.83%）。

本书从科研论文的角度分析了中国学者国际合作学术论文的现状，并试图通过这些现状来探讨影响中国学者国际合作的因素，以及分析这些因素对中国学者国际科研合作效益的影响。

表 4-3　日本学者国际合作发文量按学科排名（1980—2016 年）

学科	总发文量/篇	国际合作发文量/篇	国际合作率/%
临床医学	638556	92698	14.52
物理学	357444	78866	22.06
化学	315317	41551	13.18
生物医学研究	304674	71782	23.56
工程学与技术	302698	54686	18.07
生物学	152213	27841	18.29
地球科学	80058	35074	43.81
数学	45429	10373	22.83
社会学	14653	3718	25.37
心理学	11467	2640	23.02
健康学	6527	1814	27.79
专业领域	5542	1918	34.61

续表

学科	总发文量/篇	国际合作发文量/篇	国际合作率/%
人文	1997	281	14.07
艺术	598	135	22.58

表 4-4　美国学者国际合作发文量按学科排名（1980—2016 年）

学科	总发文量/篇	国际合作发文量/篇	国际合作率/%
临床医学	3123689	601194	19.25
生物医学研究	1494874	382612	25.59
工程学与技术	925265	218985	23.67
物理	843110	261901	31.06
生物学	670375	142580	21.27
化学	631504	136315	21.59
地球科学	567160	205824	36.29
社会学	431455	54615	12.66
专业领域	399254	44172	11.06
心理学	341599	43143	12.63
数学	267902	81337	30.36
人文	254462	3874	1.52
健康学	246579	32679	13.25
艺术	45361	883	1.95

　　根据图 4-3 所示的数据，我们可以观察到中国学者在国际合作发文量达 3000 篇以上的专业领域的国际合作发文量情况，以及这些专业的总体国际发文量和国际合作率。这些专业的国际合作发文量总和已经超过了中国在 1980 年至 2016 年期间的国际合作发文总量的 80% 以上。可以发现，国际合作率最高的专业包括管理学、天文学与天体物理学以及气象科学与大气科学。尽管这三个专业的国际发文量并不高，低于平均发文量（16918 篇），但其国际合作率却高于 45%。这说明这三个专业的发展主要依赖于国际合作。与此同时，基础化学、普通物理和物理化学专业的国际发文量较高，但国际合作率

为 15% 左右。这表明这三个专业的发展主要源自本学科研究实力的提升,这些学科目前在中国处于优势地位。材料科学的国际发文量最高,国际合作率约为 20%。

科研论文只是反映科研产出能力的一个指标,在工程学与技术领域,许多成果以专利形式发表,因此,从国际合作学术论文的角度来说,中国在工程学领域具有较高的科研产出量是合理的。这一现象不仅反映了中国在该领域拥有强大的科研实力,也与中国近年来基础设施建设的发展密切相关。然而,美国和日本已经将科研重点转移到医学研究上。这与中国快速发展以及美国和日本相对缓慢的发展状况相符合。医学研究和工程学技术是改善人类生活质量的两个不同方面。作为发展中国家,中国仍处于改善基础设施以提升人民生活水平的阶段,而美国和日本作为发达国家,基础设施建设相对停滞,因此转向通过提高医学研究水平来促进人民生活水平的提高。

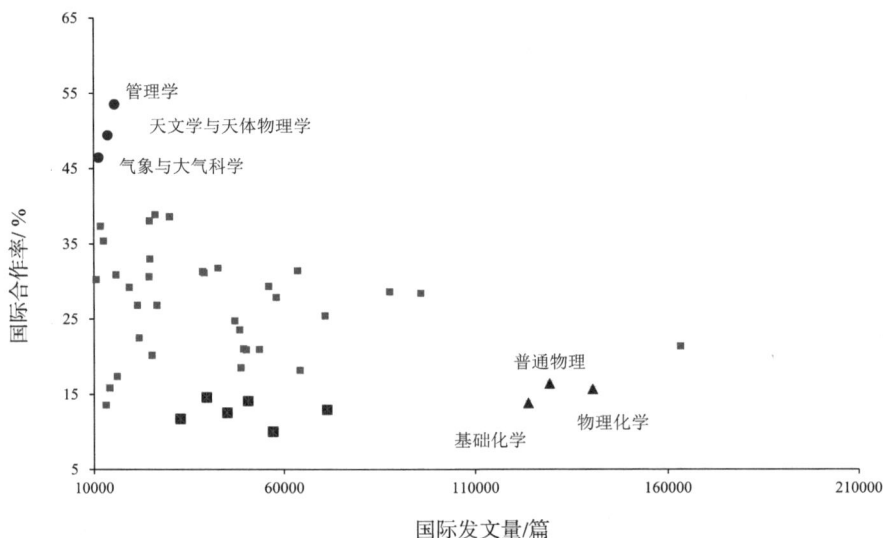

图 4-3　中国学者国际合作发文量≥3000 篇的专业与国际合作率（1980—2016 年）

为了进一步探究中国发表国际学术论文和国际合作学术论文较多的专业,本书对发表国际论文最多的前 20 个专业进行了排名,具体排名见表 4-5。结果显示,材料科学、物理化学和普通物理等专业在国际发文量上居于前列,这说明中国在这些领域已经具备了较高的国际化水平,实现了相关专业领域的高度国际化。然而，在表 4-5 中的 20 个学科中，分析化学的国际合作发文量占国际发文总量的比例最低，金属与冶金、基础化学和聚合物专业的国际合作率也相对较低。总体而言，这些专业在国际合作方面的比例较低。只有电气工程与电子专业、一般生物医学研究、计算机科学和环境科学专业的国际合作率超过了中国学者国际合作的平均合作率。这说明这些专业的国际化发展主要是由科研人员自身的努力推动，而并非依赖于国际合作的力量。

表 4-5　中国学者国际合作发文量按专业排名（1980—2016 年）

排名	专业	国际发文量/篇	国际合作发文量/篇	国际合作率/%
1	材料科学	163292	34859	21.35
2	物理化学	140510	22050	15.69
3	普通物理	129282	21222	16.42
4	基础化学	123782	17130	13.84
5	电气工程与电子	95860	27198	28.37
6	一般生物医学研究	87653	25041	28.57
7	金属与冶金	71163	9198	12.93
8	应用物理	70709	17951	25.39
9	光学	64066	11647	18.18
10	计算机科学	63530	19940	31.39
11	生物化学与分子生物学	58024	16147	27.83
12	分析化学	57101	5707	9.99
13	环境科学	56056	16431	29.31
14	一般数学	53626	11229	20.94
15	聚合物	50597	7135	14.10
16	机械工业	50142	10487	20.91
17	药理学	49482	10391	21.00
18	化学工程	48731	9013	18.50
19	应用数学	48417	11379	23.50
20	癌症学	47112	11650	24.73

4.1.2　合作学术论文国家（地区）分布

（1）主要合作国家（地区）发文量分析。

根据图 4-4 所示，中国学者主要与美国、英国、加拿大和澳大利亚等发达国家开展国际科研合作。图中横轴表示合作的专业数量，纵轴和圆的半径则表示合作发表的论文数量。从图中可以看出，中国最主要的国际合作国家是美国，中美之间的合作数量和合作涉及的领域明显多于其他国家。此外，中国与英国、加拿大、德国和澳大利亚之间的合作也相对较多，但远不及与美国的合作。

同时，我们还可以观察到中国与日本和韩国之间的合作也非常紧密，合作论文数量较多，合作涉及的专业领域也比较广泛。然而，与中国和美国、英国等欧美发达国家之间的合作相比，中国与日本和韩国之间的合作规模相对较小。

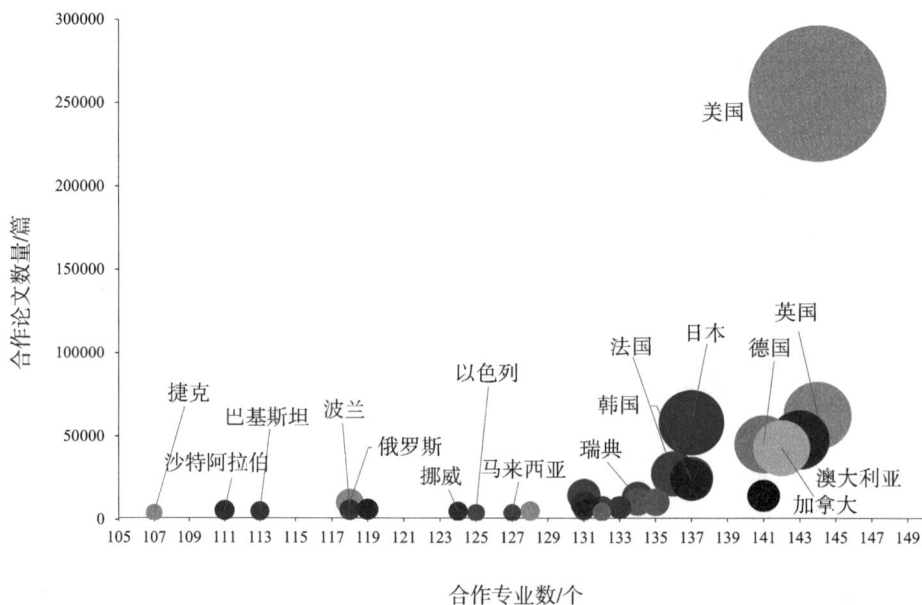

图 4-4　中国学者国际合作国家（地区）分布（1980—2016 年）

根据图 4-5 所示，中国的国际合作地域分布随着时间的推移逐渐扩展，从欧洲和美洲向亚洲、大洋洲和非洲等地区拓展，但中国与欧洲和美洲国家的合作次数远高于中国与亚洲、大洋洲和非洲国家的合作次数。从图中可以观察到，中国的国际合作已经不再局限于欧美发达国家，自 2000 年以后吸引了更多其他地区的国家的合作，并且在 2012 年之后与非洲地区的国家有了较多的科研合作。由于不同地区的国家的科研实力和科研产出存在差距，因此与发达国家之间的科研合作仍然占据中国学者国际科研合作的主要部分。

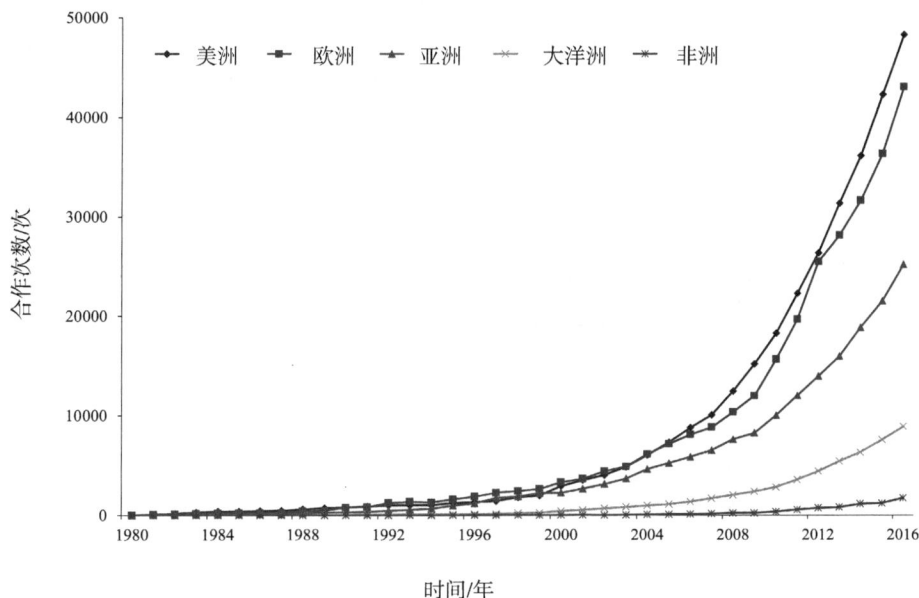

图 4-5　中国学者国际合作的地域分布（1980—2016 年）

在中国学者国际合作关系网络中，印度尼西亚、菲律宾和新加坡等邻近国家与中国的合作相对较为紧密。同时，中国作为连接桥梁，成为其他国家进行国际合作的关键节点。例如，在中国与加拿大、印度、俄罗斯、日本、比利时等国家之间的合作网络中，中国起到了连接的作用。

此外，中国还与阿尔及利亚、喀麦隆、约旦和文莱等国家有着较为紧密的合作关系。然而，这些国家与其他国家之间的合作相对较少。这说明中国的科研合作主要集中在一些重要的合作国家，但随着中国科研实力的提升，合作国家的范围正在不断扩大。

根据前文数据可知，中国与美国的合作论文数量最多，而且基本涵盖了所有学科专业。从 1980 年到 2016 年，美国一直是中国的主要合作伙伴。这表明中美两国在国际科研领域的交流合作远超其他国家或地区，这与美国一直处于国际科研领域的领先地位有关。从表 4-6 可以看出，中美合作最多的领域是临床医学，其次是工程学与技术和生物医学研究学科领域。这说明这些学科领域的合作非常紧密。此外，几乎所有自然科学领域的合作都主要与美国的科学家合作完成。然而，通过比对数据，发现物理学领域的合作主要集中在与欧洲国家之间，例如，中国与德国、英国、法国、俄罗斯、意大利等欧洲国家在物理学领域的合作论文数量占了该领域总合作论文数量的 23%。

中国在人文社会科学领域与美国的合作也非常频繁，例如在社会学学科领域，中美合作次数占到中国在该领域全部合作次数的 39.37%。这表明中国与美国之间形成了长期稳定的合作关系，并且合作涵盖的学科领域广泛。

表 4-6　中美学科合作次数（1980—2016 年）

学科	合作次数/次	占中国国际合作比例/%
临床医学	49256	37.25
工程学与技术	45605	29.87
生物医学研究	42648	40.87
物理学	32044	17.68
地球与空间科学	23687	30.10
化学	21136	29.23
生物学	15501	29.67
数学	10474	32.16
专业领域	5996	38.62
社会学	4544	39.37
心理学	2605	35.94
健康学	2231	36.39
人文	170	32.76
艺术	33	19.88

（2）中国与主要合作国家的合作中心度分析。

为了进一步研究中国与主要合作国家之间的合作关系是否随时间变化，

本书对与中国合作次数最多的国家以及中国的合作中心度进行了研究。本书选择了 1999 年、2000 年、2016 年和 1980—2016 年的总体合作水平进行比较，具体结果见表 4-7。在表 4-7 中，我们选取了与中国合作次数在 10000 次以上的主要合作国家，其中包括美国、英国、日本和俄罗斯等 15 个国家。中国学者国际合作的中心度被用来衡量中国在国际合作中的地位。如果国家 A 与国家 B 合作发表的论文数为 P，而国家 B 的国际合作论文数为 N，则 P/N 可以反映出国家 A 在国家 B 的所有合作国家中的活跃度。

根据表 4-7 的结果显示，美国与中国的合作中心度一直保持领先地位，但 2000 年和 2016 年的中心度都低于 1990 年的水平。与此同时，澳大利亚与中国的合作中心度持续增加，而日本与中国的合作中心度则经历了从上升到下降的过程。总体而言，这些主要合作国家与中国的合作中心度变化不大，美国、英国、日本和澳大利亚等国仍然与中国保持着紧密的合作关系。这说明美国在中国的国际合作中处于核心位置，其与中国的合作中心度仍然远高于其他国家。同时，中国已经建立起稳定的合作伙伴关系，英国和日本等国是中国的稳定合作伙伴。结合图 4-5 可以看出，虽然中国的国际合作地理范围在扩大，但主要的国际合作仍集中在少数国家，并没有出现向其他国家（地区）大规模转移的情况。这可能与全球科技发展的趋势有关。表 4-7 中的国家代表目前国际科技发展水平较高的国家。中国与这些国家之间的合作领导力是否发生了变化，在接下来的章节中将对此进行研究。

表 4-7　主要合作国家与中国合作的中心度

国家	1990 年	2000 年	2016 年	总体
美国	0.3295	0.2569	0.306	0.3019
英国	0.1582	0.1540	0.121	0.1277
日本	0.0966	0.1178	0.044	0.0689
澳大利亚	0.0257	0.0431	0.0637	0.0568
德国	0.0757	0.0729	0.0463	0.0537
加拿大	0.0713	0.0464	0.0488	0.0510
法国	0.0471	0.0361	0.0281	0.0328
新加坡	0.0024	0.0322	0.0285	0.0298
韩国	0.0073	0.0250	0.0247	0.0283

续表

国家	1990 年	2000 年	2016 年	总体
意大利	0.0451	0.0240	0.0168	0.0176
荷兰	0.0155	0.0161	0.0170	0.0171
瑞典	0.0170	0.0152	0.0158	0.0161
西班牙	0.0141	0.0140	0.0147	0.0128
瑞士	0.0175	0.0141	0.0123	0.0126
俄罗斯	0.0005	0.0191	0.0117	0.0124

4.1.3 国际合作机构分布

根据第 3 章关于国际合作影响因素的分析结果，已经发现机构是国际合作的重要因素。不同机构在国际合作中具有不同的作用并扮演不同的角色。本节将重点分析机构在中国学者国际合作中的分布特征。不同机构在科研经费获取和科研人员数量方面存在巨大差异。通过统计 1980—2016 年参与国际合作的中国科研机构数据，我们将列出合作次数达到十万次以上的机构，具体排名见表 4-8。中国科学院位居榜首，紧随其后的是北京大学、清华大学、上海交通大学等"985"高校。除了香港大学、香港中文大学以及新成立的中国科学院大学外，其他 12 所机构均为"985"高校。这说明第 3 章对国际合作影响因素的分析在统计数据中得到了验证，中国的国际合作主要由少数具备科研实力优势的机构来完成。

表 4-8　中国学者国际合作的主要国内机构（Top15）

Institution	机构	国际合作次数
CHINESE-ACAD-SCI	中国科学院	3028547
PEKING-UNIV	北京大学	478187
TSINGHUA-UNIV	清华大学	337663
SHANGHAI-JIAO-TONG-UNIV	上海交通大学	314715
ZHEJIANG-UNIV	浙江大学	298465
UNIV-SCI-&-TECHNOL-CHINA	中国科学技术大学	255116
UNIV-HONG-KONG	香港大学	240906

续表

Institution	机构	国际合作次数
FUDAN-UNIV	复旦大学	217857
NANJING-UNIV	南京大学	192133
CHINESE-UNIV-HONG-KONG	香港中文大学	178118
SUN-YAT-SEN-UNIV	中山大学	159167
SHANDONG-UNIV	山东大学	131569
UNIV-CHINESE-ACAD-SCI	中国科学院大学	118576
HARBIN-INST-TECHNOL	哈尔滨工业大学	114588
HUAZHONG-UNIV-SCI-&-TECHNOL	华中科技大学	110825

机构是影响中国学者国际科研合作产出量的重要因素之一。根据科研论文产出的"二八原则",80%的科研产出来自20%的作者,因此中国的国际合作主要由少数机构来推动。然而,不同机构在科研领域的优势存在差异,例如综合性大学和以理工科见长的高校在科研产出的学科上存在差异。全书对自然科学和人文社会科学领域的数据分别进行了统计,具体结果见表4-9。

通过观察表4-9的结果,我们可以看到自然科学和人文社会科学领域前15所科研机构存在明显差别。自然科学领域的排名与表4-8的结果基本保持一致,这是因为中国的国际合作论文主要集中在自然科学领域。然而,在人文社会科学领域,排名前四的机构都是香港地区的高校。此外,人文社会科学领域的国际合作次数与自然科学领域的存在明显差距。例如,自然科学领域排名第一的中国科学院的国际合作次数为3015677次,而人文社会科学领域排名第一的香港理工大学的国际合作次数为20812次。

从对主要国际合作机构的分析中可以发现,少数机构承担了中国学者国际合作的主要发文量。关于这些主要合作机构在国际合作中选择何种机构进行合作、合作机构数量与论文质量之间的关系等问题,需要进一步研究。已有科研成果表明,规模较大的合作团队并不利于科研产出,因为团队成员之间的有效沟通以及团队的管理等因素都会影响国际合作的效率。因此,对国际合作规模进行分析将为研究中国学者国际合作的现状和发展趋势提供参考。

表 4-9　自然科学与人文社会科学领域主要国际合作机构（Top15）

自然科学（NSE）		人文社会科学（SSH）	
机构	国际合作次数	机构	国际合作次数
中国科学院	3015677	香港理工大学	20812
北京大学	465346	香港中文大学	19324
清华大学	329934	香港大学	17891
上海交通大学	310293	香港城市大学	15070
浙江大学	292976	中国科学院	12870
中国科学技术大学	254383	北京大学	12841
香港大学	223015	香港科技大学	9348
复旦大学	212615	清华大学	7729
南京大学	190317	浙江大学	5489
香港中文大学	158794	中国人民大学	5452
中山大学	155388	复旦大学	5242
山东大学	130583	北京师范大学	4568
中国科学院大学	118183	上海交通大学	4422
哈尔滨工业大学	113801	中山大学	3779
华中科技大学	109160	上海财经大学	2829

4.2　中国学者国际合作学术论文合作规模分析

在对中国学者国际合作学术论文数量分布特征进行分析后，本节将重点关注中国学者国际合作学术论文的合作规模。主要目的是研究随着中国学者国际合作的增加，是否出现了合作规模多元化的发展趋势，以及不同学科之间是否存在合作规模差异，并探讨这种差异随时间的演变趋势。

4.2.1　平均合作规模分析

为了研究中国学者国际合作学术论文的平均合作规模，本研究对 581919 篇国际合作学术论文按学科进行了分类。在自然科学领域中发现了大量的大规模国际合作论文，其中有论文的合作规模涉及 100 人以上的合作作者，参与的合作机构和国家数量超过 30 个以上。为了区分基础科学研究领域和其他学科领域的差异，在这一部分中将所有学科划分为自然科学与工程学（NSE）、医学（MED）和社会科学与人文（SSH）三大类。根据图 4-6 所示，图中虚线表示去除高能物理学领域的论文后的自然科学领域合作学术论文的平均合作规模。从图中可以看出，高能物理学领域的论文的合作作者数量、合作机构数量和合作国家数量对整体平均合作规模有较大影响。当排除高能物理学领域的论文后，整体的合作规模明显减小。

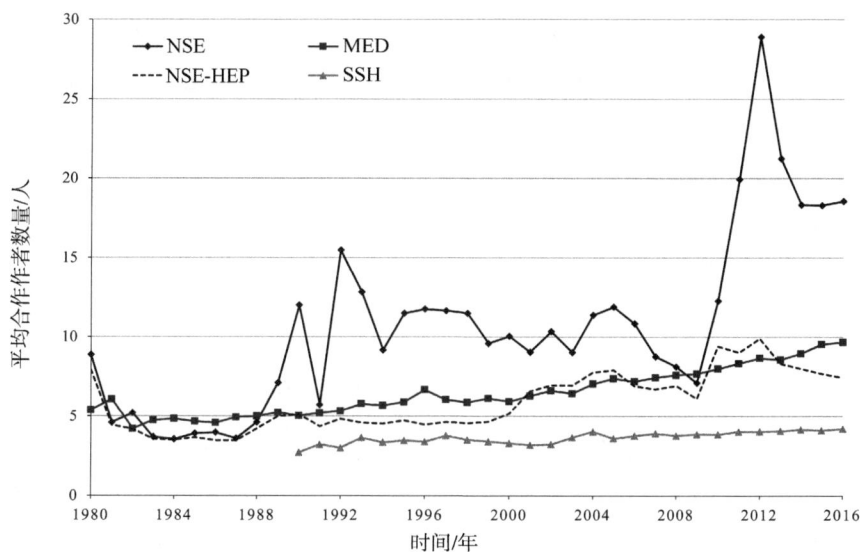

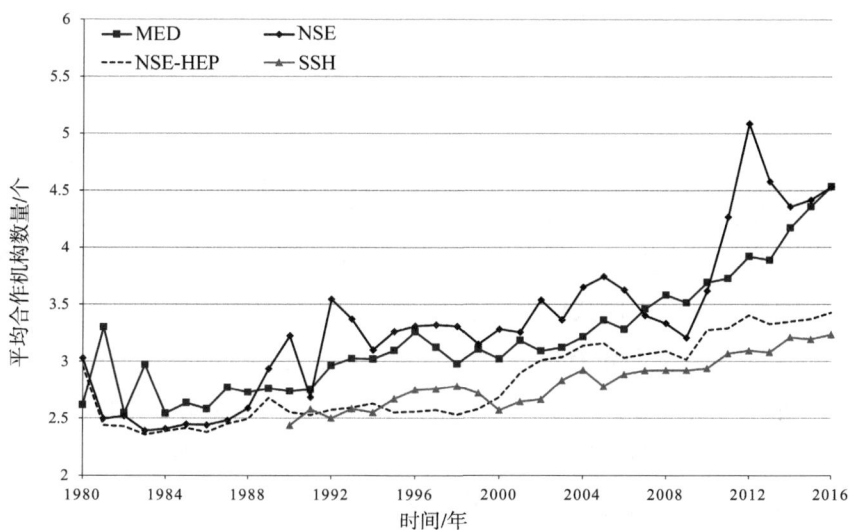

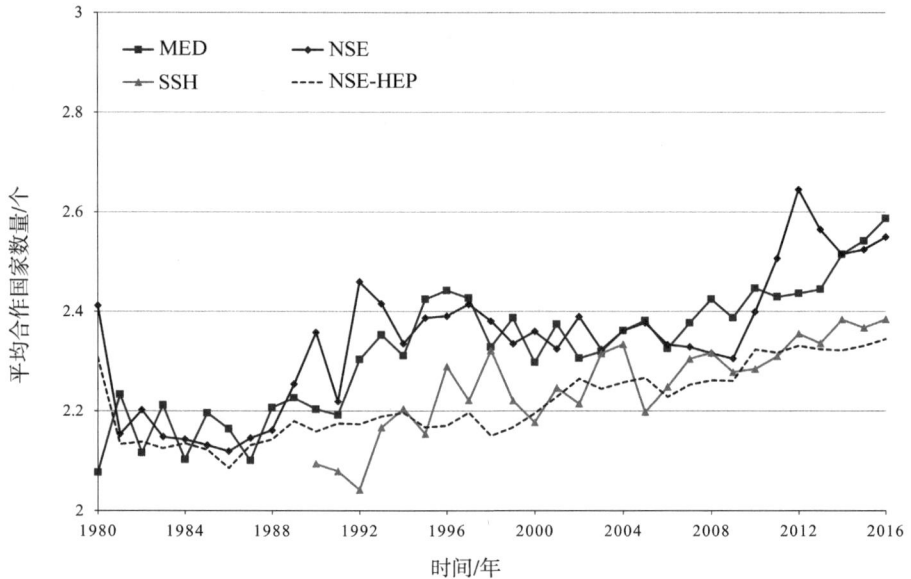

图 4-6　中国学者国际合作学术论文平均合作规模（1980—2016 年）

图 4-6 展示了中国学者国际合作学术论文平均合作规模的演化趋势。由于人文社会科学领域的论文数量较少，该图未显示该领域 1990 年前的数据。首先，从平均作者数量来看，自然科学与工程学领域的平均作者数经历了显著增长。从 1980 年的 8 人增加到 2016 年的 18 人，并出现了一定的波动：在 1983 年下降至 3 人后，逐渐增长至 2012 年的 28 人。而医学和人文社会科学领域虽然也有增长，但增幅较小。2016 年，这两个领域的平均合作作者数分别为 9 人和 4 人，与自然科学与工程学领域相比差距较大。其次，平均合作机构数量呈现出与平均作者数类似的变化趋势。自然科学领域的变化趋势较为明显，2012 年达到平均 5 个合作机构，但在 2016 年又下降至平均 4.5 个合作机构。最后，从合作国家数量来看，这三个学科领域的平均合作国家数量在 2~3 个之间变化，并没有出现明显的大规模变化。这些现象表明，中国学者国际合作的平均作者数存在较大波动，没有稳定在特定的合作规模范围内，并且随着时间推移逐渐增长。这可能与现代通信和交通工具的发展以及科研经费的增加有关，它们使得国际合作变得更容易实现。然而，这些现象也表

明大规模机构和国家间的合作并不是主要趋势，平均机构和国家数量保持在
2~5 个和 2~3 个之间，自然科学与工程学领域的相关数据在 2012 年出现了
较大的波动。接下来，本书将重点研究中国当前国际合作学术论文的合作规
模的主要形式、大规模国际合作的变化趋势以及中国在大规模国际合作中的
参与程度等内容。

4.2.2　合作规模演化趋势

从图 4-6 的分析结果可以发现，中国的国际合作学术论文在平均作者数
量、机构数量和国家数量方面都呈现出持续增加的趋势。其中，作者数量的
增幅较大，而机构和国家数量的增幅相对较小。为了便于比较，本书根据图
4-6 的结果将论文进行了划分。由于医学领域的论文数量较少，因此只选择
了自然科学与工程学领域和人文社会科学领域的数据。对于人文社会科学领
域，由于数据量较少，仅选取了 2000 年以后的数据进行分析，具体结果如图
4-7 所示。

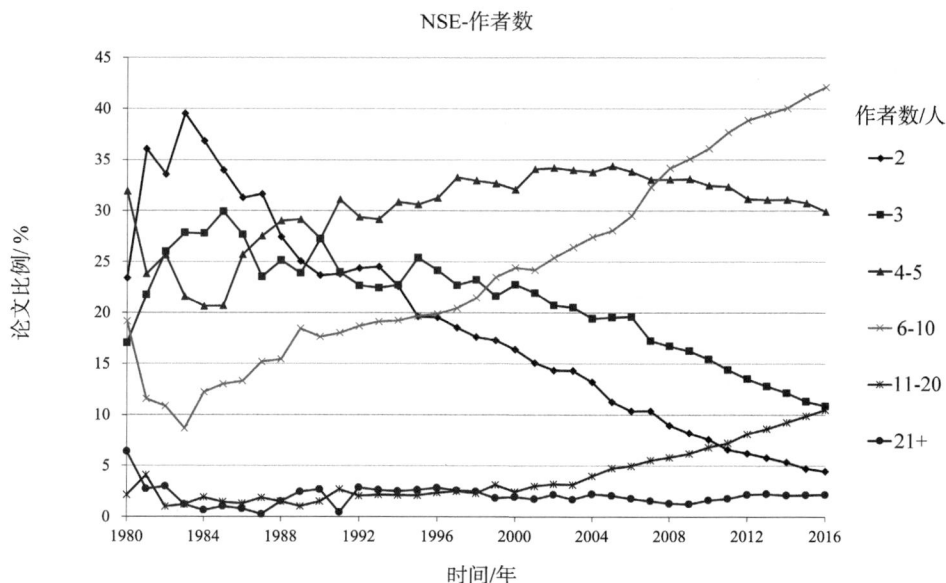

SSH-作者数

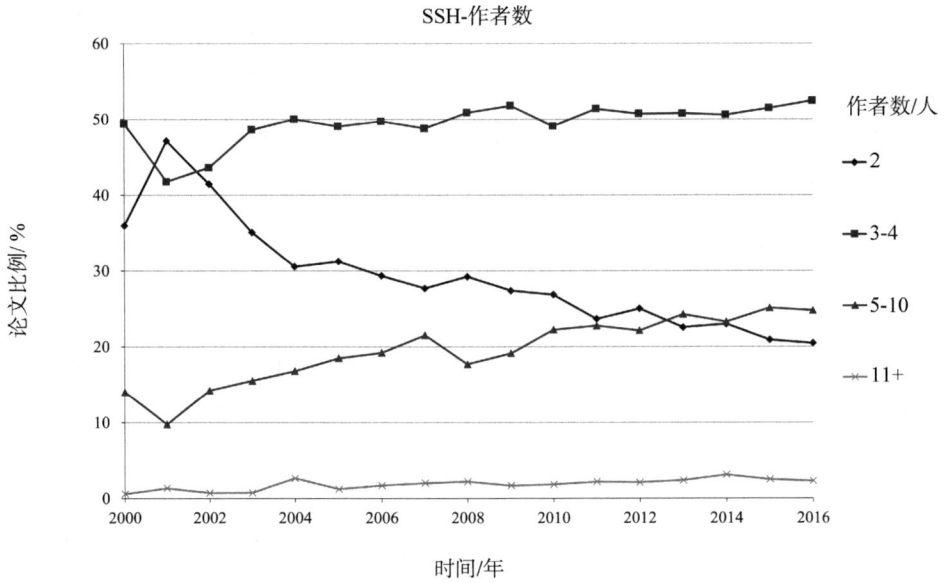

NSE-机构数

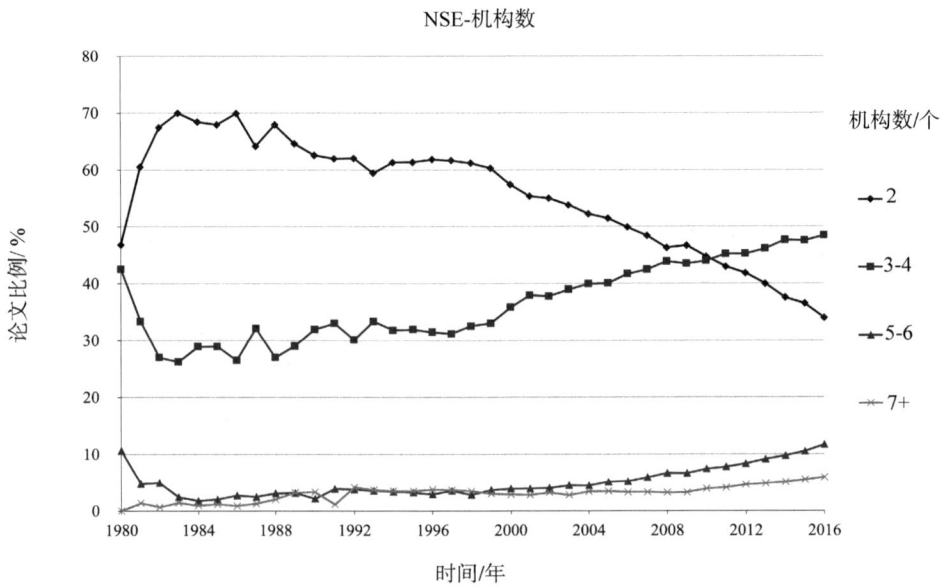

SSH-机构数

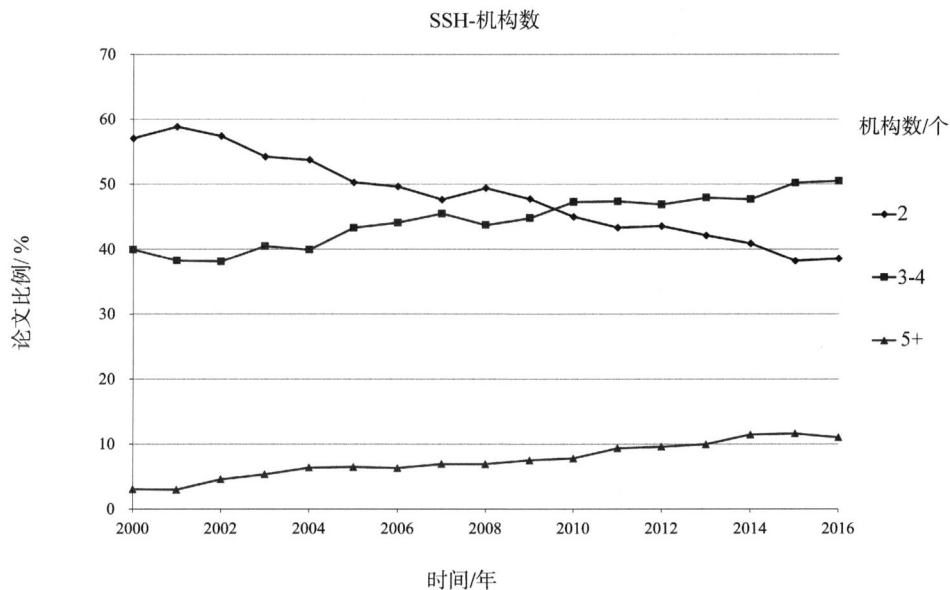

NSE-国家数

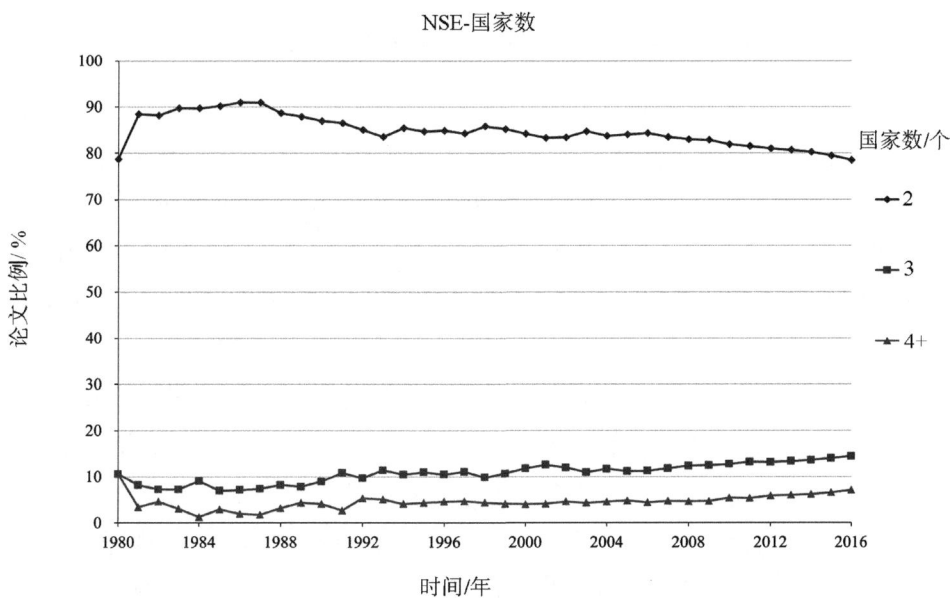

SSH-国家数

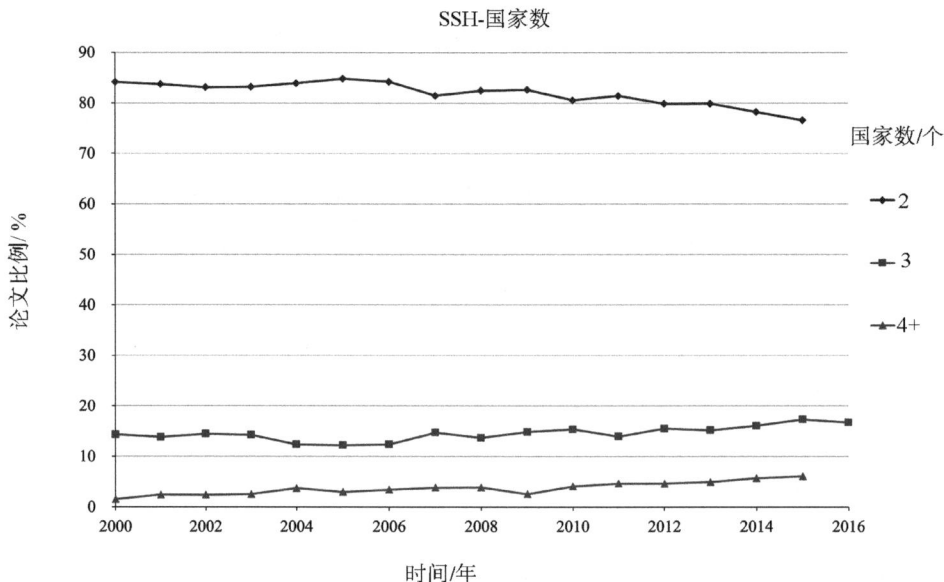

图 4-7　中国学者国际合作学术论文合作规模演化分析（1980—2016 年）

（1）平均作者规模分析。据平均作者规模的分析，可以观察到以下趋势。首先，在自然科学领域，作者数量呈现明显的变化。2 位作者论文的比例从 1980 年的 23% 下降至 2016 年的 4%，表明在中国发表的国际合作论文中，仅有 4% 是由 2 位作者合作完成的。同样下降的是 3 位作者论文的比例，从 1980 年的 17% 持续增加至 1985 年的 30%，之后缓慢下降至 2016 年的 11%。而 4~5 位作者论文的比例在 20 世纪 80 年代出现下降趋势，但在 20 世纪 90 年代缓慢增加，并且目前处于平缓下降的态势。在 2016 年发表的国际合作论文中，仍有 30% 是由 4~5 位作者合作完成的。6~10 位作者、11~20 位作者、21 位及以上作者的论文比例呈增长趋势，但是 11~20 位作者和 21 位及以上作者的论文比例相对较小，在 2016 年分别占当年发表国际合作论文数量的 10% 和 2%。目前，增长最快的是 6~10 位作者论文的数量，从 1980 年的 19% 下降至 1983 年的 9%，之后逐渐增长，到 2016 年已占总数的 42%。

人文社会科学领域，2 位作者论文的比例也有所下降，从 2000 年的 36% 降至 2016 年的 20%。而 3~4 位作者论文的比例变化较为缓慢，从 2000 年的

49%增长至 2016 年的 52%，说明在人文社会科学领域的合作主要以 3~4 位作者的规模为主。5~10 位作者论文的比例在近年来已经超过了 2 位作者论文的比例，在 2016 年达到 25%。而 11 位及以上作者的论文比例一直较低，虽然有缓慢增长的趋势，但长期保持在 1% 至 2% 之间。

从作者规模的占比中可以发现，自然科学领域与人文社会科学领域合作规模存在较大差异。在自然科学领域，涉及到大型试验设备和多人组合完成的实验等情况较多，因此 6~10 位作者的团队是目前占比最高的合作模式。同时，4~5 人的团队也是重要的合作构成模式。而在人文社会科学领域，3~4 人的合作规模仍然是主要的合作模式。

（2）平均机构规模分析。根据平均机构规模的分析，不论是在自然科学领域还是人文社会科学领域，主要的机构合作模式都是 3~4 个机构之间的合作。而 2 个机构之间的合作比例持续下降，但在很长一段时间内仍占据主导地位。例如，在自然科学领域中国学者发表的国际合作论文中，1983 年和 1986 年有 70% 的论文是由 2 个机构合作完成的，而到 2016 年这一比例下降至 34%。在这两大领域中，3~4 个机构的合作模式的论文比例分别在 2010 年［社会科学与人文领域（SSH）］和 2011 年［自然科学与工程学领域（NSE）］超过了 2 个机构的合作模式的论文比例。

从机构合作规模的角度来看，中国发表的国际合作学术论文长期以来主要以 2 个机构之间的合作为主。然而，在近年来出现了变化，3~4 个机构之间的合作逐渐成为主流合作模式，尤其在人文社会科学领域的国际合作论文中，2016 年有 50% 是由 3~4 个机构合作完成的。

（3）平均合作国家规模分析。根据平均合作国家规模的分析，双边合作（两个合作国家）一直是中国学者国际科研合作的主流模式。在自然科学领域中，双边合作的比例在 1980 年和 2016 年都为 79%，而在 1986 年和 1987 年这一比例甚至达到了 91%。换句话说，在这两年发表的国际合作论文几乎全部由中国与另一个国家合作完成。三边合作和多边合作的比例虽然有缓慢上升的趋势，但变化不大。例如，三边合作的比例从 1980 年的 11% 增长至 2016 年的 14%。多边合作则经历了下降后再次出现增长，1980 年多边合作的比例为 11%，到 1984 年只有 1% 的论文是多边合作完成的，而在 2016 年的比例为 7%。

在人文社会科学领域同样如此，双边合作的模式从 2000 年的 80% 略微下降至 2016 年的 78%，表明在人文社会科学领域，双边合作仍然是中国学者最常采用的合作模式。三边合作的模式在 2000 年至 2016 年间的变化也不大，从 14% 增加至 17%。多边合作的模式从 2000 年的 2% 略微增长至 2016 年的 6%。

综上所述，不论是在自然科学领域还是人文社会科学领域，中国自 1980 年以来的科研国际合作模式发生了转变，体现在作者规模、机构规模和合作国家规模的变化上。作者和机构的规模都有所增加，但两个学科领域之间存在明显的差异，反映了不同学科领域的特点。自然科学领域主流的作者规模是 6~10 人的团队模式，而 3~4 人的模式更受人文社会科学学者青睐。然而，无论是在自然科学领域还是人文社会科学领域，3~4 个机构的合作模式都是最受欢迎的。尽管多于 5 个机构的合作模式目前占比较少，但呈上升趋势。随着时间的推移和科学研究的发展，可能会出现新的合作模式。

在寻找潜在合作伙伴的过程中，两个主要学科领域都已经形成了稳定的双边合作模式，尤其在自然科学领域，这种模式已经持续了近 40 年。无论是合作模式的新趋势还是长期保持的多边合作模式，都表明中国的国际合作在不断探索适合的模式。然而，并没有出现合作模式多元化发展的趋势，无论是从作者、机构还是合作国家的层面来看，都是一种模式替代另一种模式，而不是多种模式的同时发展。在后续的章节中，本书将探讨不同合作模式对论文引用影响力的作用。

4.2.3 大规模国际合作分析

现代科学研究呈现出了两极化的发展趋势，即"小科学"和"大科学"。科学研究可以涉及原子级别的微小范围，也可以扩展到需要国际性团队支持的大规模跨学科研究。一些著名的大科学研究项目包括国际空间站、欧洲核子研究中心以及大型强子对撞机等，这些科研合作需要大量的研究人员、高额的经费投入，并且需要持续较长的时间。与一般合作论文相比，这些大规模国际合作论文在作者数量、机构数量和合作国家数量上存在较大差距。本书将这种具有大量合作者、机构和合作国家的论文称为大规模合作论文。

随着中国科研实力的增强，中国参与的国际合作的数量逐渐增多，其中涉及的大规模国际合作也显著增加。在本书中,大规模国际合作指的是中国学者参与的国际合作学术论文中,涉及的作者数量≥100,机构数量≥30。通过数据检索发现,中国共参与发表了 4249 篇大规模国际合作论文,其中最早参与并发表的大规模国际合作论文可追溯到 1989 年,涉及物理学领域的论文有 3 篇。表 4-10 展示了中国参与的大规模国际合作学术论文涉及的专业领域统计情况。从表中可以看出,中国参与完成的大规模国际合作论文主要来自核能与粒子物理学专业,占据了中国参与的所有大规模国际合作论文数量的67.10%。然而,人文社会科学领域的论文并没有出现大规模合作现象,其他学科如普通物理学、天文学与天体物理学以及一般生物医学研究的论文数量远低于核能与粒子物理学。

表 4-10　不同专业领域中国参与的大规模国际合作论文数量

专业	发文量/篇	所占比例/%
核能与粒子物理学	2851	67.10
普通物理	948	22.31
天文学与天体物理学	86	2.02
一般生物医学研究	74	1.74
电气工程与电子	73	1.72
遗传学	69	1.62
应用物理学	36	0.85
普通内科学	26	0.61
癌症学	22	0.52
其他	63	1.48

作者在整理数据的过程中,发现在自然科学领域,中国参与的国际合作论文中平均作者数量在 2010 年左右明显增加,远远超过了人文社会科学领域和医学领域。为了研究非中国领导完成的大规模合作论文数量随时间的增长趋势,我们统计了非中国领导完成的大规模国际合作论文数量,并将其展示在图 4-8中。从图中可以看出,从 2010 年开始,非中国领导完成的国际合作学术论文数量呈明显增长趋势。根据图 4-8 展示的大规模合作论文的增长情况,我们可以

观察到，中国首次参与大规模国际合作是在 1989 年。在此之前，并没有涉及超过 100 人的大规模合作论文。检索的数据显示，这些论文中参与的作者、机构和合作国家数量最多分别达到了 5154 位作者、1040 个机构和 91 个国家。

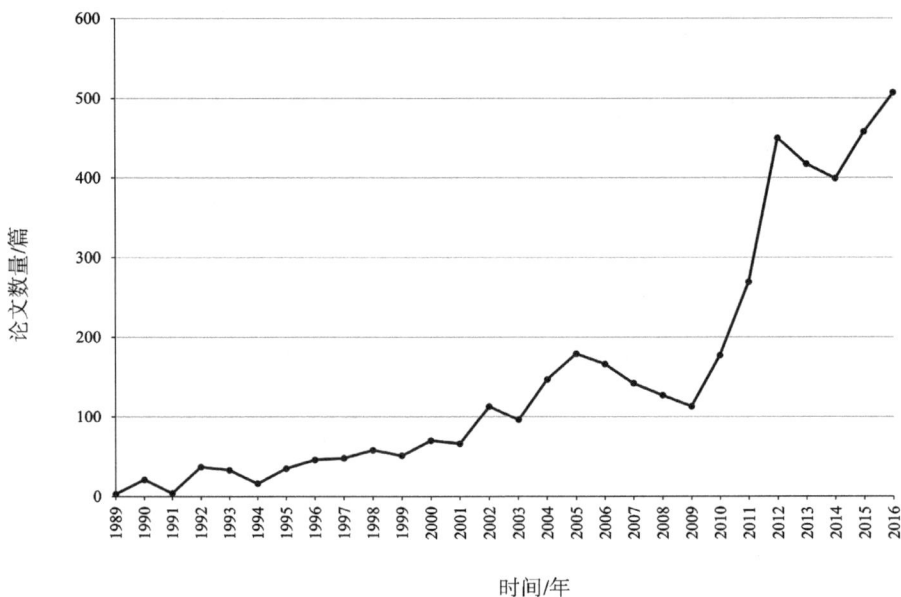

图 4-8　非中国领导完成的大规模国际合作论文增长趋势（1989—2016 年）

为了进一步探讨中国在大规模国际合作中的参与程度以及其是否处于主导地位，以及这些大规模国际合作是否具有更大的引用影响力，本书将在接下来的章节中对此进行深入探讨。

综上所述，本节的合作规模分析为进一步研究中国学者国际合作学术论文的合作规模与科研产出之间的关系提供了参考。目前主要的合作仍然是双边合作而不是三边合作或其他形式的合作，这可能与科研团队管理、科研成果的知识产权归属等因素有关。在长期的国际合作中，中国学者可能已经逐渐形成了自己的合作模式，并建立了稳定的合作团队，这些团队主要是双边合作。然而，这些问题需要进一步深入到单个作者层面进行研究，由于数据和篇幅的限制，本书无法对其进行进一步阐释。

4.3　中国学者国际合作学术论文资助经费分析

　　经费是国际合作的关键因素，也是国际科研合作的基础。为了研究资助经费对中国学者国际合作的影响，本书从 Web of Science 数据库中提取了2008 年至 2016 年发表的 442775 篇国际合作论文的经费资助数据，共提取到1271151 项经费数据。这些经费数据主要来源于文章末尾的致谢部分。由于2008 年之前的经费数据在数据库中不完整，因此本节仅采集了 2008 年至2016 年的经费数据。另外，由于经费名称的书写格式各异，例如国家自然科学基金委员会可能出现多种写法，如 NSFC、Natural Science Funds of China、National Natural Science Foundation of China 等，因此在数据清理过程中，将这些不同格式的经费数据统一缩写为 NSFC，其他经费数据也采用相同的方法进行精简，并形成了一个数据集。

4.3.1　合作学术论文经费资助概况

　　从图 4-9 的结果可以看出，2016 年中国参与的国际合作学术论文中，平均每篇论文获得的经费资助项数超过了 3 项，被资助的论文占当年发表的全部国际合作学术论文的比例为 89%。与 2008 年相比，这是一个显著的提升。自 2012 年起，中国学者参与的国际合作学术论文中，平均每篇论文获得的经费资助项数都超过了 3 项，而论文的资助比例一直保持在 80% 以上。这说明大部分国际合作学术论文都受到了经费资助，也从一定程度上反映了中国学者国际科研合作与经费资助之间的关系。科研经费是影响中国学者国际科研合作的重要因素之一。

　　此外，经费资助的增加可能对中国学者的国际合作产生积极影响。更多的经费支持可以提供更多的实验设备、人力资源和研究条件等方面的支持，从而促进国际合作项目的顺利进行。同时，经费资助也有助于提高论文的质量和影响力，增加、提升合作伙伴的数量、质量，提升国际学术交流和合作的水平。因此，中国学者应继续争取更多的科研经费支持，并优化经费使用策略，以进一步推动国际科研合作的发展。

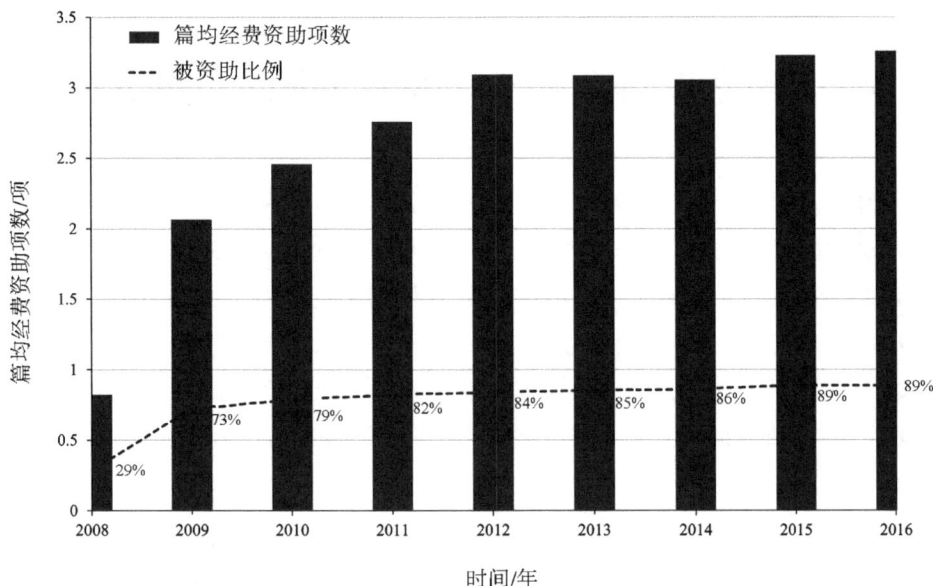

图 4-9　中国学者国际合作学术论文经费资助情况（2008—2016 年）

4.3.2　合作学术论文主要资助经费

根据前文的分析，可以清晰地看出不同学科在国际合作中的发文数量差异，自然科学领域的发文量远高于人文社会科学领域。那么是否自然科学论文与人文社会科学论文受到的经费资助项数也存在类似的差别呢？根据表 4-11 的统计数据显示，在 2008 年至 2016 年期间，中国学者国际合作的主要经费来源是国家自然科学基金委员会，共资助了 172102 篇论文，占总资助经费的 13.54%。排名第 2 位的经费来源是美国国立卫生研究院。美国国立卫生研究院和美国国家科学基金会是中国学者国际合作学术论文资助基金来源前 10 位（Top10）中的两个国外基金。从资助经费的角度来看，这显示了中国与美国之间国际合作的紧密程度。同时，"973 计划"基金、国家留学基金、中央高校基本科研业务费专项资金等也是促进国际合作的主要基金来源。特别值得注意的是，国家留学基金的资助比例从论文产出的层面说明了经费在促进中国学者国际合作中扮演的重要角色。

综上所述，经费在促进中国学者国际合作方面起到了重要的推动作用。

自然科学领域与人文社会科学领域在基金资助数量上可能存在一定的差异，而国家自然科学基金委员会、美国国立卫生研究院等是中国学者国际合作的主要经费来源。这些经费来源提供的经费支持促进了中国与其他国家之间的紧密合作，并在国际学术交流和合作中发挥了重要的作用。

表 4-11　2008—2016 年中国学者国际合作主要资助经费名称（来源）与资助情况（Top10）

基金名称（经费来源）	资助论文/篇	资助比例/%
国家自然科学基金	172102	13.54
美国国立卫生研究院	36649	2.88
国家重点基础研究发展计划（"973 计划"）	26712	2.10
国家留学基金	20856	1.64
美国国家科学基金会	17948	1.41
中央高校基本科研业务费专项资金	17159	1.35
中国科学院	13156	1.03
中国博士后科学基金	6373	0.50
中国科技部	4773	0.38
新世纪优秀人才支持计划	4757	0.37

图 4-10 显示了中国学者参与的国际合作学术论文的基金资助比例，自然科学领域和人文社会科学领域在资助比例上存在明显差异。根据 2016 年的数据，自然科学领域的国际合作论文中有 90% 受到基金资助，而人文社会科学领域只有约 70% 的论文受到资助。同时，自然科学领域论文的资助比例已经趋于稳定增长，而人文社会科学领域论文的资助比例从 2014 年的 30% 增长到 2016 年的 68%。

篇均资助经费项数指的是在受资助的论文中，每篇论文平均获得的基金资助项数。根据统计结果，自然科学领域的国际合作论文的篇均资助基金项数高于人文社会科学领域。例如，2016 年自然科学领域论文的篇均资助基金项数为 3.74 项，而人文社会科学领域为 2.36 项。需要说明的是，目前的数据库资料只能检索到基金项目的数量，并不能反映具体的资金金额。因此，在图 4-10 中只对经费的项目数量和论文的受资助比例进行了统计分析。

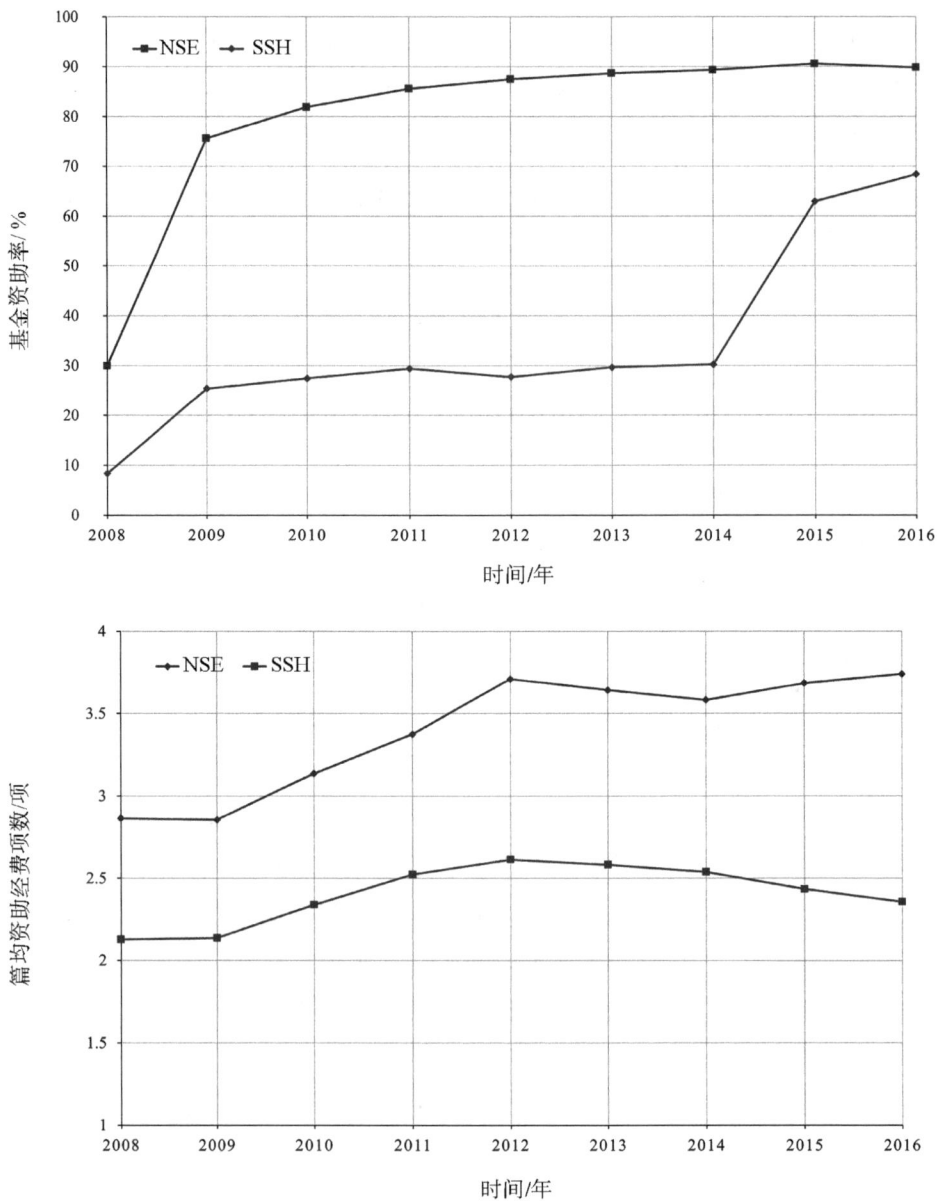

图 4-10　自然科学与人文社会科学领域论文的基金资助率（上）
与篇均资助经费项数（下）（2008—2016 年）

综上所述，自然科学领域与人文社会科学领域在国际合作论文的基金资助比例上存在差异。自然科学领域的国际合作论文受到的基金资助比例较高，并且篇均资助基金项数也较多。然而，需要进一步研究以了解具体的资金金额对国际合作的影响。

4.3.3　资助经费与合作规模分析

经费在一定程度上能够促进国际合作，但经费与论文的合作规模之间是否存在相关性仍需进一步研究。图 4-11 主要展示了被资助的中国学者参与的国际合作学术论文与没有被基金资助的论文在平均作者数量、机构数量和合作国家数量方面的变化趋势。从平均作者数量来看，被资助的论文的平均作者数量远高于没有被资助的论文。该趋势在 2012 年达到顶峰，平均作者数量为 24 人，而在 2016 年下降至 16 人。相比之下，没有被基金资助的论文的平均作者数量为 10 人以下。类似的趋势也表现在平均机构数量上。然而，需要注意的是，尽管在 2012 年经费资助情况对平均国家数量产生了较大影响，但在 2014 年以后这一差距逐渐减小并趋于一致。这一现象可能与中国的国际合作主要以双边合作为主有关。

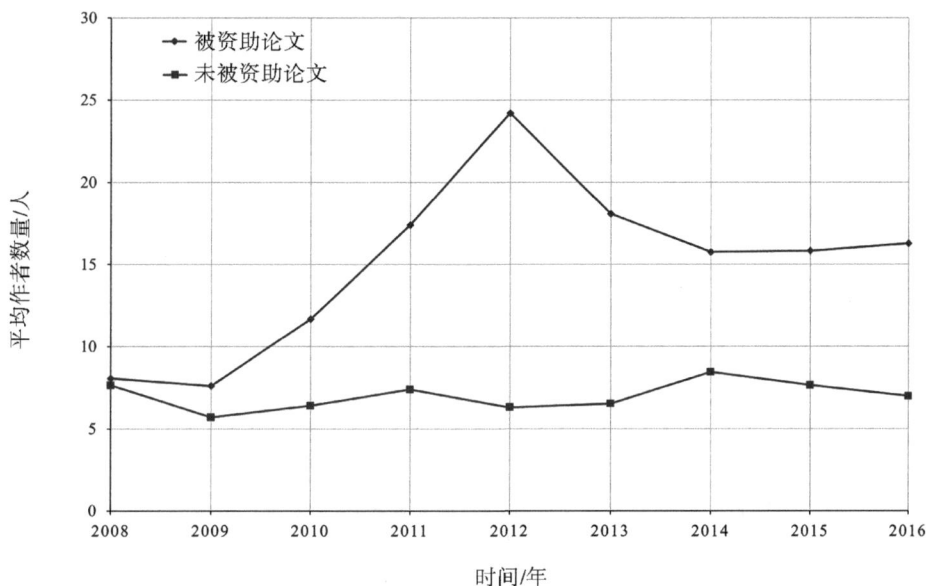

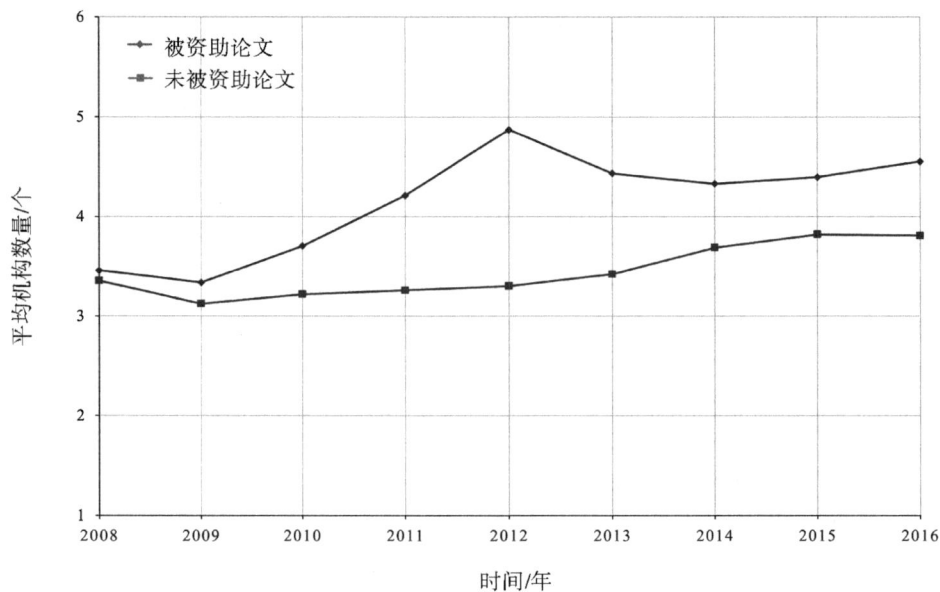

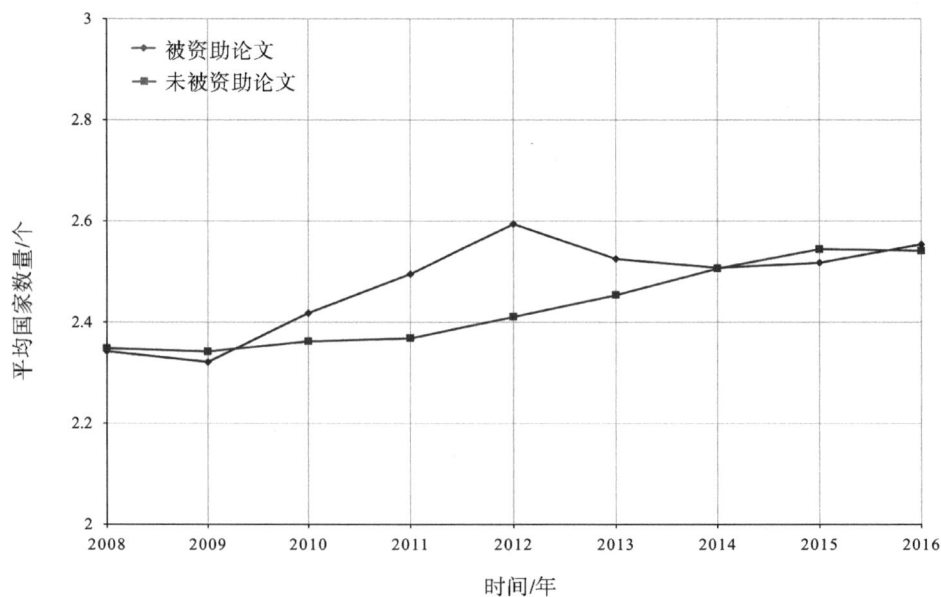

图 4-11　经费资助与论文合作规模变化趋势（2008—2016 年）

综上所述，被资助的中国学者参与的国际合作学术论文在平均作者数量和机构数量方面表现出较高的水平。然而，对于经费与论文合作规模之间的相关性仍需要进一步深入研究。此外，中国国际合作主要以双边合作为主也是影响国家数量差异的一个重要因素。

平均作者数量的差距表明，被经费资助的国际合作在使用资金方面具有较大的灵活性，可以获得所需的实验设备和招募合适的合作者，从而吸引更大规模的合作。相比之下，没有得到经费资助的国际合作倾向于小规模合作，以达到资源利用的最优化和节约科研成本的目的。因此，我们需要进一步研究受经费资助的论文是否因为有更有效的资金保障而产出更有影响力的科研成果，并且这种影响是否会随着经费数量的增加而变化。

根据前文的分析，发现中国大规模国际合作学术论文主要集中在高能物理领域，合作的作者数量超过 100 人，合作机构超过 30 个。我们还需要研究大规模合作是否能够获得更多的经费资助，以及大规模国际合作学术论文的篇均基金资助情况。根据图 4-12 的结果，2012 年大规模合作学术论文的篇

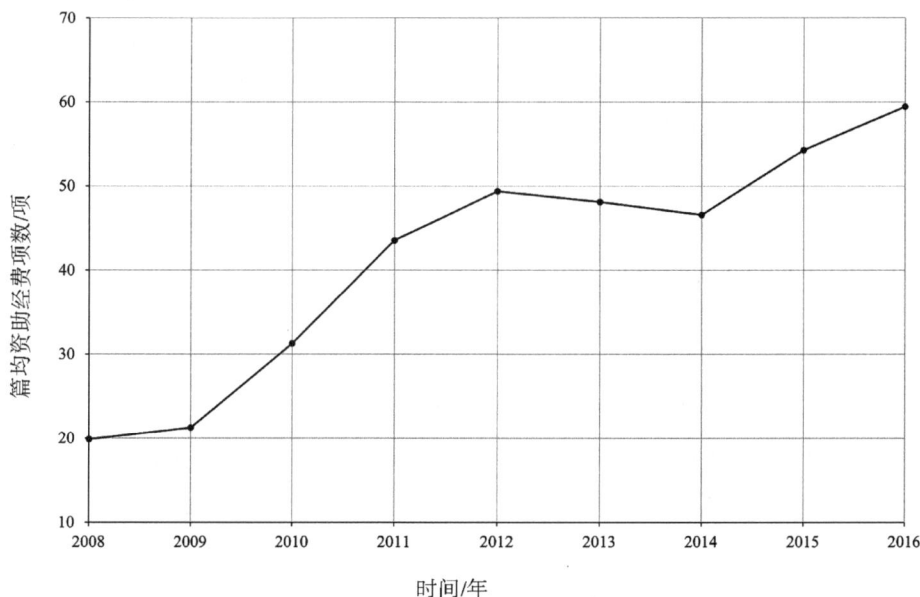

图 4-12　大规模合作的学术论文篇均资助经费项数（2008—2016 年）

均经费数量为 50 项，在 2016 年达到了 60 项，与图 4-12 的结果相比，存在显著差距。这说明较多的合作作者数量能够带来更多的经费项目支持，从另一个角度说明合作规模与经费之间存在一定的相关性。

综上所述，被经费资助的国际合作学术论文通常具有较大的合作规模，并且可以获得更多的基金支持。我们还需要进一步研究受经费资助的论文是否会因此产出更有影响力的科研成果，以及经费数量增加对其影响的变化情况。

4.4　中国学者国际合作学术论文领导力分析

中国学者国际合作发文量的增加引发了对国际合作的主导性问题的关注。本节的研究重点是探讨国际合作中的领导力分布情况，以及不同国家间合作的领导率是否存在差异，并且分析领导率随时间的演化趋势。中国学者国际合作领导率是指在国际合作中，中国学者领导完成的国际合作论文数量占总国际合作论文数量的比值。国际合作领导率主要用来反映中国学者在国际合作中是否处于主导地位。我们首先将探索中国与主要合作国家在合作中的领导力分布情况，以阐明中国是通过自身学科优势吸引国际合作，还是希望借助国际合作来缩小某些学科与其他科技发达国家之间的显著差距。其次，我们将研究不同合作规模在国际合作中的作用，同时分析中国学者国际合作学术论文的平均合作规模与领导力分布之间是否存在相关性。

4.4.1　领导力的国家分布

国际合作论文数量的增加只是中国科研实力发展的一个方面，为了深入了解中国科研发展的变化趋势和现状，我们需要进一步分析与不同国家间合作态势的变化。根据前文的分析结果，中国与不同国家之间的合作论文数量存在显著差异，其中美国、英国、加拿大和日本等国家是中国最重要的合作伙伴。因此，本书将着重分析中国与这五个主要合作国家之间合作学术论文中的领导力分布情况，以揭示中国在与这些国家合作中承担的角色是否为主导或仅仅参与。

图 4-13 展示了中国与主要合作国家的合作学术论文中的领导力分布情况（数据时间范围为 1990—2016 年）。从图中可以观察到，中国与主要合作国家合作时的领导力逐渐提升。然而，在 1990 年至 2000 年期间，中国主要是参与这些国家的合作，并没有承担主要的研究任务。特别是在 1992 年，中国的领导力甚至出现了下降，与英国的合作中只有 20% 是由中国学者主导完成的。然而，2000 年以后，中国在国际合作中的贡献程度逐渐增加。在 2016 年，与美国的合作中有 70% 左右的合作是由中国学者主导完成的。与加拿大、英国和日本的合作中，领导率虽然低于与美国的合作，但仍然超过 50%。与德国的合作中，49% 的合作是由中国学者主导完成的。通过数据分析发现，中国与德国合作的领导力相对较低，这主要受到合作学科的影响。具体而言，中国与德国的合作主要集中在物理学学科。因此，在本节的研究中，我们将重点探讨领导力分布与学科之间的相关性。

因此，本节研究将聚焦在中国学者国际合作论文数量增加的背景下，中国与不同国家间合作态势的变化趋势。我们将重点研究中国与 5 个主要合作国家的合作学术论文中的领导力分布情况，并探讨领导力分布与学科之间的关系。

通过图 4-13 的结果可以看出，中国在国际科研合作中长期处于非领导状态，无论是发文量还是合作中的领导力都相对较低。然而，随着时间的推移，这种态势发生了变化。近年来，中国在与主要合作国家之间的合作中更多地发挥主导作用，这反映出中国科研实力的增强，表明中国具备独立领导科研项目的能力，并能够吸引其他国家的合作者参与其中。然而，需要注意的是，目前的领导优势可能是由于在某些学科中中国具有的优势地位所导致的。

此外，我们还需要进一步探讨中国在国际科研合作中的领导力的提升是否仅限于特定学科领域。如果是这样的话，那么中国应该进一步加强其他学科领域的研究实力，以便更广泛地发挥主导作用。另外，我们也需要关注中国与其他国家之间的合作模式和方式是否发生了变化。例如，在过去，中国可能更多地扮演被动参与的角色，而现在是否逐渐转变为主动发起和引领合作项目。

综上所述，尽管中国在国际科研合作中的领导地位一直较低，但近年来已经出现了积极的变化。这表明中国具备独立领导科研项目的能力，并且在

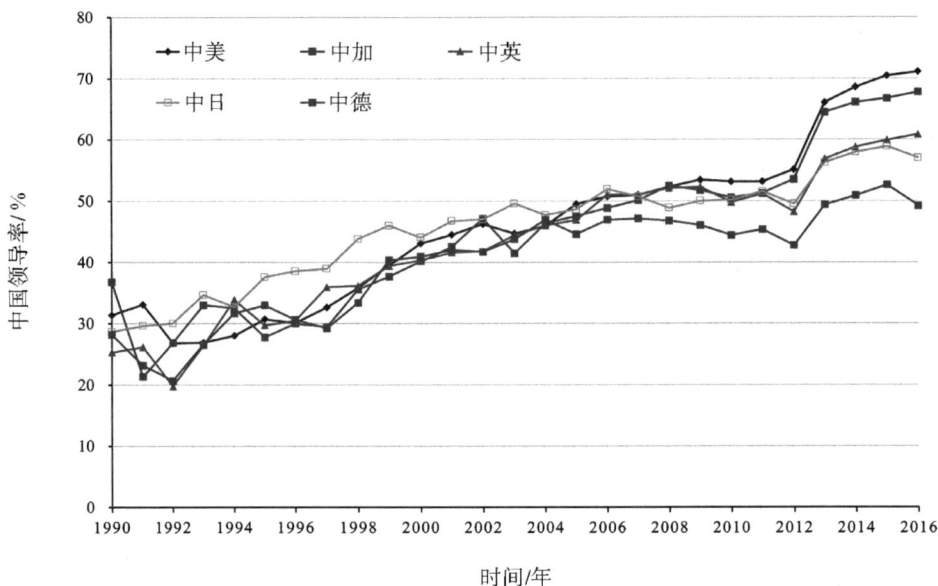

图4-13　中国与主要合作国家间合作的领导力（1990—2016 年）

某些学科领域有明显的优势地位。然而，为了更好地发挥主导作用，中国需要进一步加强其他学科领域的研究实力，并关注合作模式和方式的改变。

4.4.2　领导力的学科分布

为了进一步研究中国在不同学科领域中的国际合作领导力现状，本书对自然科学和人文社会科学领域的中国学者国际合作学术论文进行了区分，并通过图 4-14 展示了学科领导力的演化趋势。从自然科学领域来看，在 1980 年至 1988 年间，中国的发文量较低，但保持在 40% 左右。然而，在 1989 年至 1992 年出现了明显的下降趋势，表明中国在这段时期发表的国际合作论文中承担领导角色的比例下降。在接下来的研究中，本书将深入探究导致这一现象的具体原因。随着时间的推移，中国在自然科学领域的领导率逐渐增长。在 2002 年，由中国学者主导完成的自然科学领域国际合作论文已达到 50%，并且这一趋势不断加强。到 2016 年，中国在自然科学领域发表的国际合作学术论文中有 73% 是由中国学者领导完成的。

在人文社会科学领域，由于发文量的原因，图 4-14 只展示了 2000 年以来的数据。总体趋势也是逐渐增加的，从 2000 年的 39% 增长到 2016 年的 69%。然而，直到 2012 年，人文社会科学领域由中国学者主导完成的国际合作论文的比例才达到 50%，比自然科学领域晚了 10 年。

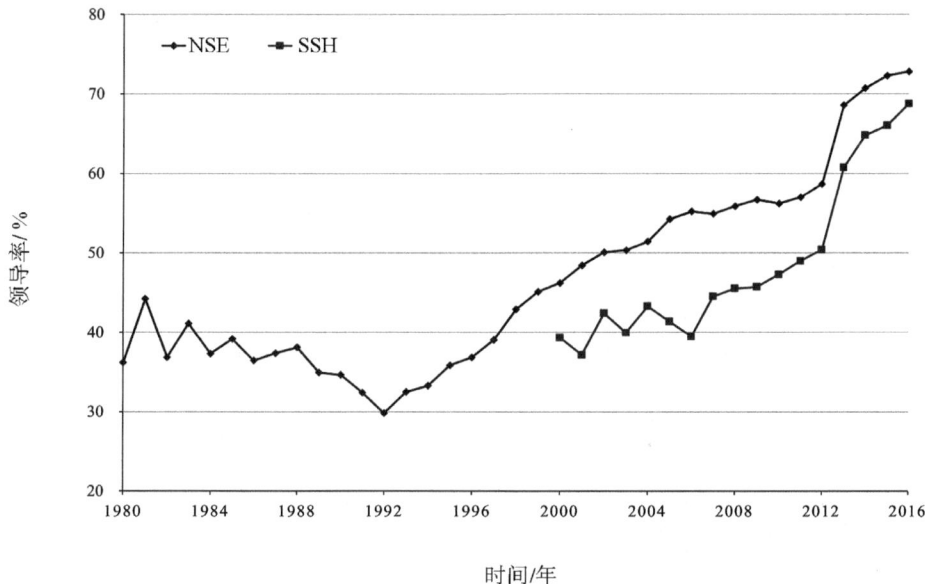

图 4-14　中国学者国际合作论文领导率按学科领域分布（1980—2016 年）

图 4-15 展示了自然科学领域的 8 个具体学科以及社会科学领域的 4 个学科的领导力变化趋势。由于艺术与人文领域的国际合作发文量较低，该图没有展示这两个学科的数据。在自然科学领域中，1990 年生物医学研究的领导率最低，83% 的合作论文由其他国家领导完成（中国领导率为 17%）。然而，随着时间的推移，中国在国际合作中做出的主要贡献逐渐增加。到 2016 年，在自然科学领域的生物医学研究中，中国的领导率已达到 56%。除物理学外，其他学科都呈现总体上升的趋势，尤其是工程学与技术、数学和化学学科领域。在 2016 年，中国在这三个学科的领导率分别为 74%、73% 和 69%，这显示出中国不断增强的科研产出能力和领导力。然而，在物理学学科领域，领导率出现了下降的趋势。2009 年，该学科的领导率为 43%，到 2012 年下

降至 21%。由于中国与德国之间的合作主要集中在物理学领域，这说明中德合作的领导力下降是由于中国与德国在物理学领域的大量合作所导致的。

通过图 4-15 还可以清晰观察到，1992 年中国在工程学与技术、临床医学和物理学学科领域的领导率明显下降，这也解释了图 4-14 中自然科学领域合作论文领导率在 1992 年下降的原因。由于中国在工程学与技术学科领域的国际合作发文量明显高于其他学科，因此该领域的领导力下降对总体学科变化产生了较为明显的影响。

在人文社会科学领域，中国的合作领导力变化较大。2016 年发表的论文中，中国在社会科学和专业领域的合作中领导率均为 64%，但心理学和健康学的合作中的领导率均为 48%。由于社会科学领域的发文量相对较少，且领导率变化幅度较大，如心理学和健康学出现波浪形的增长曲线，表明缺乏稳定性，因此这些数据的参考价值有限。然而，社会科学和专业领域自 2010 年开始呈现较稳定的增长，说明中国在这两个学科领域的国际合作中发挥了更多的领导作用。

根据本书的研究发现，在与排名前 10 位的合作国家之间的合作主要集中在自然科学与工程学领域，特别是物理学、生物学和材料科学相关的专业。以中国与美国之间的合作为例，合作论文数量最多的专业是一般生物医学研究，其次是材料科学、生物化学与分子生物学、电气工程与电子和普通物理。表 4-12 显示，中国与不同国家之间的主要合作专业存在明显差异，这是因为各个国家有自己的优势研究领域。同时，我们还发现这些合作专业主要集中在物理学、材料科学和生物学等相关领域，如物理化学、应用物理、计算机科学、一般生物医学研究、天体学和天体物理学等。

结合前文与表 4-12 可以发现，核能与粒子物理学是中国在国际合作中合作数量较多但领导率较低的专业。与英国的合作中，该专业的合作数量排名第二，但领导率仅为 5.62%。与德国、法国、韩国和意大利的合作中，该专业的合作数量均位列第一，但领导率分别只占 15.32%、6.69%、12.86% 和 13.75%。这表明中国在该专业上积极寻求合作，但主要是参与其中，并未发挥领导作用。这在一定程度上解释了中德合作中中国领导力为何低于与其他国家合作中的领导力的原因。从表中还可以看出，与美国、日本、加拿大等国的合作中，除了核能与粒子物理学之外，中国在排名前五的专业中都保

NSE-领导率

SSH-领导率

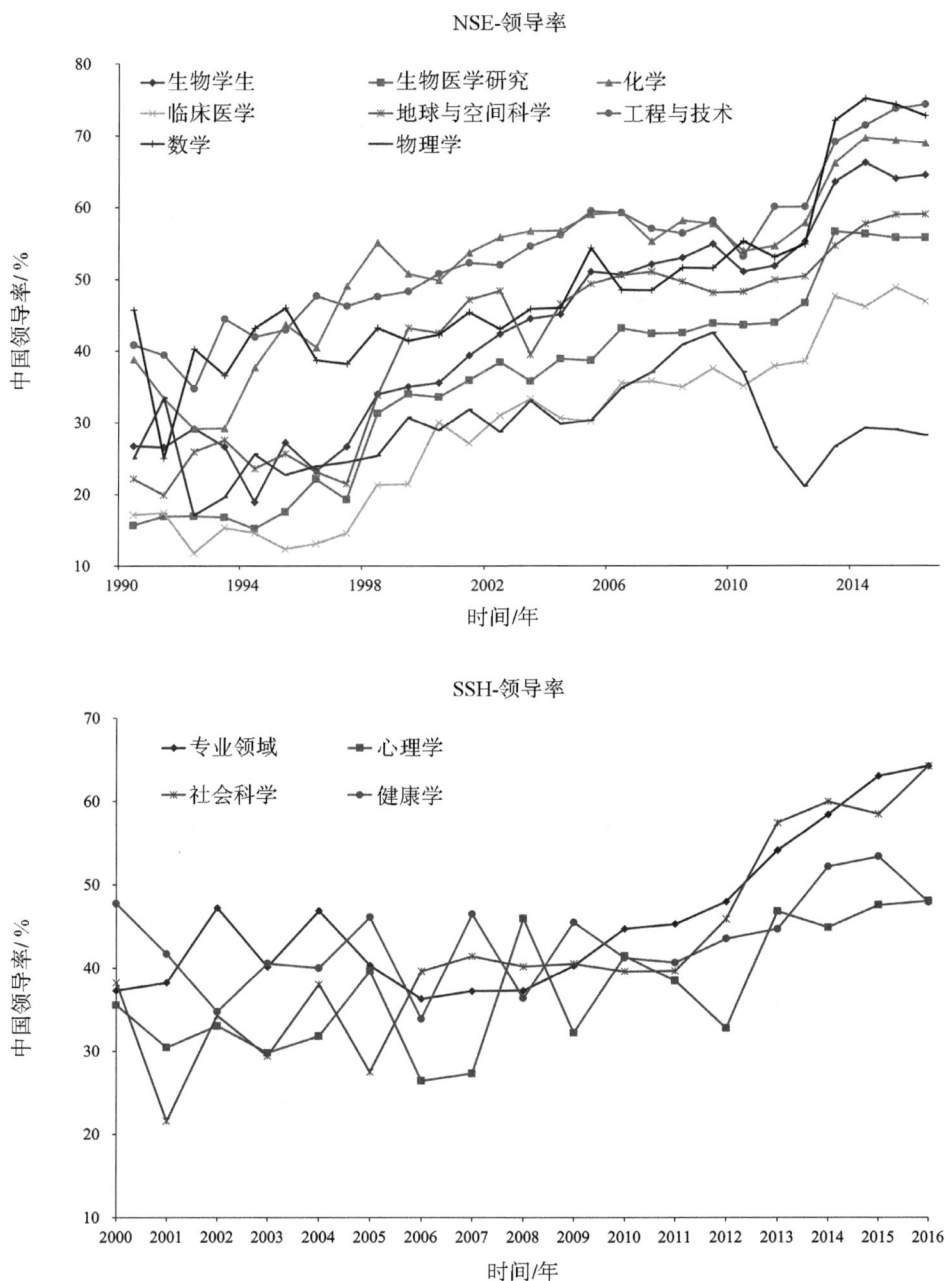

图 4-15　自然科学与人文社会科学领域中国学者国际合作论文领导率（1990—2016 年）

持了较高的领导率。例如，与美国合作中排名第一的一般生物医学研究专业，中国的领导率达到 63.78%。

同时，天文学与天体物理学也是中国相对较弱的学科。虽然与法国、德国和意大利的合作中，该专业都是合作数量位列前 5 的专业之一，但中国的领导率分别为 25.12%、33.74% 和 18.41%。这也说明类似于核能与粒子物理学，中国在天文学与天体物理学领域中积极寻求合作以促进该学科的发展。当然，中国也具有自己的优势专业，接下来我们将探究中国发文量较多的专业的领导力演化趋势。

表 4-12　中国与前 10 位合作国家的主要合作专业领域以及领导率

合作国家	专业领域	中国领导率/%	合作国家	专业领域	中国领导率/%
中美	一般生物医学研究	63.78	中加	电气工程与电子	69.93
	材料科学	67.92		计算机科学	71.01
	生物化学与分子生物学	52.95		一般生物医学研究	60.62
	电气工程与电子	71.02		环境科学	64.13
	普通物理	55.49		材料科学	65.12
中日	材料科学	63.09	中法	核能与粒子物理学	6.69
	物理化学	58.96		普通物理	29.97
	应用物理	54.09		材料科学	63.97
	普通物理	48.57		地球与行星科学	51.78
	核与粒子物理学	27.79		天文学和天体物理学	25.12
中英	电气工程与电子	68.20	中新	电气工程与电子	61.61
	核能与粒子物理学	5.62		材料科学	58.91
	材料科学	68.05		计算机科学	63.51
	一般生物医学研究	54.64		应用物理	50.95
	普通物理	33.71		光学	56.20

续表

合作国家	专业领域	中国领导率/%	合作国家	专业领域	中国领导率/%
中澳	材料科学	67.69	中韩	核能与粒子物理学	12.86
	电气工程与电子	72.62		材料科学	56.10
	计算机科学	70.51		普通物理	34.9
	一般生物医学研究	64.84		电气工程与电子	59.72
	物理化学	68.81		物理化学	53.36
中德	核能与粒子物理学	15.32	中意	核能与粒子物理学	13.75
	普通物理	40.86		普通物理	31.51
	材料科学	61.62		天文学和天体物理学	18.41
	天文学和天体物理学	33.74		一般生物医学研究	33.06
	一般生物医学研究	47.94		电气工程与电子	46.65

4.4.3　合作规模与领导力分布

从合作规模演化分析中，我们可以清晰地看到中国学者国际合作学术论文在合作者数量、机构数量和国家数量方面发生了显著变化。因此，本节的重要研究问题是合作规模与领导力之间的关系以及在不同规模的合作中领导力的演化趋势。然而，高能物理领域的大规模合作论文对篇均论文的合作规模产生了较大影响，因此图 4-16 中不包括高能物理领域的国际合作学术论文。

图 4-16 的结果显示，非中国领导完成的国际合作学术论文在平均作者数量、机构数量和合作国家数量方面都高于中国领导完成的国际合作学术论文。具体而言，中国领导完成的国际合作学术论文的平均作者数量从 1980 年的 4 人增长到 2016 年的 7 人，而非中国领导完成的国际合作学术论文的平均作者数量在 1980 年和 2016 年分别为 10 人和 38 人。在平均合作机构数量和平均合作国家数量上也存在相似的趋势，总体而言，合作规模逐渐增大。这表明，非中国领导完成的国际合作学术论文的合作规模要大于中国领导完成的国际合作学术论文。无论是从平均作者数量、机构数量还是国家数量来看，

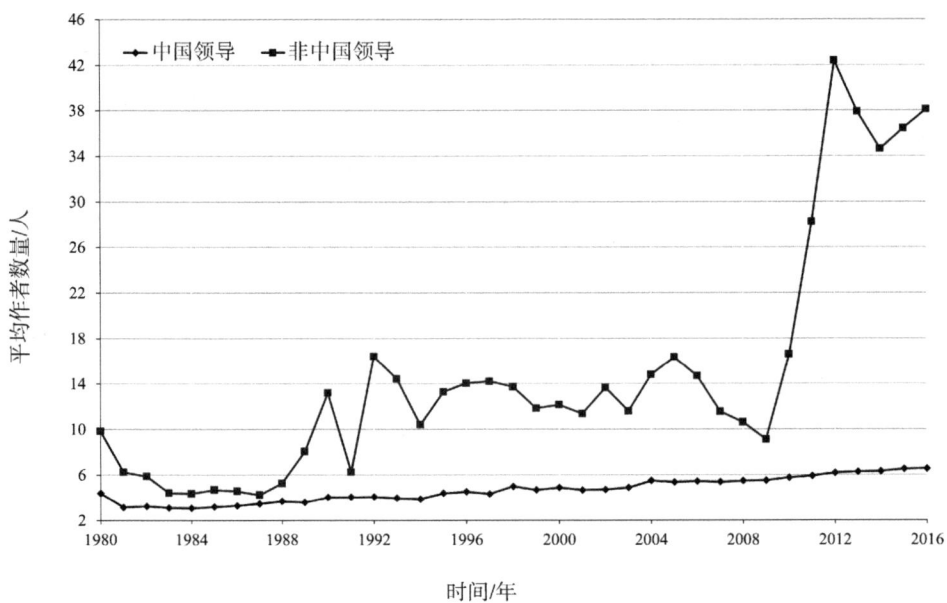

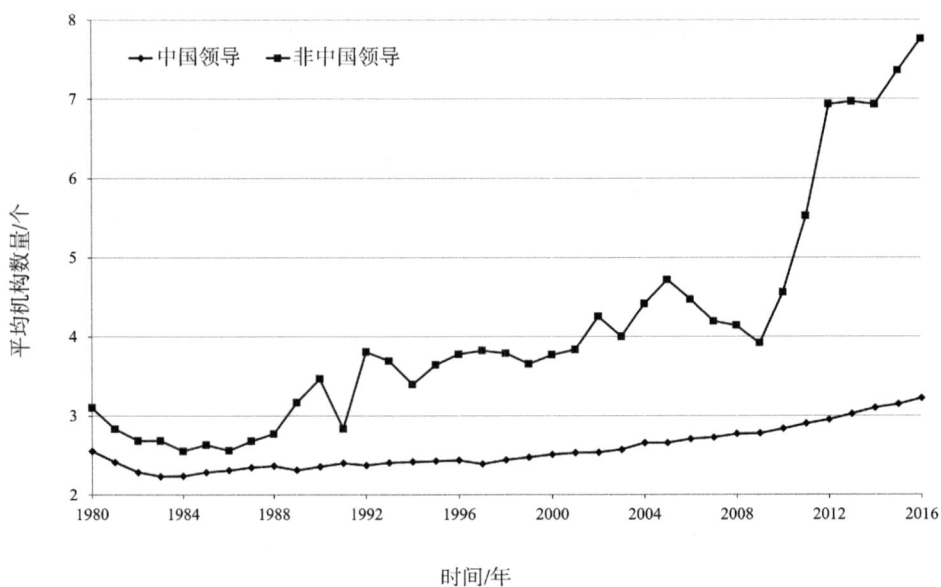

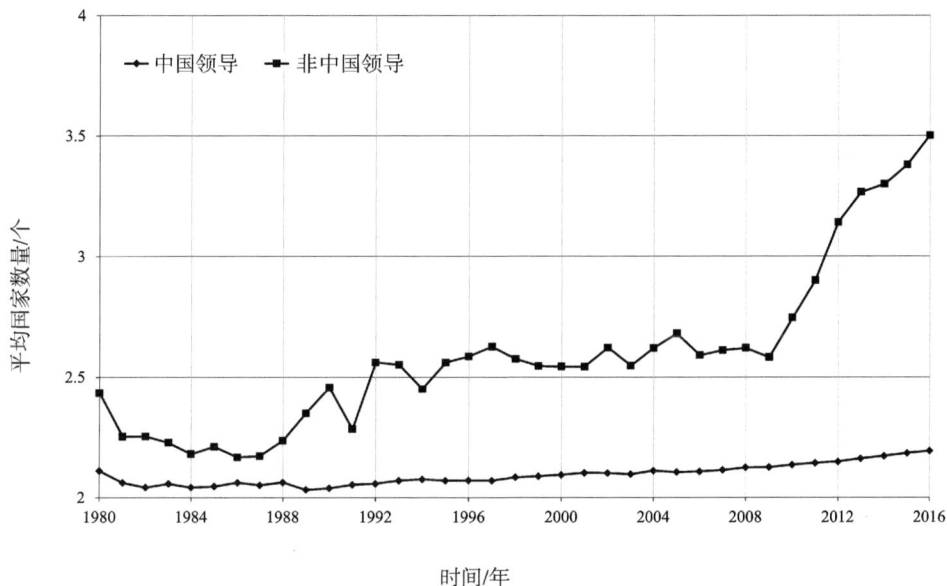

图 4-16　中国领导与非中国领导完成的国际合作论文规模演化（1980—2016 年）

中国领导完成的国际合作学术论文更倾向于小规模合作。通过之前的研究可知，这一现象的主要原因是中国在国际大规模合作（尤其是在高能物理领域）的论文中主要扮演参与者而非领导者的角色。事实上，在 4249 篇大规模合作论文中，只有 191 篇是中国学者作为第一作者或通讯作者的论文。

　　尽管前文的研究已经显示出中国在工程学与技术、数学等学科的国际合作中领导力约为 60% 左右，但我们从图 4-16 中发现，无论是平均作者数量、机构数量还是国家数量，中国领导的国际合作都低于非中国领导的国际合作。这说明，合作规模并没有随着领导力的提升而显著增加，相反，非中国领导的国际合作学术论文呈现出越来越大的合作规模。因此，有必要进一步探究产生这种现象的原因。

4.4.4　资助经费与领导力分布

　　领导力与资助经费的项数之间存在一定关系，从图 4-17 可以观察到非中国领导的国际合作学术论文获得了更多的经费支持。在 2016 年，非中国领

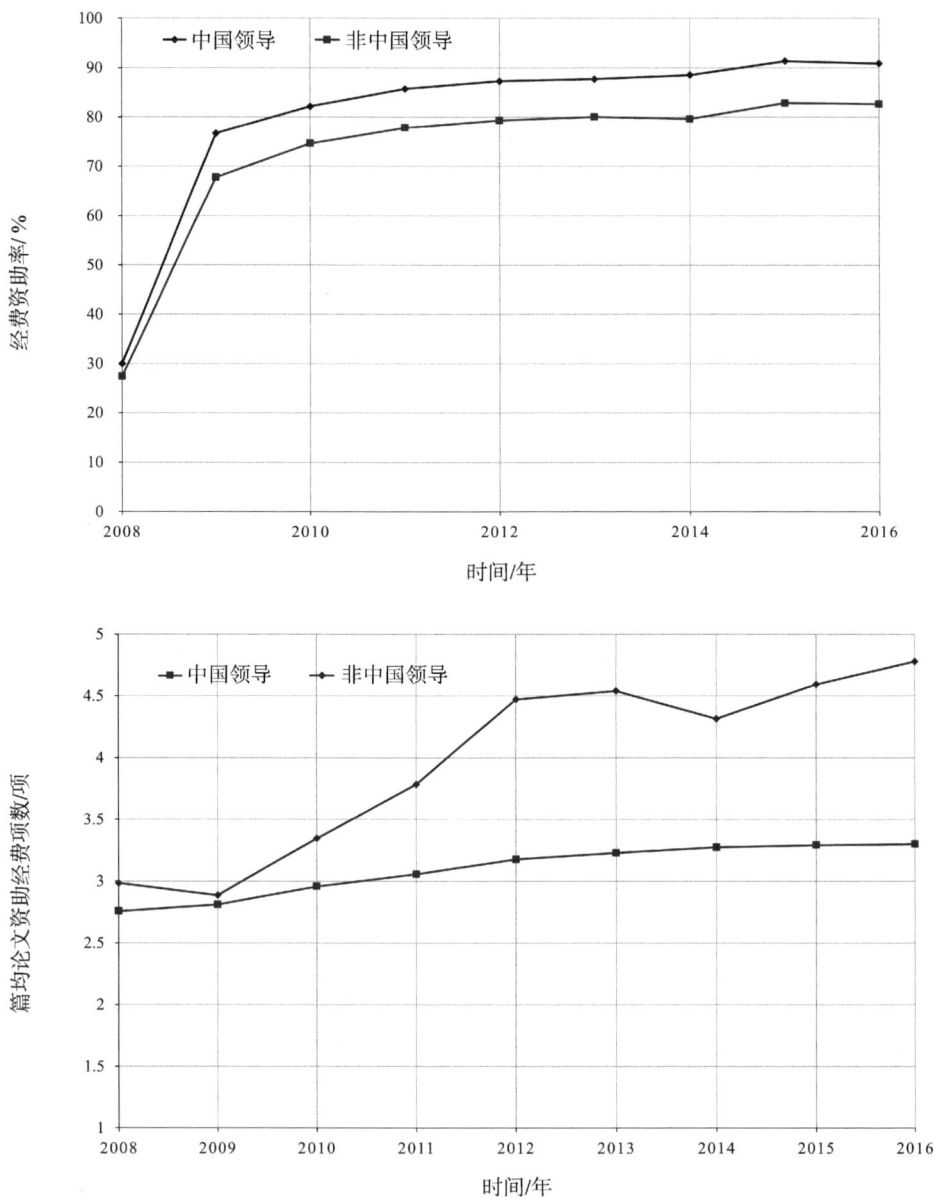

图4-17　不同领导力模式下的经费资助率（上）

与篇均论文资助经费项数（下）（2008—2016 年）

导的国际合作学术论文平均获得了约 5 项资助经费，而中国领导的国际合作学术论文平均获得了 3 项左右的资助经费。这表明不同领导力模式下，论文所获得的经费资助强度存在差异。这种差异可能与非中国领导的论文合作规模较大有关，因为更大的合作规模往往意味着更多的经费资助。然而，需要注意的是，这仅从经费项数的角度来看，并没有提供具体的经费金额数据。因此，无法通过经费数量来全面展示不同领导力模式对合作经费的影响。

图 4-17 还显示了不同领导力模式下的经费资助率。虽然中国领导完成的国际合作学术论文获得经费资助的比例较高，但其篇均论文的资助经费项数却低于非中国领导完成的国际合作学术论文。以 2016 年为例，非中国领导完成的国际合作论文的篇均资助经费项数为 4.8 项，而中国领导完成的国际合作学术论文的篇均资助经费项数仅为 3.3 项。这一现象与非中国领导完成的国际合作学术论文的合作规模较大有一定的相关性。

4.5　本章小结

本章基于第 3 章中对中国学者国际科研合作影响因素的综述，进一步分析了中国学者国际合作学术论文的原生影响力。具体而言，本章对合作学术论文的数量演化趋势、合作的国家、机构和学科分布等方面进行了详细分析，并对中国学者国际合作学术论文的合作规模（平均作者、机构和国家数量）进行了分析，特别关注其随时间的变化趋势。此外，本章还通过分析国际合作学术论文的领导力分布，探讨了在不同合作国家、学科和专业领域中国的领导力变化。本章的主要发现如下：

（1）中国科研实力的提升促进了中国学者国际合作学术论文数量的增长。虽然中国的国际科研合作率仍低于美国和日本，但中国论文数量的快速增加主要归因于科技实力的提升。同时，高发文量的学科领域如材料科学、物理化学等在国际合作率方面相对较低，而管理学、天体物理学等领域的国际合作率达到了约 50%。在自然科学、医学和人文社会科学领域，合作规模逐渐增大。从时间序列来看，中国学者国际合作学术论文的平均作者数量、机构数量和国家数量逐渐增加。然而，在作者数量方面，自然科学领域的合作规模大于医学领域，而医学领域又大于人文社会科学领域。当排除高能物理领域的论文时，自然科学领域的作者数量出现显著下降趋势。这一趋势也在合作的机构数量和国家数量层面得到验证。

（2）经费支持是推动中国学者国际科研合作的重要力量之一。经费统计分析显示，中国学者国际合作学术论文的资助经费主要来自国家级经费项目，如自然科学基金、"973 项目"等。美国国家科学基金会和美国国立卫生研究院也是主要的支持经费来源。经费支持率和篇均论文的资助情况与学科存在较大关系。这种现象也反映在中国的领导力方面，中国领导完成的国际合作学术论文受到经费资助的比例较高，但篇均论文资助经费项数低于非中国领导完成的国际合作学术论文。

（3）中国学者国际科研合作的领导力不断提升。在与主要国家的合作中，中国的领导力正在逐渐提升。截至 2016 年，在中国与美国、日本和加拿大的合作中，有超过 50% 的合作学术论文由中国领导完成。然而，在某些学科领域，中国的领导率较低，特别是在核能与粒子物理（高能物理）领域。中国在高能物理领域主要进行大规模合作，但并未处于领导地位，这与高能物理研究需要大型仪器设备和大规模合作团队的特点相关。

第5章 中国学者国际合作学术论文次生影响力分析

前文已经对中国学者国际合作学术论文的原生影响力进行了分析，发现合作规模、领导力和经费资助水平等因素对于中国学者国际合作学术论文的产出具有影响。然而，对于这些因素如何影响中国学者国际合作学术论文的引文影响力尚需进一步研究。为了解决这个问题，本章将根据前文中对中国学者国际合作学术论文影响力的定义，重点研究不同合作模式下，这些影响因素对中国学者国际合作学术论文的平均相对引文（ARC）影响力（以下简称引文影响力）的作用。本章使用了581919篇中国学者国际合作学术论文的引文数据，并主要选择了5年期的ARC值。由于经费数据起始时间为2008年，为了方便比较经费资助效果，分析时采用2年期的ARC值。由于数据库的更新问题，时间序列分析仅采用了1980—2012年的论文数据。

（1）指标选择与计算方法。

本书中，如没有特殊说明，则引文均指归一化（normalized）的引文数据，即相对引文（RC，Relative Citations）数量，例如，论文 P_i 的相对引文数 RC_{P_i} 是论文 P_i 的引文数量与该领域内同一年所发表的所有论文的平均引文数量的比值，因此，当 $RC_{P_i}=1$ 时，则说明论文 P_i 的引文数量与同领域内的世界平均值相当，如果低于1则说明该论文的引文数量还未达到领域内的世界平均水平，反之则说明超过了世界平均水平。同时，在这一章中还将使用高被引论文（highly cited paper）作为衡量论文质量的一项重要指标，主要是将论文的相对引文（RC）数量值进行比较，以同领域内同一年发表的论文相对引文数量值排名进入前10%和5%作为统计指标，当论文的相对引文数量进入到该领域同一年发表论文的引文世界排名前10%或5%时，则表明该论文的质量进入了世界前列。

（2）按学科分布的分析结果。

根据上述计算方法，笔者对中国学者国际合作学术论文的总体引文影响力进行了分析，并在图 5-1 中展示了其随时间发展的演进情况。就自然科学和人文社会科学两个学科领域而言，在自然科学领域，中国学者国际合作学术论文的引文影响力随着时间的推进而提高。具体而言，可以将自然科学的国际合作学术论文引文影响力分为三个明显的变化阶段：1980—1989 年期间总体呈下降趋势；1990—1999 年期间在基准线上下波动；2000 年以后逐渐上升。这表明，在自然科学领域，中国的国际合作学术论文的引文影响力总体水平在 2000 年以后明显提高，并持续增长。至于人文社会科学领域，由于1990 年之前的国际合作学术论文数量较少，因此图中仅显示了 1990—2012年发表的论文引文影响力的数据。从图中可以看出，人文社会科学论文的引文影响力总体呈上升趋势，但不太稳定。然而，从 1997 年开始，人文社会科学论文的引文影响力始终保持在世界平均水平之上。

总体而言，从图 5-1 可以看出，尽管中国学者国际合作学术论文在自然科学和人文社会科学领域的引文影响力长期存在较大波动，并且有时低于世

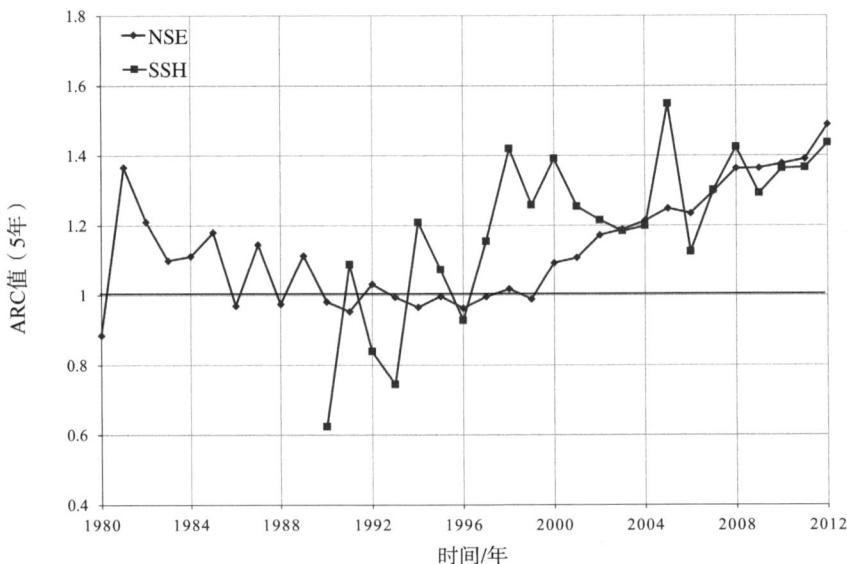

图 5-1　中国学者国际合作学术论文的引文影响力演进（1980—2012 年）

界平均水平，但近年来已经稳定在世界平均水平之上。这表明中国学者国际合作学术论文的引文影响力已经稳定地高于世界平均水平，这是中国科研实力提升的一个重要体现。

　　表 5-1 中的年份表示论文发表的时间，展示了中国在自然科学领域国际合作学术论文的 5 年期平均相对引文影响力值（即 ARC 值）。据表观察到，物理学的引文影响力在 1990 年、2010 年和 2012 年都保持在 2 以上，并且在 2012 年发表的论文的 ARC 值达到了 2.82。不过，2000 年发表的论文的 ARC 值出现了下降现象。

　　另一方面，2012 年的 ARC 值最高的学科是临床医学，而且在 4 个不同年份发表的论文的 ARC 值都保持在世界平均水平以上。总体来看，在不同年份，自然科学领域的 8 个学科的 ARC 值均呈现总体上升趋势，表明自然科学领域的论文总体引文水平有所提升，并且高于世界平均水平。

表 5-1　自然科学领域国际合作学术论文的 5 年期 ARC 值

学科	1990 年	2000 年	2010 年	2012 年
生物学	0.78	1.12	1.62	1.51
生物医学研究	0.83	0.81	1.52	1.98
化学	0.80	1.14	1.55	1.59
临床医学	1.18	1.33	1.73	2.95
地球与空间科学	1.51	1.26	1.61	1.63
工程学与技术	1.18	1.20	1.47	1.75
数学	1.00	1.41	1.42	1.51
物理学	2.12	1.21	2.35	2.82

　　注：表中的时间为论文发表时间，下同。

5.1　影响力与合作国家分析

5.1.1　合作国家引文影响力

　　根据前文的分析，中国与不同国家（地区）的合作在科研论文产出量和合作学科上存在差异。那么，在引文影响力方面是否也存在类似现象呢？为了探究这个问题，我们统计了中国与最主要的 20 个合作国家（地区）在不同时间段内发表的合作学术论文的 5 年期引文影响力（ARC），具体数据见表 5-2。

从表中的数据可以观察到，与中国合作频次最高的 20 个国家在 4 个不同时期合作的学术论文的 ARC 值总体呈上升趋势。特别是中国与西班牙的合作，学术论文在 1980 年至 1989 年期间的 ARC 值为 3.62，在 2010—2012 年期间则达到了 4.42。然而，与合作频次最高的美国合作的学术论文的 ARC 值并不是在所有阶段都最高。这可能是因为中国与不同国家的合作学术论文数量存在较大差异，并且同一篇论文可能由多个国家共同合作完成。因此，在计算平均相对引文影响力时，合作学术论文数量较多的国家可能会得到较少的引文数量。基于这一点，我们不能仅凭表 5-2 的结果直接断定与特定国家的合作会提高中国学者国际合作学术论文的引文影响力。然而，我们可以发现近年来中国的国际合作学术论文的引文影响力有所提升（合作学术论文数量随时间变化明显增加）。

综上所述，通过计算不同时间段内的平均相对引文影响力，无法准确判断与哪个特定国家合作对中国学者国际合作学术论文的引文影响力变化趋势产生了影响。但是，如果将包含主要合作国家的论文与不包含主要合作国家的论文进行平均相对引文影响力的比较，则在一定程度上能够说明某个特定国家在影响中国学者国际合作学术论文的引文影响力中扮演的角色。因此，本书选择了 5 个主要合作国家（即合作学术论文数量排名前 5 的国家），分别是美国、日本、英国、澳大利亚和德国，对包含和不包含这 5 个主要合作国家的中国学者国际合作学术论文进行分类，并比较其 ARC 值。

表 5-2　中国与主要合作国家发表的论文的 5 年期 ARC 值

国家	1980—1989 年	1990—1999 年	2000—2009 年	2010—2012 年
美国	1.37	1.35	2.10	2.93
日本	1.02	0.95	1.84	2.70
英国	1.33	1.33	2.14	3.16
澳大利亚	1.24	1.19	1.93	3.13

续表

国家	1980—1989 年	1990—1999 年	2000—2009 年	2010—2012 年
德国	1.25	1.16	2.14	3.19
加拿大	1.12	1.09	1.94	2.97
法国	1.41	1.32	2.20	3.37
新加坡	1.11	1.17	1.55	2.46
韩国	2.02	1.13	1.80	2.71
意大利	1.19	1.31	2.55	3.67
荷兰	1.90	1.39	2.20	3.45
瑞典	1.16	1.14	2.18	3.35
西班牙	3.62	1.69	2.70	4.42
瑞士	1.77	1.44	2.77	3.99
俄罗斯	2.72	1.21	2.21	3.89
印度	2.28	1.55	2.04	3.71
比利时	0.91	1.14	2.41	3.75
丹麦	2.00	1.53	2.26	3.69
巴西	1.55	1.16	2.84	3.80
奥地利	2.13	1.25	2.04	3.00

5.1.2　合作国家与影响力的关系

根据前文的分析，我们可以观察到中国与主要合作国家之间的合作学术论文数量存在显著差异。其中，中国与美国的合作学术论文数量最多，占到了 2016 年中国学者国际合作学术论文总数的 47%。这说明美国是中国学者国际合作的主要合作对象。已有研究表明，科研产出量大的国家对国际合作学术论文的引文数量产生影响，因此势必会对中国国际合作学术论文的引文影响力产生影响。

在本节中，为了更清晰地展示中国与 5 个主要合作国家（Top5）之间合作的论文引文影响力变化，首先计算了中国与这 5 个不同国家合作的论文 ARC 增量（ΔARC），计算方法是用中国在特定学科的论文 ARC 值减去与美国、日本、英国、澳大利亚和德国合作的学术论文的 ARC 值，具体数据见表 5-3。其次，为了比较这 5 个主要合作国家对中国学者国际合作学术论文引文影响力的影响，我们计算了中国与这 5 个国家在自然科学领域单独合作的国际合作学术论文相对引文影响力的增量，具体数据见图 5-2。由于人文社会科学领域的论文数量较少，本节中只选择了自然科学领域（NSE）的论文。另外，根据图 5-1 的结果，我们发现 2000 年以前的自然科学领域论文的平均相对引文影响力变化不稳定，而 2000 年之后呈现出较为稳定的增长趋势，因此我们选择了 2000 年至 2012 年发表的论文进行分析。

NSE

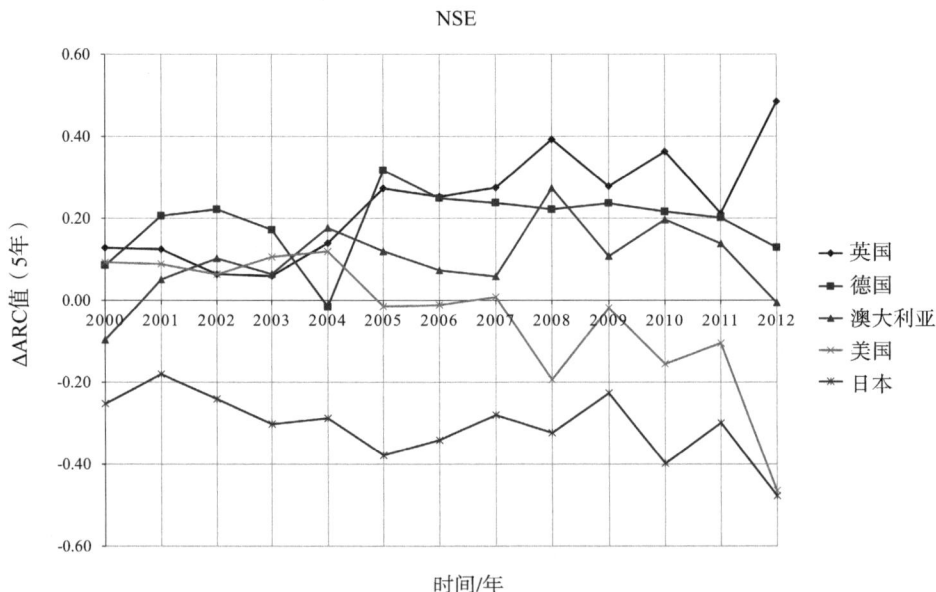

图 5-2　主要合作国家参与的自然科学领域中国学者
国际合作学术论文 ARC 值增量变化（Top5）

根据图 5-2 中的 5 年期 ARC 值增量变化，我们可以观察到以下情况：尽管美国是中国最主要的国际合作伙伴，但其参与的中国学者国际合作学术论文的 5 年期 ARC 值增量呈现下降趋势。具体来说，在 2000 年和 2012 年，美国参与的中国学者国际合作学术论文的 ARC 值增量分别为 0.09 和 -0.46。这意味着美国参与的中国学者国际合作学术论文中，2000 年发表的论文的引文影响力略高于中国自然科学领域论文的引文影响力平均值，而 2012 年发表的论文的引文影响力则出现了下降。与此同时，英国和澳大利亚参与的中国学者国际合作学术论文的引文影响力高于中国的平均值。德国参与的论文也呈现相似趋势，ARC 值增量只有在 2004 年发表的论文中出现了下降。然而，日本参与的中国学者国际合作学术论文的 ARC 值增量一直为负数，即日本参与的论文的引文影响力低于中国自然科学领域国际合作学术论文引文影响力的平均值。

因此，综上所述，尽管美国是中国最主要的国际合作伙伴，但其参与的中国学者国际合作学术论文的引文影响力呈下降趋势。英国、澳大利亚和德国参与的论文都显示出较高的引文影响力，并且这一影响力还在不断提升。然而，日本参与的论文的引文影响力始终低于中国自然科学领域国际合作学术论文的引文影响力平均值。

基于表 5-2 展示的数据，我们可以得出以下结论：由于表中列出了 5 个主要国家参与的合作学术论文，这些论文包括中国与这 5 个国家单独合作的，以及这些国家和其他国家与中国共同参与的，因此，图 5-2 只能说明当这 5 个国家分别参与时，中国的国际合作学术论文的影响力存在明显变化。为了进一步探究这 5 个国家分别与中国合作时对中国学者国际合作学术论文的引文影响力产生的影响，我们计算了中国与这 5 个国家单独合作的论文的 ARC 值的增量，具体数据见表 5-3。

根据表 5-3 中展示的 ARC 值增量，我们可以观察到这些值都为负数，这意味着中国与这 5 个国家单独合作时的引文影响力都低于中国在自然科学领域论文的 5 年期引文影响力。而且随着时间的推移，这些 ARC 值增量呈现明显的下降趋势。这表明，中国与这 5 个主要合作国家单独合作时，论文的 5 年期引文影响力正在逐渐下降。其中，中国与日本单独合作的论文在这一现象中表现最为明显，2012 年中日合作的论文的 5 年期 ARC 值增量为-1.17。

综上所述，通过对表 5-3 的分析，我们发现中国与这 5 个国家单独合作时的论文引文影响力较低，并且随着时间的推移呈现出下降趋势。特别是中国与日本单独合作的论文，其引文影响力的下降趋势尤为明显。

表 5-3　中国与主要合作国家合作的学术论文 ARC 值增量变化 （Top5）

时间	中德	中美	中澳	中英	中日
2000 年	-0.11	-0.02	-0.15	-0.22	-0.32
2001 年	-0.24	-0.11	-0.21	-0.29	-0.41
2002 年	-0.3	-0.16	-0.31	-0.38	-0.51
2003 年	-0.25	-0.11	-0.13	-0.31	-0.59
2004 年	-0.37	-0.07	-0.22	-0.43	-0.55
2005 年	-0.35	-0.25	-0.17	-0.37	-0.71
2006 年	-0.29	-0.18	-0.34	-0.30	-0.59
2007 年	-0.20	-0.18	-0.1	-0.24	-0.57
2008 年	-0.49	-0.42	-0.22	-0.44	-0.72
2009 年	-0.29	-0.18	-0.12	-0.21	-0.57
2010 年	-0.45	-0.34	-0.32	-0.47	-0.78
2011 年	-0.37	-0.26	-0.33	-0.39	-0.66
2012 年	-0.68	-0.73	-0.73	-0.8	-1.17

综上所述，中国与 5 个主要合作国家之间的合作学术论文数量存在较大差异，并且这些国家参与的国际合作学术论文的引文影响力也存在明显差异。具体而言，当分别与这 5 个国家合作时，英国、德国和澳大利亚等国对于中国的国际合作学术论文能够带来明显的引文影响力优势，但是与最主要的合作国美国合作时，却带来了引文影响力的下降。另外，当中国与这 5 个国家单独合作时，并不存在明显的合作优势，反而呈现出明显的引文影响力下降趋势。这些现象可能与合作规模存在显著的相关关系。前文的分析表明，目前中国的国际合作主要集中在双边合作上。然而，已有研究显示，在适度的范围内，较大规模的合作能够带来更高的引文影响力[1]。因此，接下来研究的重点将是探究中国学者国际合作中是否存在这种现象。

---

[1] Larivière V, Gingras Y, Sugimoto C R, et al. Team size matters: Collaboration and scientific impact since 1900 [J]. *Journal of the Association for Information Science and Technology*, 2015, 66 （7）: 1323-1332.

总之，通过对中国与主要合作国家间合作学术论文数量和引文影响力的分析，我们发现与不同国家的合作带来的引文影响力存在明显差异。同时，合作规模可能是影响合作学术论文引文影响力的重要因素。深入研究这一问题将有助于我们更好地理解中国学者国际合作学术论文的引文影响力变化机制。

5.1.3　合作国家高被引影响力

（1）高被引时序演化分析。

高被引论文（highly cited paper）与普通论文存在明显差别，通常具有较大的作者规模，并更多地出现在国际合作的论文中①②。本节旨在对中国学者国际合作学术论文中的高被引论文进行统计分析，展示这些论文的分布比例以及它们在不同学科和不同国家合作下的数量分布情况。图 5-3 显示了相关数据。在图中，Top10% CR 表示相对引用数排名前 10% 的高被引论文，而 Top5% CR 表示相对引用数排名前 5% 的高被引论文。这里的高被引论文是指在同一领域当年发表的论文中引用数排名前 10% 或前 5% 的论文。

通过对中国学者国际合作学术论文中的高被引论文进行统计分析，我们可以得出以下结论：首先，高被引论文在国际合作学术论文中占据一定比例。其次，这些高被引论文在不同学科中的分布情况存在差异。进一步分析这些高被引论文与不同合作国家的关系，可以看出合作国家对于高被引论文的数量分布是否存在影响。

按照图 5-3 所示的数据，我们可以进一步研究中国学者国际合作学术论文中高被引论文的特征和影响因素，以揭示高被引论文的产生机制和发展趋势。这对于深入理解中国学者国际合作学术论文的影响力及其与合作伙伴之间的关系具有重要意义。

由于 1990 年以前中国的国际合作学术论文数量相对较少，因此图中仅展示了 1990 年至 2016 年的数据。观察图中的结果，我们可以发现，不论是前

① Aksnes D W. Characteristics of highly cited papers [J]. *Research evaluation*, 2003, 12 (3): 159-170.

② Aversa E. Citation patterns of highly cited papers and their relationship to literature aging: A study of the working literature [J]. *Scientometrics*, 1985, 7 (3-6): 383-389.

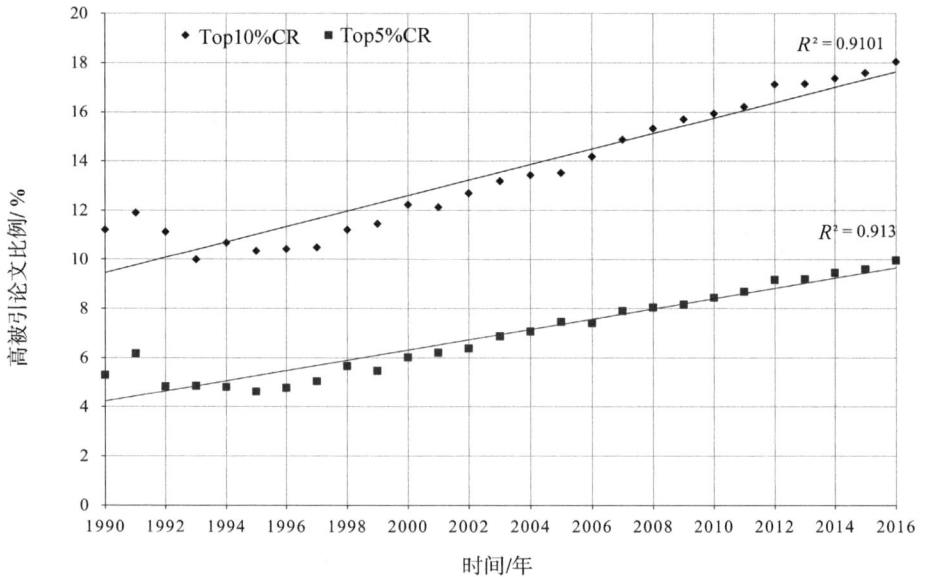

图5-3 中国学者国际合作高被引论文的比例（1990—2016年）

10%还是前5%的高被引论文的比例都在逐年上升。1990年时，前10%和前5%的高被引论文比例分别为11%和5%，而在2016年发表的所有国际合作学术论文中，这两个比例分别增加到18%和10%。另外，我们还可以注意到，两条增长曲线的线性预测函数R^2值均大于0.9，这表明高被引论文的增长符合指数型增长趋势，并且能够预测未来中国国际合作学术论文中进入前10%和前5%高被引论文序列的比例将会越来越高。

高被引论文是一个重要的指标，可以基于引文数量反映论文的质量。结合图中的结果以及中国学者国际合作学术论文数量和国际合作比例的情况，我们可以发现随着时间推移，中国学者国际合作学术论文的数量不断增加，论文质量也在不断提高，进入高被引论文序列的论文越来越多。然而，我们仍需进一步研究高被引论文与学科、合作规模和领导力之间的关系。通过研究高被引论文的特征，我们能够为提高中国学者国际合作学术论文的引文影响力提供积极的参考。

（2）高被引论文的学科分布。

　　高被引（highly cited）分析是论文影响力分析的重要指标之一，通过对论文是否成为学科领域内的高被引论文进行统计分析，能在一定程度上反映论文的质量。因此，本书旨在对中国学者国际合作学术论文中的高被引论文进行统计分析。在本节中，我们主要采用了 Top10% CR、Top5% CR 两项指标，它们分别表示引用量位于前 10% 和前 5% 的高被引论文。具体统计数据请参见表 5-4。通过对表中数据的统计分析，我们可以进一步探究中国学者国际合作学术论文中高被引论文的特征和影响因素。这将有助于我们更全面地了解中国学者国际合作学术论文的影响力，并为提高论文质量和引用量提供有益的参考。

表 5-4　中国学者国际合作学术论文的高被引论文学科分布

学科	Top10% CR 比例/%	Top5% CR 比例/%
艺术学	51.08	33.09
生物学	16.03	8.24
生物医学研究	13.1	6.91
化学	17.51	9.43
临床医学	14.05	7.17
地球与空间科学	17.11	9.43
工程学与技术	18.30	10.15
健康学	13.42	6.63
人文	26.41	16.02
数学	17.92	9.91
物理学	15.13	7.95
专业领域	15.95	8.10
心理学	10.18	4.67
社会科学	18.03	9.32

　　表 5-4 中的结果展示了从 1980 年至 2016 年中国发表的 581919 篇国际合作学术论文中所涵盖的 14 个学科领域的高被引论文比例。从高被引论文的角度来看，艺术学是前 10% 高被引论文比例最高的学科，占到中国所有国际合

作学术论文的 51.08%。同时，前 5% 高被引论文所占比例为 33.09%，这意味着虽然中国在艺术学领域的合作学术论文数量相对较少，但所产生的论文质量较高。工程学和技术是中国学者国际合作发文量最高的学科，在前 10% 和前 5% 高被引论文的分布中也位居自然科学类学科之首，这表明该学科的高被引论文不仅在数量规模上较大，而且论文质量也高于其他自然科学类学科。此外，心理学前 10% 和前 5% 高被引论文的比例排序都位于 14 个学科的最后一位。

综上所述，本研究通过对中国学者国际合作学术论文中高被引论文的统计分析，揭示了不同学科领域在高被引论文上的表现差异。这些结果对于深入了解中国学者国际合作学术论文的质量和影响力具有重要意义，并可作为提高论文质量和引用量的参考依据。

（3）高被引论文的国家分布。

前文已经对中国与主要合作国家的国际合作论文平均相对引文影响力（ARC）进行了研究，并发现与这 5 个国家单独合作时，论文的引文影响力值增量为负数。这表明当中国与这 5 个主要国家进行单独合作时，论文的引文影响力会降低。那么，在高被引论文中是否也存在这种现象呢？

图 5-4 展示了中国与 5 个主要合作国家合作的论文中高被引论文所占比例。由于中国与这些国家的合作论文数量不同，因此图中显示的是高被引论文占该年度中国与该国合作全部论文的比例。从前 10% 高被引论文的分布来看，中国与这 5 个主要合作国家合作发表的论文中，高被引论文的比例逐年增加。尤其是自 2010 年以后，与德国、英国和澳大利亚的合作论文中高被引论文的比例一直保持在 20% 以上。而与日本的合作论文中，尽管日本在与中国合作的论文数量上仅次于美国，但高被引论文的比例低于其他 4 个国家。

从前 5% 高被引论文的分布来看，随着时间的推移，比例曲线的变化趋势与前 10% 高被引论文的分布变化趋势相似。与德国、英国和澳大利亚的合作论文中，高被引论文的比例高于与美国和日本合作的高被引论文的比例。然而，在 2015 年与日本的合作论文中，高被引论文的比例超过了与美国的比例。从图中再次可以看出，尽管美国是中国学者国际合作的主要国家，但当美国参与合作时，并不意味着论文的高被引比例最高。这一点在与合作较多的日本合作发表的论文中也存在类似的情况。

Top10%CR

Top5%CR

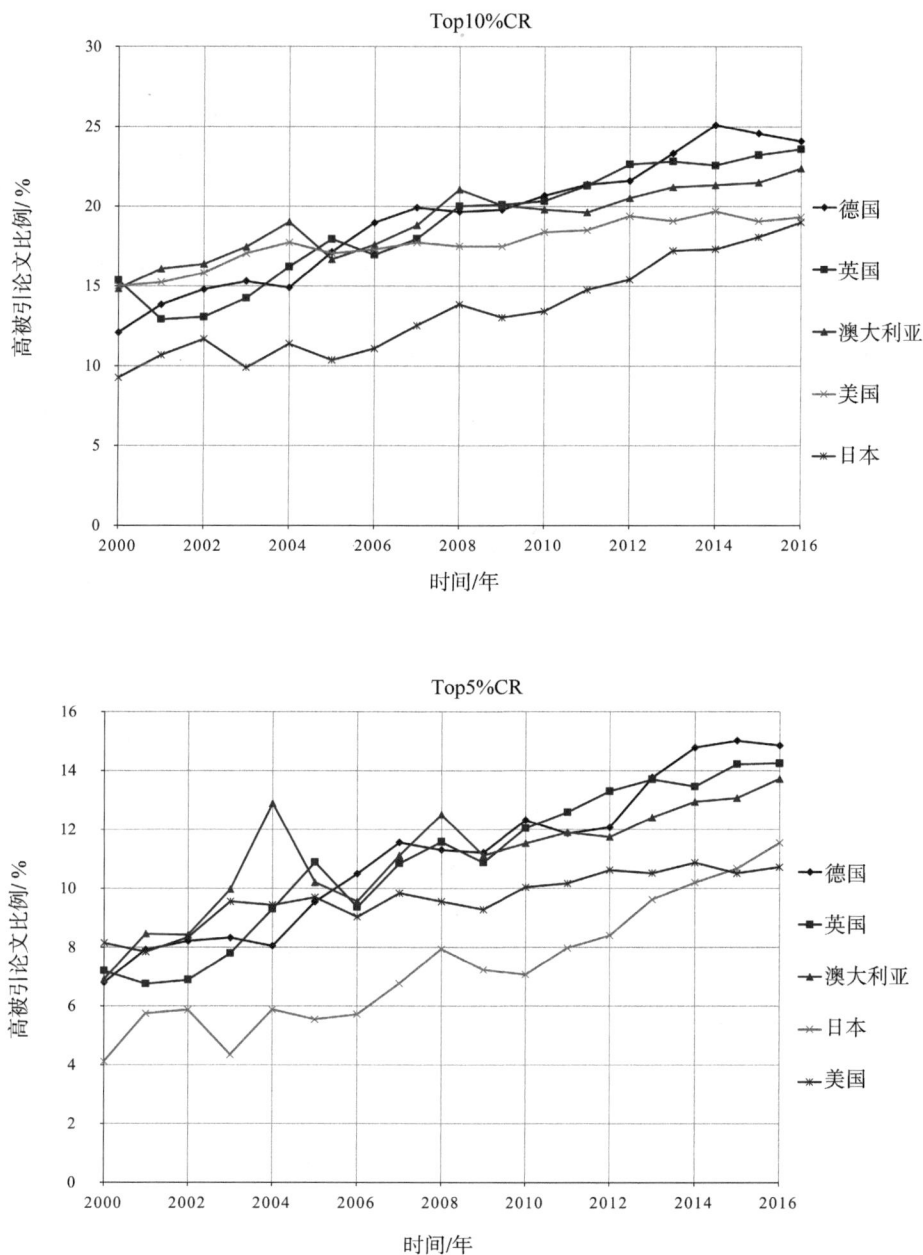

图 5-4　与主要合作国家合作的论文中的高被引论文比例（2000—2016 年）

图 5-5 展示了当中国与 5 个主要合作国家单独合作时（即论文中的署名机构仅来自中国与这 5 个国家之一），高被引论文比例的变化情况。通过对比

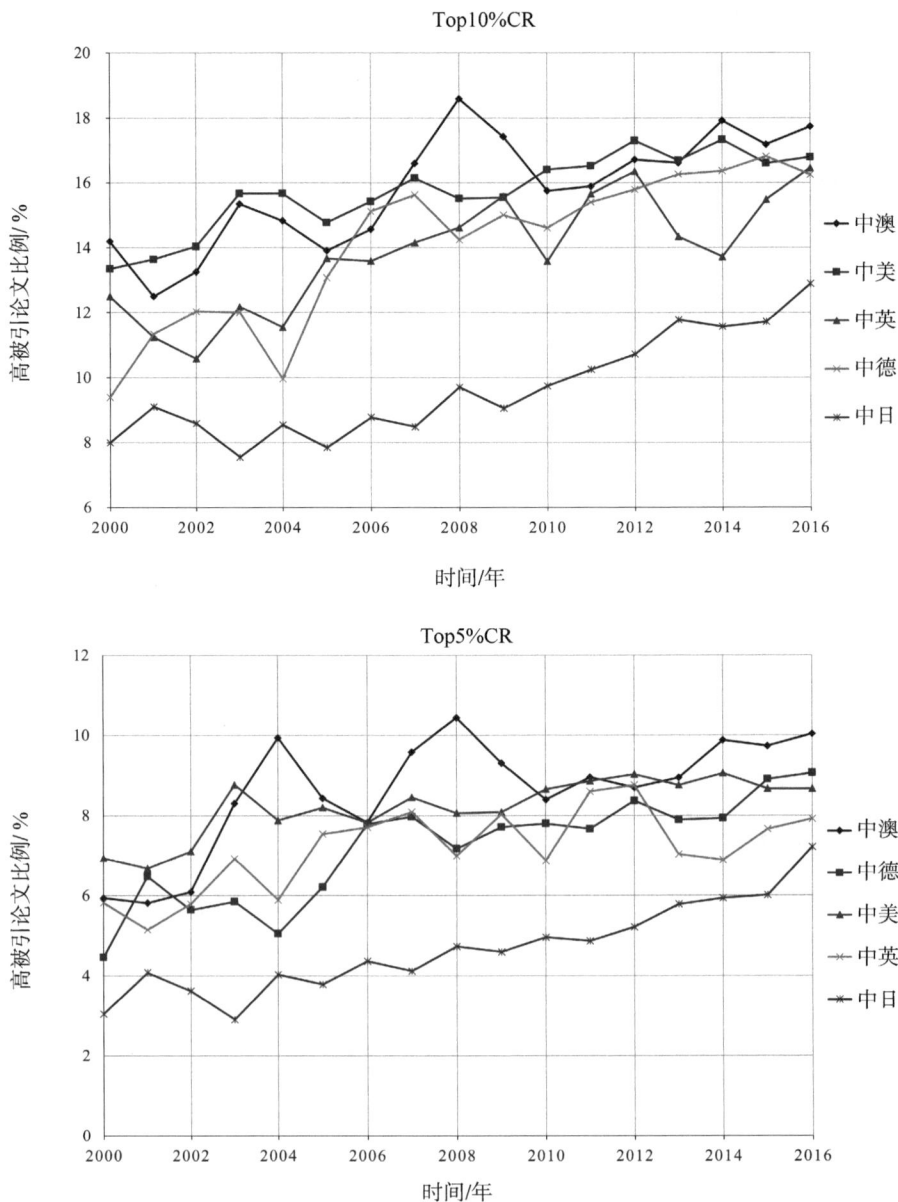

图 5-5　与主要合作国家单独合作的论文中的高被引论文比例（2000—2016 年）

196

图 5-4 和图 5-5 可以发现，图 5-5 中的曲线波动较为明显。从前 10% 高被引论文的分布来看，与美国的合作论文中，高被引论文的比例一直保持在较高水平。而在 2008 年与澳大利亚合作的论文中，高被引论文的比例超过了 18%，并在 2014 年再次超过了与美国合作的高被引论文比例。与英国的合作论文中，高被引论文的比例在 2010 年和 2014 年出现了明显的下降点，而与日本的合作的相关比例则明显低于与其他国家合作的比例。然而，值得注意的是，与日本的合作中，高被引论文的比例总体上处于上升趋势。类似的现象也出现在前 5% 高被引论文的分布中。当中国与不同国家合作时，曲线的波动较为明显，没有呈现出明显的趋势。与澳大利亚的合作中，高被引论文的比例较高，并且在 2013 年之后一直高于与美国、德国、英国和日本合作的相关比例。

综上所述，图 5-5 中所展示的当中国与这 5 个主要合作国家单独合作时的高被引论文比例变化情况表明，在不同国家间的合作中，中国的高被引论文比例存在一定程度的波动。与美国的合作一直保持较高的高被引论文比例，而与澳大利亚的合作在某些年份中表现出较高的高被引论文比例。此外，与英国的合作中出现了明显的下降点，而与日本的合作中，高被引论文的比例虽然相对较低，但一直呈上升趋势。因此，选择合作伙伴时应该综合考虑各个国家的特点和优势，以实现更好的论文影响力和质量。

综合来看，本小节的重点是探究中国与不同国家合作时论文的引文影响力是否存在差异。在本节中，我们主要选择了 5 个主要合作国家进行分析，这是基于前几章对数量特征的研究结论而做出的决策。其他合作国家的合作论文数量较少，因此并没有进行统计分析。通过研究结果可以发现，在与美国合作时，无论是与美国及其他国家合作还是仅与美国单独合作，论文的引文影响力都存在明显差距。当美国单独与中国合作时，高被引论文的比例要高于美国独立发表的论文，这表明双边合作可能更有利于合作伙伴之间沟通信息，进而提高论文的质量。

此外，在本节中还发现，与中国合作的其他 4 个主要合作国家的 ARC 值和高被引论文的比例并不一定低于与美国合作的比例。尤其是高被引论文的比例，并不因为合作国家不同而降低，这说明合作质量的高低不能仅以合作论文数量多少来衡量。因此，这为我们今后的科研质量评价提供了参考，建议建立多元指标的评价体系，而不仅仅依赖于论文数量这个单一指标，这样更能全面反映国际合作的效果和价值。

综上所述，通过本小节的研究，我们得出结论：中国与不同国家合作发表的论文的引文影响力存在差异。与美国合作时，合作论文的引文影响力明显高于美国自身发表的论文。同时，与其他 4 个主要合作国家的合作论文中，ARC 值和高被引论文的比例并不一定低于与美国合作的比例。这些发现提示我们在选择合作伙伴和评价科研质量时应该综合考虑多个因素，建立更全面的评价体系，以更好地衡量和提升国际合作的效果和质量。

5.2 影响力与合作规模分析

5.2.1 合作规模与影响力时序演化

为了更直观地研究合作规模与影响力时序演化，我们对相关数据进行了分析（图 5-6），发现就整体趋势而言，在相当长的时间段内，无论是中国领导还是非中国领导的国际合作学术论文的平均引文影响力都处于平均值以下（ARC 值<1）。然而，到了 2000 年左右，不论从合作的作者数量、机构数量还是合作国家数量层面来看，在不同合作规模下，论文的 ARC 值都提高到了 1 以上。这意味着随着时间的推移，无论在作者数量、机构数量还是国家数量层面上，中国学者参与的国际合作论文在中国领导完成和非中国领导完成两种领导力模式下的 5 年期引文影响力不断增加，尽管在某些合作规模下存在较大的波动。值得注意的是，规模越大的合作论文的 ARC 值随时间波动越大，这说明并没有形成稳定的 ARC 值增长趋势。从时间序列上看，只能表明随着中国科研实力的增强和国际合作程度的加深，引文影响力也在提高。然而，关于何种领导力模式和何种合作规模能为中国的国际合作带来更稳定和更高的引文影响力，还需要进一步深入分析。

（1）从作者数量分析来看，不论是中国领导还是非中国领导的国际合作，随着作者数量的增加，合作论文的引文影响力也会增加。例如，在作者数量超过 20 人之后，论文的引文影响力明显高于其他作者数量的论文的引文影响力。然而，当作者数量增加到 21 人之后，论文的 ARC 值开始出现较大的波动。同时，我们还发现，在相同作者数量的国际合作学术论文中，非中

中国领导的国际合作–作者数

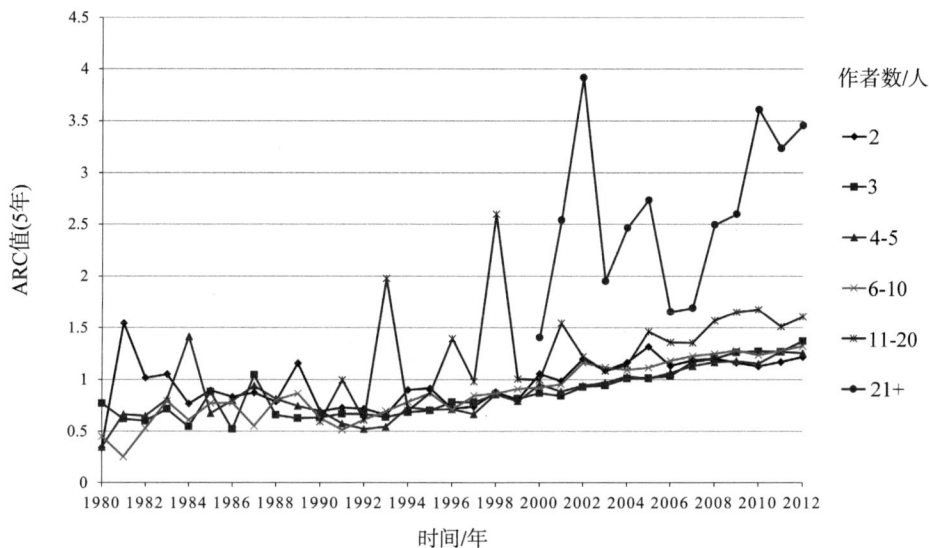

非中国领导的国际合作–作者数

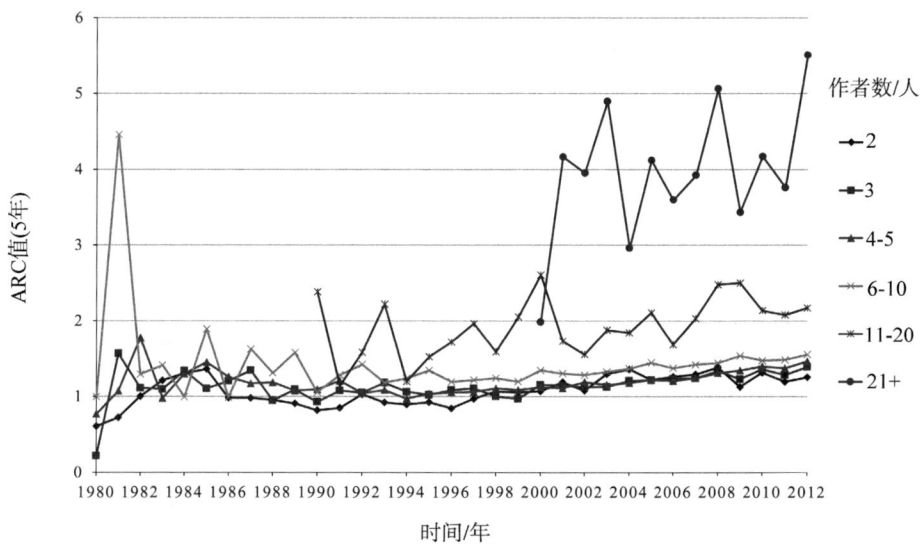

中国领导的国际合作–机构数

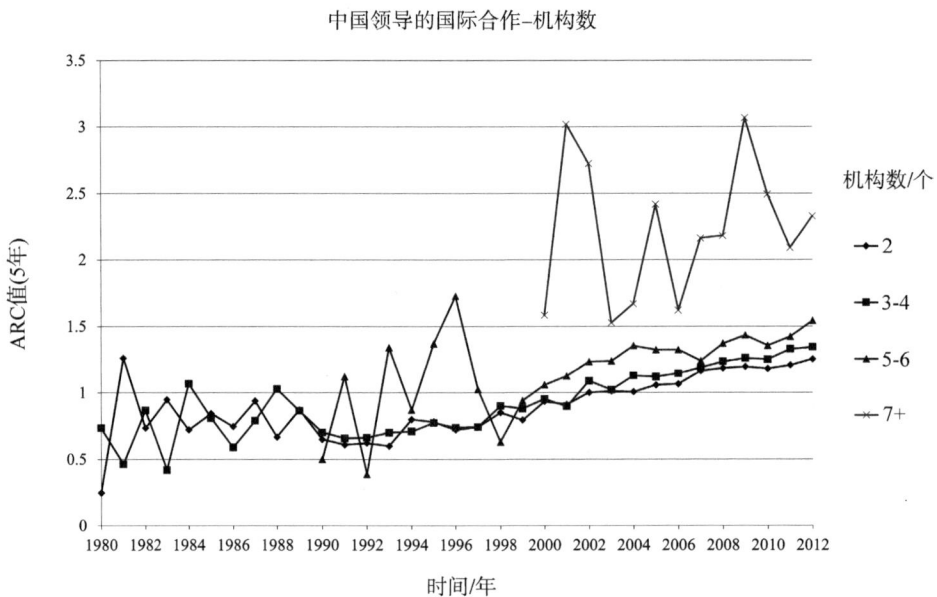

非中国领导的国际合作–机构数

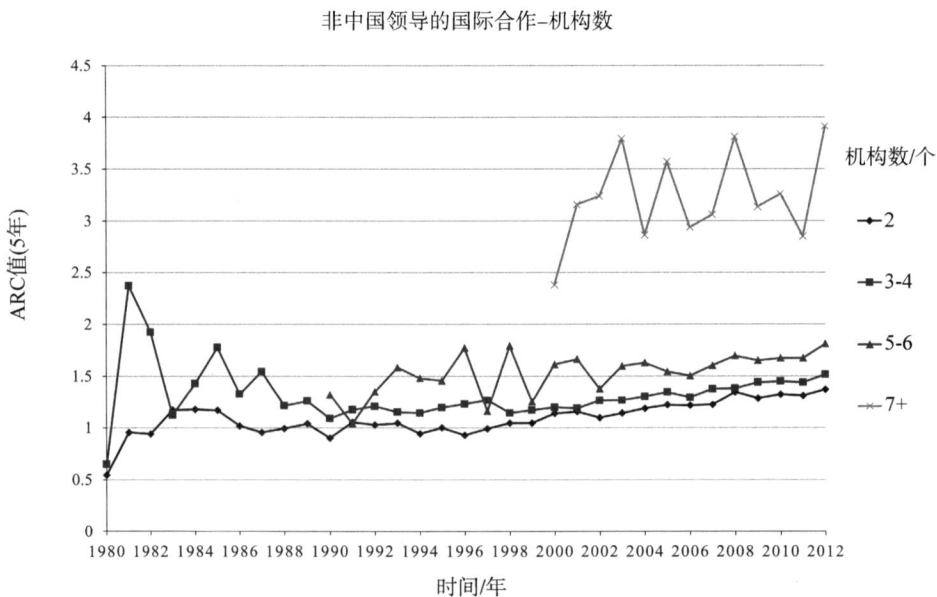

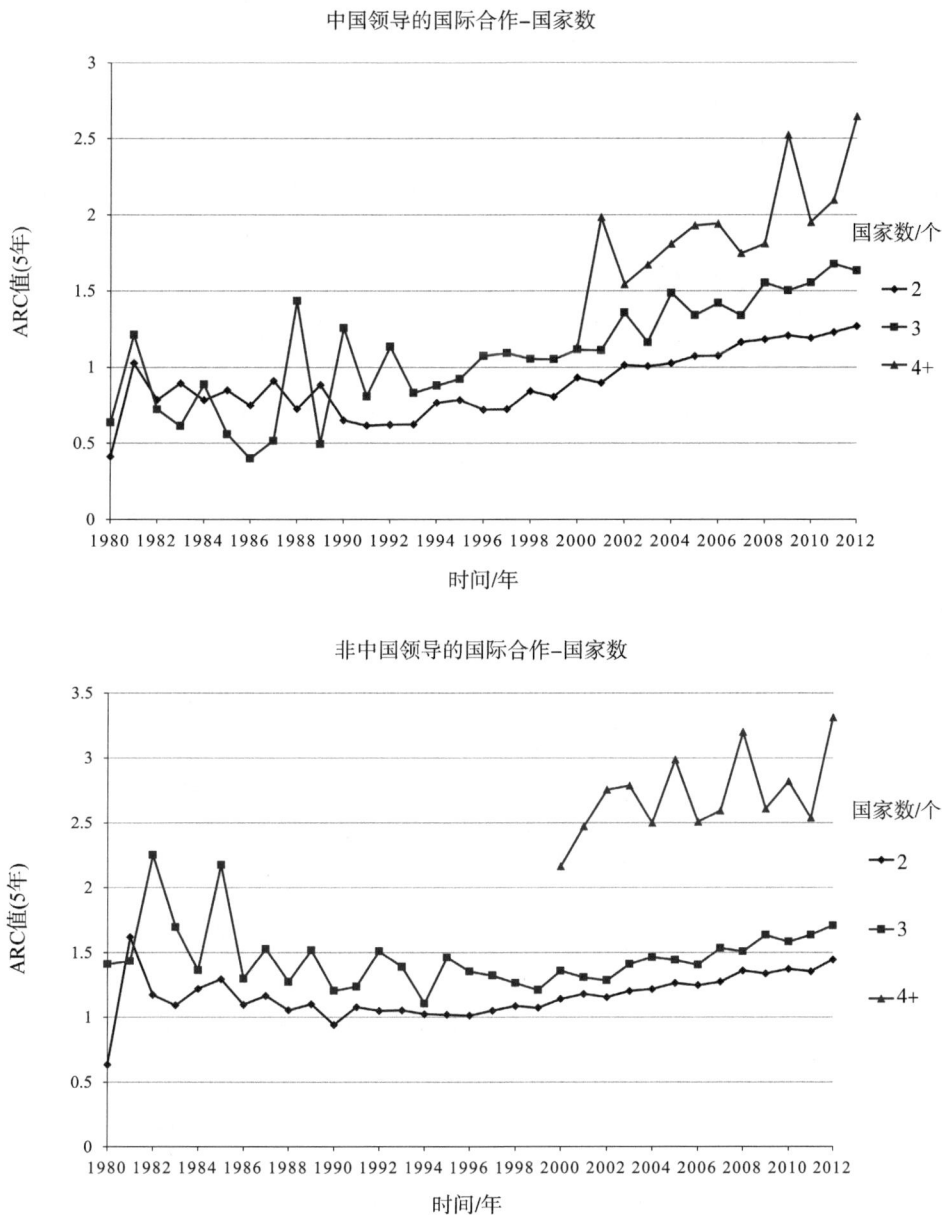

中国领导的国际合作–国家数

非中国领导的国际合作–国家数

图 5-6　中国领导与非中国领导完成的国际合作学术论文

在不同合作规模下的 5 年期 ARC 值（1980—2012 年）

国领导完成的国际合作论文的引文影响力要高于中国领导完成的国际合作论文的引文影响力。

（2）从机构数量分析来看，随着机构数量的增加，平均相对引文影响力也会增加。这一现象在 2000 年以后发表的国际论文中表现得更为明显。就中国领导完成的国际合作学术论文而言，在 1980—1999 年阶段，论文的 ARC 值一直处于较大的波动状态。但从 2000 年以后，发表的论文的引文影响力逐渐形成了稳定的上升趋势，并稳定地保持在平均水平以上。而非中国领导完成的国际合作学术论文中，ARC 值的变化相对更为稳定，并且在上世纪 80 年代初就已经超过了世界平均水平。

（3）从合作国家数量分析来看，较多的合作国家数量对于论文的引文影响力有积极的影响。这一现象同样在中国领导和非中国领导完成的国际合作学术论文中都得到体现。当合作国家的数量增加到 4 个以上时，论文的引文影响力也会高于其他合作规模下的论文的引文影响力。这表明，较多合作国家的参与能够在一定程度上提高中国学者国际合作学术论文的质量。需要注意的是，在作者数量和机构数量相同时，中国领导的国际合作在 1980—1999 年这一阶段整体的 ARC 值较为波动，并且大部分时间低于国际平均水平。然而，在 2000 年以后的论文中，中国领导完成的国际合作论文呈现明显的上升趋势。相比之下，上世纪 80 年代初发表的非中国领导完成的论文，其引文影响力水平就已经超过了世界平均水平，且上升趋势较为平缓。

因此，作者数量、机构数量和合作国家数量对于国际合作学术论文的平均相对引文影响力有着积极的影响。随着作者数量和机构数量的增加以及合作国家范围的扩大，论文的引文影响力也会相应提高。然而，在不同情况下，中国领导和非中国领导完成的国际合作学术论文在 ARC 值上表现出一定的差异和波动，需要进一步深入分析以确定如何实现更稳定和更高的引文影响力。

综上所述，通过分析中国领导完成和非中国领导完成的国际合作学术论文的 5 年期平均相对引文数量，我们可以对不同合作规模下中国学者国际合作学术论文质量的变化提供一定的参考。较大规模的合作往往能够带来相对较高的引文数量，这可能是因为有更多的成员参与到合作中，从而带来了更多的基金、实验设备以及更开阔的思维和更高的产出效率。然而，我们需要进一步分析的是越大的合作规模是否就意味着更大的引文影响力。这个问题涉及到多个因素的复杂交互影响，例如合作团队的协作效能、合作者之间的专业背景和能力匹配程度等。除此之外，还需要考虑合作时间的长短、合作目标的一致性以及合作文化的差异等因素对合作论文的引文影响力的可能影响。

因此，在接下来的研究中，我们将进一步深入分析这些因素，并探讨何种合作规模能够为中国学者的国际合作带来更稳定和更高的引文影响力。这将有助于我们了解如何最大程度地提升中国学者在国际合作中的学术声誉和影响力，进一步推动中国学者在国际学术界的发展。

5.2.2　大规模国际合作与影响力

在现有的研究中，许多学者试图探究合作规模与提高论文影响力之间的关系。这一问题的研究出发点是基于科研管理的角度的考虑，即在科研活动中，如何通过优化团队规模来实现最高效率和质量的科研产出，并合理配置人力和经费资源。通过对第 4 章中非中国领导的大规模国际合作（作者数量≥100，机构数量≥30）进行分析，我们已经了解到近年来中国参与的大规模国际合作学术论文数量增长迅速，同时大规模合作学术论文中受到经费资助的数量也高于合作规模较小的论文。

但是，我们仍然需要进一步探究大规模国际合作产出的论文是否具有更高的引文影响力。为了解决这个问题，本节将对非中国领导完成的大规模国际合作学术论文的 5 年期 ARC 值进行统计分析，具体结果见图 5-7。通过这一统计分析，我们可以进一步评估大规模国际合作对论文的引文影响力的影响程度。这有助于我们更全面地理解大规模国际合作论文的特点和优势，并为科研管理提供更准确的参考依据。同时，通过对中国学者在大规模国际合作中的表现进行深入研究，可以为进一步推动中国学者在国际学术界的发展提供有益的启示和借鉴。

总之，通过对大规模国际合作学术论文的引文影响力进行统计分析，我们能够更加全面地了解合作规模与论文质量之间的关系。这有助于我们进一步探讨如何最大限度地发挥大规模国际合作的优势，提升中国学者在国际学术界的影响力和竞争力。

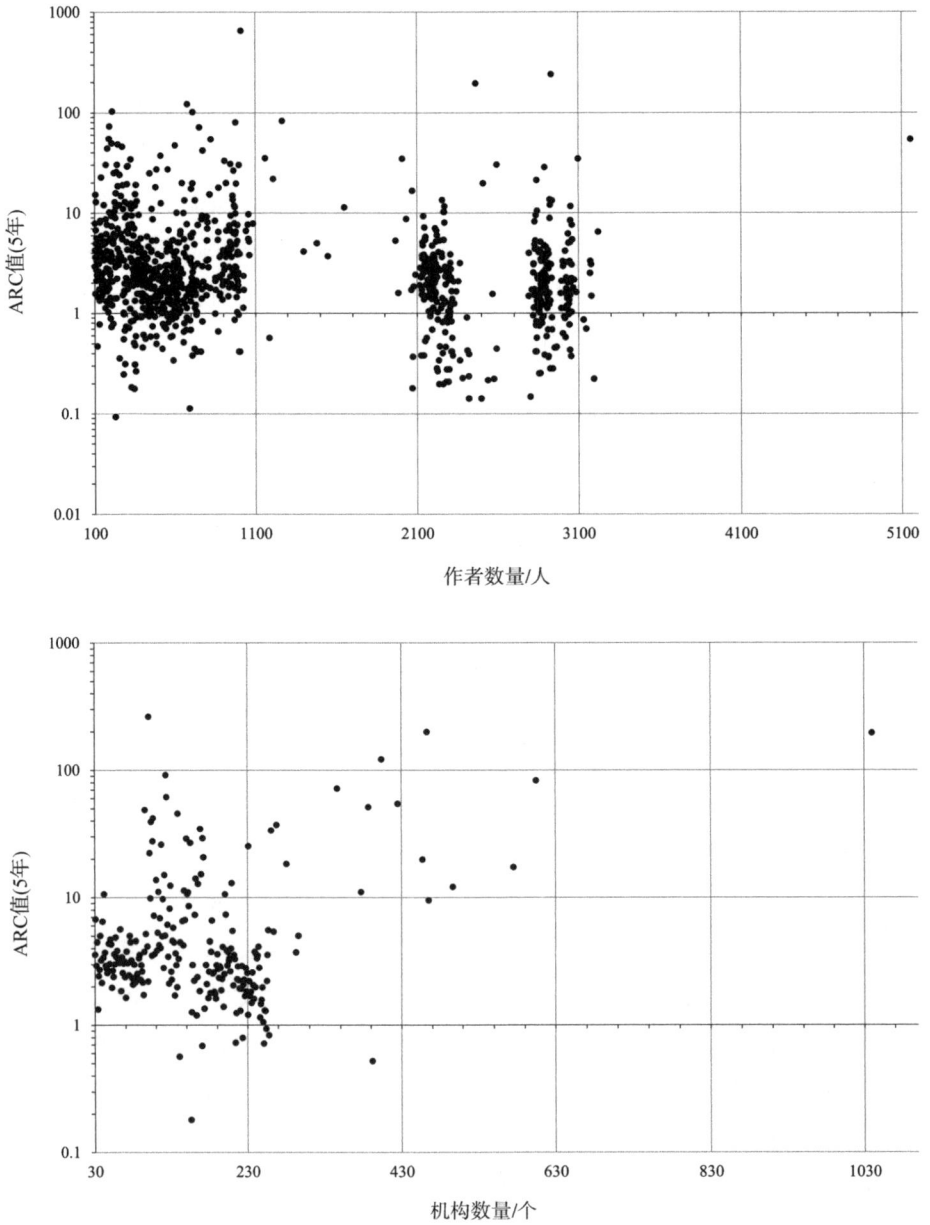

图 5-7　非中国领导完成的大规模国际合作学术论文 ARC 值（1980—2012 年）①

———————————

①　仅对作者数量≥100，机构数量≥30 的相关论文 ARC 值进行统计。

从图中的统计结果可知，非中国领导的大规模国际合作学术论文的作者数量主要集中在 100~1100 之间。这一作者数量区间内的论文的 ARC 值主要分布在 1~10 之间，只有少部分论文的 ARC 值位于 0.1~1 之间或者 10~1000 之间。当合作的作者数量超过 2000 时，出现了两个聚类群，但是这些聚类群中的论文的 ARC 值仍主要集中在 1~10 之间。此外，当作者数量超过 3000 时，大规模国际合作的论文数量变得非常少，其中作者数量最高的一篇论文有 5154 人参与。同时，我们还发现，在作者数量处于 2000~3000 之间的范围时，仍有一些论文的 ARC 值位于 0.1~1 之间。

另外，从机构数量的角度来看，大规模合作学术论文涉及的机构数量主要集中在 30~250 之间。大部分论文的 ARC 值也主要分布在 1~10 之间，只有少数机构数量超过这一范围的论文获得了较高的 ARC 值。与作者数量不同，机构数量并没有出现明显的聚类群现象。虽然图中没有显示不同国家数量下的国际大规模合作学术论文的 ARC 值，但前文的分析已经表明中国主要进行双边合作，并且大规模国际合作学术论文也呈现类似趋势。

从图中的统计结果可以发现，非中国领导的大规模国际合作学术论文的作者数量主要集中在 100~1100 之间，机构数量主要集中在 30~250 之间。这些论文的 ARC 值主要分布在 1~10 之间，少数论文的 ARC 值位于其他范围。此外，大规模合作学术论文的国际合作主要以双边合作为主。

综上所述，通过分析非中国领导完成的大规模国际合作学术论文，我们发现这些论文的 ARC 值无论从作者数量还是机构数量来看都处于较高水平。少数几篇论文的 ARC 值位于 100~1000 的区间内，但这只是极少数情况。随着作者数量的增加，ARC 值并不一定随之增加，仍有部分论文未达到所属领域的平均引用水平。在机构数量方面也观察到了类似的结果。

基于此，我们可以得出结论：大规模国际合作确实提高了中国学者参与国际合作学术论文的引文影响力水平。然而，并不意味着越大的规模就能带来越高的引文影响力。我们可以推断，大规模国际合作能够拥有更多的人员参与和更多的经费支持，这是由解决科研问题的难度所决定的。因此，在国际合作中，不能盲目追求合作规模的大小，而应根据科研问题的特点和要求，适当组织合作团队，以最优方式解决问题。

总的来说，这些发现表明，中国学者在国际大规模合作中取得了较高的引文水平，但也提醒我们不应简单地将合作规模与引文影响力等同起来。要产出最佳的科研成果，需要根据具体情况，在适当的合作规模下组织团队，以解决复杂的科研问题。

5.2.3 合作规模与高被引影响力

图 5-8 显示了中国学者国际合作学术论文在不同作者规模下的高被引论文比例。图中仅展示了高被引论文数量 ≥100 时的合作规模，即当前占总论文数的 10% 或 5% 的高被引论文数量达到 100 篇时，才在图中显示其相对应的合作规模下的比例。

该图主要描述了高被引论文比例与中国学者国际合作学术论文的合作规模之间的关系，包括合作的作者数量、机构数量和国家数量。通过这些数据，我们可以为未来提高国际合作学术论文的引文影响力提供一定的参考依据。

（1）高被引论文分布与作者数量相关性分析。

通过观察图 5-8，我们可以发现前 10% 的高被引论文随着作者数量的增加而逐渐增加。然而，当作者数量超过 25 人时，出现了一些波动。趋势线的 R^2 值为 0.9492，说明中国学者国际合作学术论文中的高被引论文比例与作者数量之间存在显著的正相关性。前 5% 的高被引论文比例虽然低于前 10% 的比例，但也随着作者数量的增加而增长。当作者数量达到 30 人后，出现了较为明显的波动。从趋势线上看，R^2 值为 0.9226，说明在前 5% 的高被引论文中，同样存在着高被引论文比例与作者数量之间的显著正相关关系。

（2）高被引论文分布与机构数量相关性分析。

在机构数量的分析中，当机构数量为 2 时，前 10% 和 5% 的高被引论文比例分别为 14% 和 7%。然而，当机构数量增加到 19 时，高被引论文比例分别增加到 44% 和 35%。这表明随着机构数量的增加，高被引论文的比例也在不断增加。然而，当机构数量增加到 20 个及以上时，论文数量较少，因此图中没有显示出对应数据（机构数量为 20 时，前 10% 高被引论文的比例为 40%，前 5% 的论文比例未显示）。图中的趋势线展示了在图中所显示的范围内，高被引论文比例与机构数量之间的相关关系。前 10% 和 5% 的高被引论文的趋势线的 R^2 值分别为 0.9019 和 0.9611，表明高被引论文的出现比例与机构数量存在显著的正相关关系。也就是说，在一定范围内增加合作机构数量能够提高论文的引文水平，并促使论文成为高被引论文。

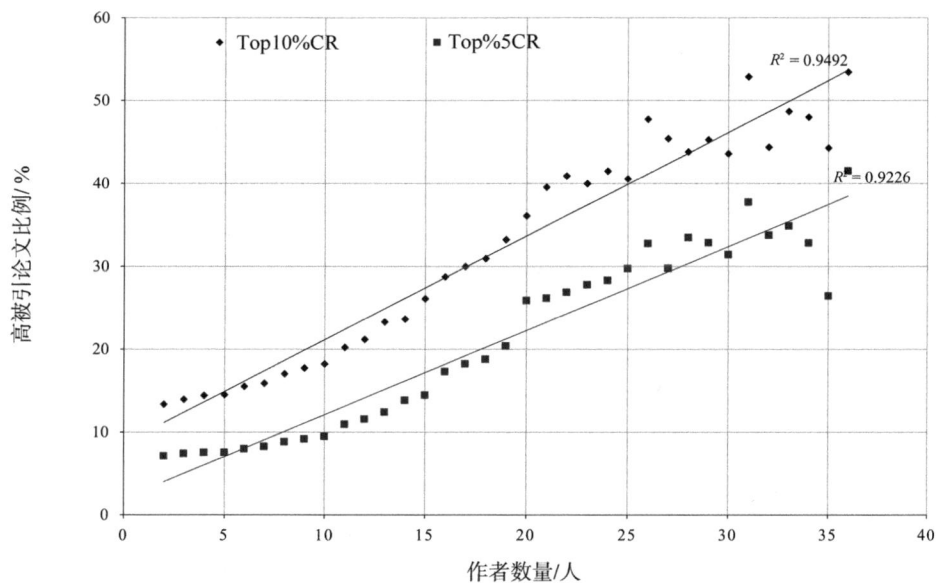

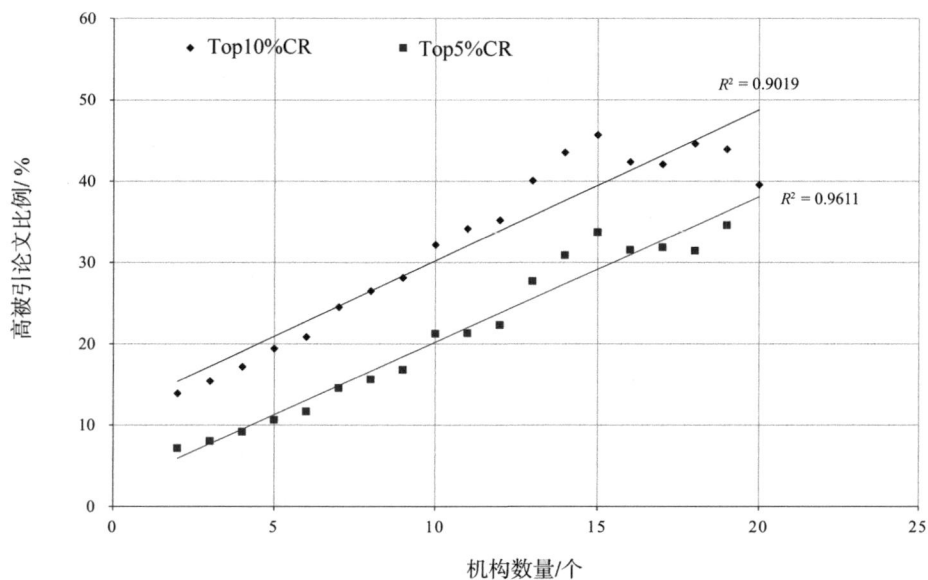

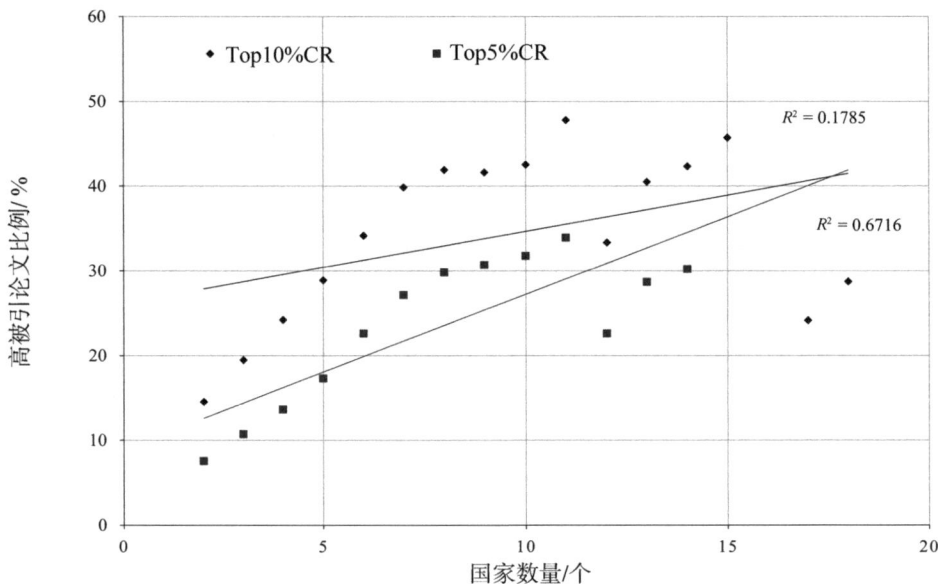

图 5-8   中国学者国际合作学术论文作者规模与高被引论文比例（1980—2016 年）①

（3）高被引论文分布与国家数量相关性分析。

在国家数量的分析中，当合作为双边合作时，前 10% 和前 5% 的高被引论文比例分别为 15% 和 8%。然而，当合作国家数量增加到 11 个时，高被引论文的比例分别增至 48% 和 34%。但是，当合作国家数量增加到 14 个时，由于论文数量原因，前 5% 的高被引论文比例没有显示出来。从图 5-8 中可以观察到，当合作国家数量在 2~10 范围内，高被引论文比例呈现持续增长的趋势，之后出现了较为明显的波动。因此，根据趋势线的 R^2 值，无论是前 10% 还是前 5% 的高被引论文比例与合作国家数量之间的相关关系并不明显。

综上所述，通过以上分析结果可以得出结论：在一定范围内，合作的作者数量和机构数量与论文的高被引比例之间存在着显著的正相关关系。这表明中国学者国际合作的合作规模与论文质量存在一定联系。因此，在未来的国际合作中，适当调整合作规模是提高论文质量的有效方法之一。

————————————

① 仅显示高被引论文数量≥100 的情况下的数据。

5.3　影响力与领导力分析

5.3.1　领导力与影响力演化分析

前文的分析已经得出中国学者国际合作的论文的中国领导率在逐渐上升。然而，本节需要进一步分析中国领导和非中国领导的国际合作学术论文的引文影响力是否存在差异。为了方便进行分析，我们将中国学者国际合作学术论文分为中国领导和非中国领导完成两类，并统计分析它们的平均相对引文影响力（ARC），具体见图 5-9。

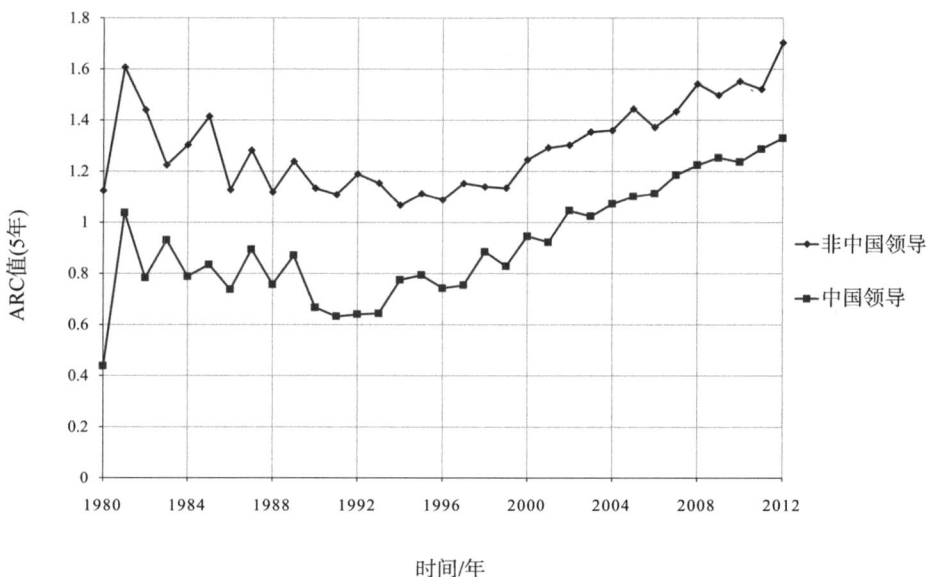

图 5-9　中国领导与非中国领导完成的国际合作学术论文引文影响力演化（1980—2012 年）

从图中清晰可见，中国领导完成和非中国领导完成的国际合作学术论文的 ARC 值存在明显差异。主要表现为非中国领导完成的国际合作学术论文的引文影响力高于中国领导完成的论文。非中国领导完成的论文在 20 世纪 80 年代初就超过了世界平均水平，尽管在 90 年代出现了下降，但 2000 年后保持稳定增长，并在 2012 年达到 1.71 的 ARC 值。与此同时，中国领导完成的国际合作学术论文在相当长的时间内（1980—2001 年）低于世界平均水平，直到 2002 年才达到世界平均值，并在之后持续增长，2012 年达到 1.34 的 ARC 值。从图中还可以清晰观察到，从 20 世纪 80 年代末期开始，不论是中国领导完成还是非中国领导完成的国际合作学术论文，在相当长的时间内都出现了引文影响力下降的情况。这一现象一直持续到 2000 年前，表明在这一时期发表的论文虽然数量快速增长，但其引文影响力相对于世界平均水平呈下降趋势。综合前文的分析，我们可以发现，中国学者国际合作学术论文的数量和质量大幅度增长的现象主要出现在 2000 年以后，尤其是近年来中国学者的合作论文在国际上的显示度越来越高。

以上现象是多种因素共同作用的结果。例如，在某一特定时期，科研经费的投入可能起到关键作用。科研经费投入之后需要一定时间才能发挥效果，包括取得突破性成果并将其发表为科研论文，使论文被数据库收录，并产生引用等。这个问题需要进一步进行研究和分析。通过分析这些现象，我们可以为提升中国学者国际合作的影响力提供参考，为下一章的研究奠定基础。结合前文的分析，我们可以发现，在整个 20 世纪 90 年代，中国的国际合作处于相对低迷的阶段。

此外，还有其他因素可能对中国学者国际合作论文的引文影响力产生影响。例如，国家科研政策的变化、学术交流与合作机制的改善、研究团队的质量和声誉等因素都可能会对论文的引用和影响力产生影响。因此，未来的研究可以进一步探讨这些因素与中国学者国际合作论文引文影响力之间的关系，并从中找出提升影响力的有效方法。此外，还可以考虑对中国学者国际合作论文在不同学科领域和研究主题下的引文影响力进行比较分析，以进一步了解影响力差异的原因。另外，通过研究中国学者国际合作学术论文引文影响力下降的时间段，可以进一步探讨相关的经济、政治或社会因素对引文影响力产生的影响。综上所述，通过深入研究中国学者国际合作论文的引文影响力差异及其影响因素，可以为提升中国学者国际合作的学术声誉和影响力提供重要的参考和指导。

5.3.2　领导力与影响力分布

本节的主要研究问题是探究不同领导力模式下引文影响力是否存在区别。为了解决这个问题，我们将在合作学术论文篇数≥100 的情况下，对中国领导

和非中国领导完成的论文进行平均 5 年 ARC 值的统计，并将结果呈现在图 5-
10 中。图中展示了在不同合作规模下（合作学术论文数量≥100）的平均 5 年
期 ARC 值，从中可以看出，在中国领导和非中国领导的两种模式下，非中国领
导完成的国际合作学术论文具有更广泛的显示度（即合作规模更大）。

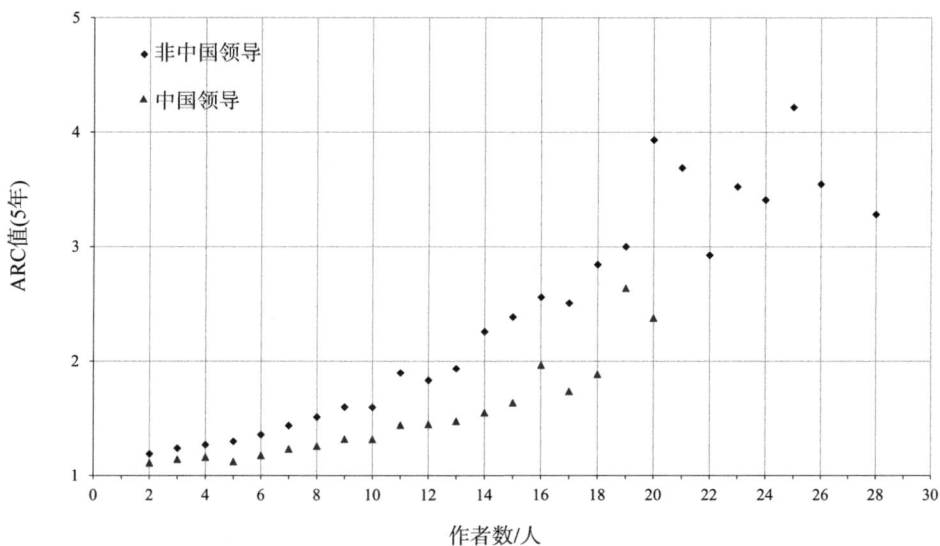

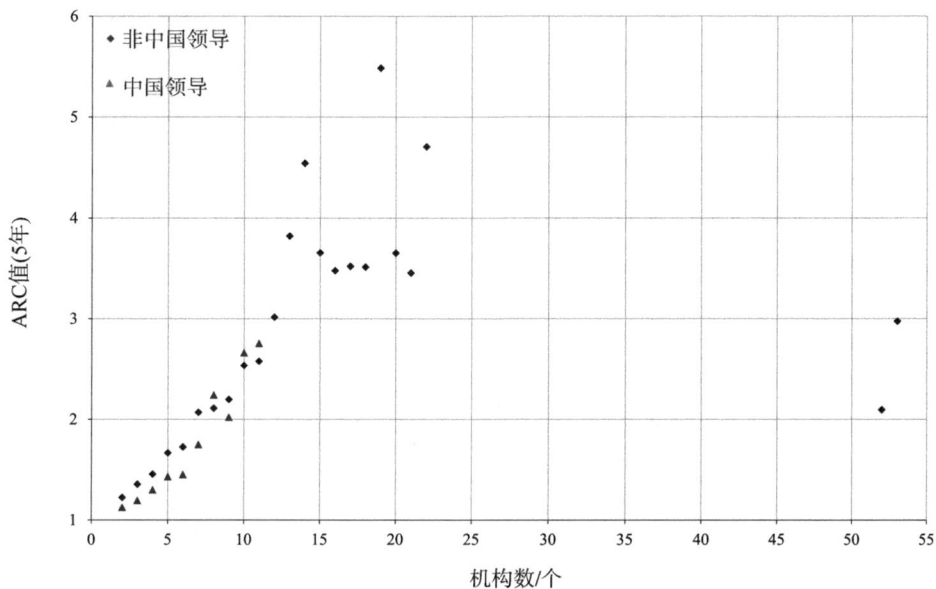

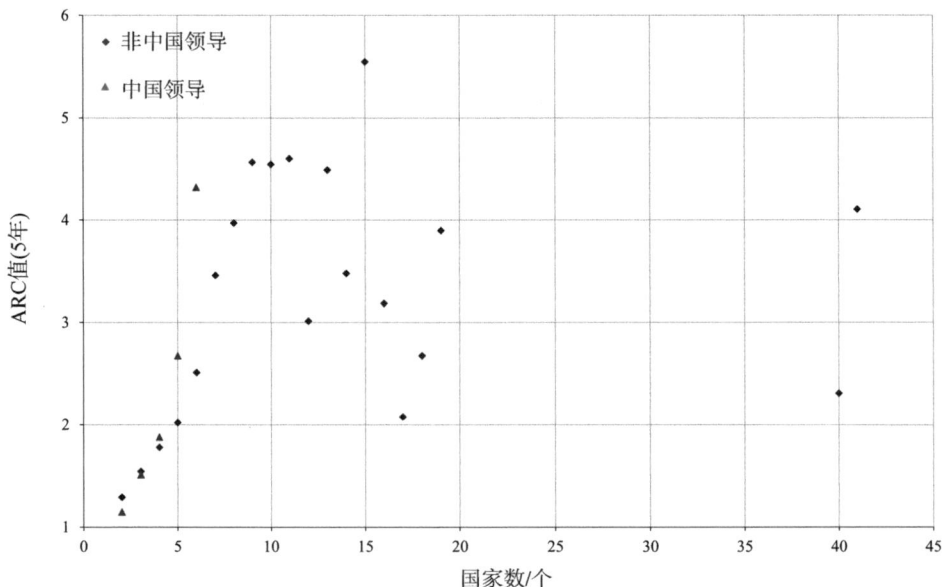

图 5-10　基于作者数量、机构数量和国家数量的论文 5 年期 ARC 值①

（1980—2012 年）

对于作者数量进行分析，当中国领导和非中国领导完成的国际合作学术论文的作者数量增加时，其 ARC 值也呈现增长趋势。然而，当作者数量达到 20 左右时，其 ARC 值出现不稳定的趋势。由于当作者数量超过 20 时，中国领导完成的国际合作论文数量少于 100 篇，因此没有在图中显示。相比之下，非中国领导完成的国际合作学术论文的 ARC 值出现起伏波动。

类似地，随着机构数量的增加，中国领导和非中国领导完成的国际合作学术论文的 ARC 值也增加。然而，当机构数量达到 11 之后，中国领导完成的国际合作学术论文数量少于 100 篇，因此没有显示在图中。而非中国领导完成的国际合作学术论文的 ARC 值则呈现波动情况，特别是当非中国领导的国际合作机构数量达到 15 时，其 ARC 值出现下降趋势并随后波动。

同时，在合作的国家数量上也出现了类似的现象。中国领导完成的国际合作最多涉及 6 个以上的合作国家，但合作的论文数量少于 100 篇。相比之下，非中国领导完成的国际合作具有更广泛的范围，其 ARC 值随着合作国家

---

① 仅显示合作学术论文数量≥100 的情况下的数据。

数量的增加而增加。然而，非中国领导完成的国际合作学术论文在合作国家数量达到 10 时出现下降，并随后呈波动状态。

以上结果表明，在不同领导力模式下，引文影响力存在差异。进一步研究可以探讨这些差异背后的原因，并为不同领导力模式下提升论文的影响力提供指导和建议。

上图中的分析为两种不同领导力模式下中国学者国际合作学术论文的合作规模与影响力关系提供了参考。在一定的合作规模范围内，不论是中国领导还是非中国领导完成的国际合作学术论文的引文影响力都随着合作规模的增加而增加。值得注意的是，当论文数量达到 100 篇以上时，这些论文的平均 5 年期 ARC 值都高于 1，表明这些论文的平均引用水平高于同领域内其他论文。

这一现象可能是由于某一合作规模下发表的论文数量超过 100 篇，表示这一合作规模更有利于国际合作，有助于提高科研产出数量和影响力。因此，图中的分析为中国的国际合作提供了有益的参考。中国的国际合作在不同的领导力模式下具有不同的最优合作规模区间。在这个最优区间内，较大的合作规模能够获得更高的引文影响力。然而，一旦超过这个区间，较大的合作规模则无法带来稳定的引文影响力。

然而，对合作论文的引文影响力进行更深入的分析，仍需要进一步考虑其他影响因素，例如经费、合作机构、合作学科等。这些因素可能与合作规模一起对学术论文的引文影响力产生影响。因此，在进一步研究中，应该综合考虑这些因素，以全面了解中国学者国际合作论文的引文影响力形成机制，并提出相应的管理建议。

5.3.3　领导力与高被引影响力

中国学者国际合作学术论文的领导力模式是中国在国际科研合作中能力与实力的体现。研究高被引论文中中国的领导力模式构成是探究中国学者国际合作学术论文质量的重要方法。本文统计分析了中国学者国际合作的前 10% 和前 5% 高被引论文中中国领导完成与非中国领导完成的论文的比例，具体结果如图 5-11 所示。

Top10%CR

Top5%CR

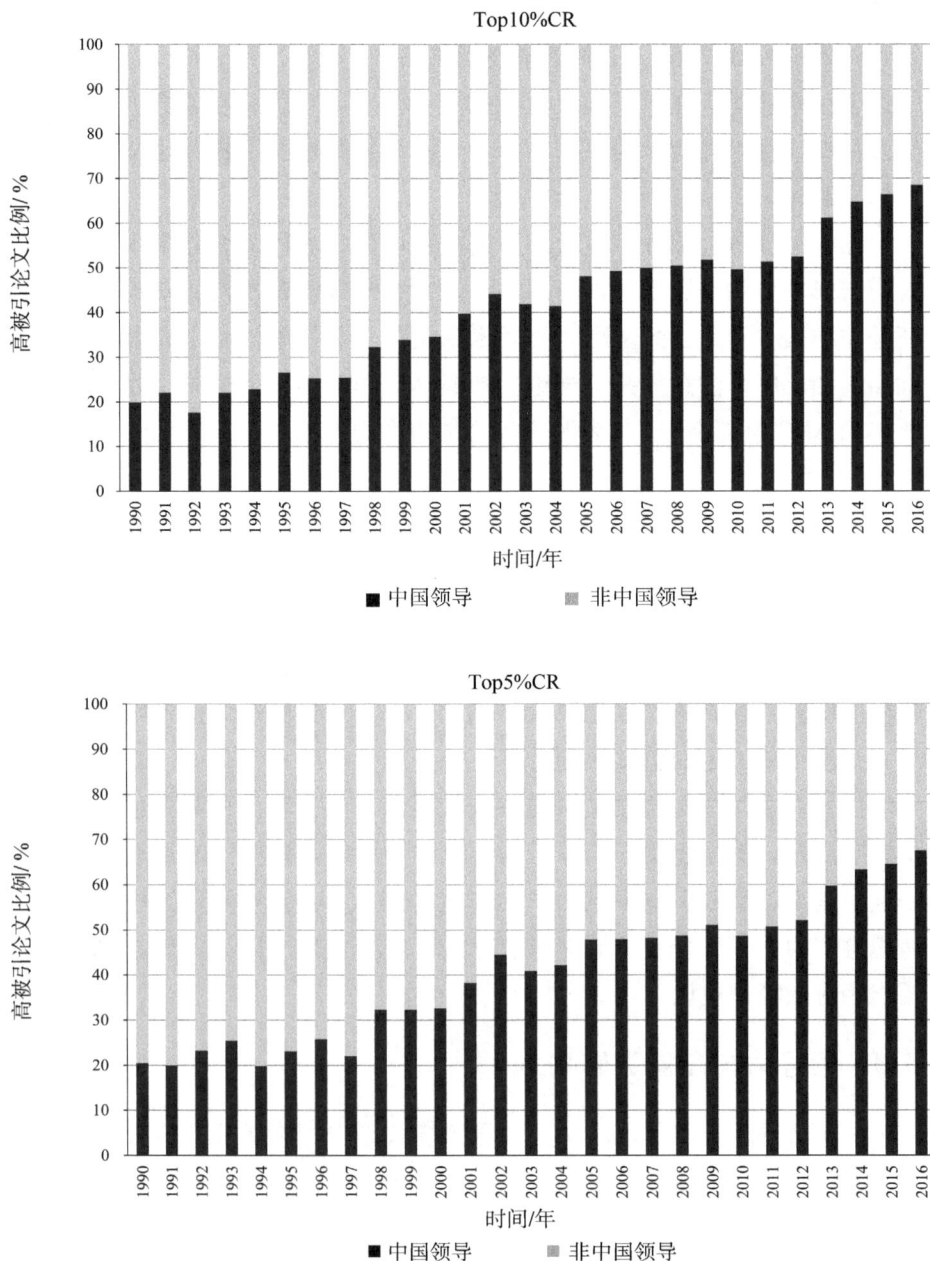

图 5-11 中国学者国际合作学术论文在不同领导力模式下的高被引论文比例（1990—2016 年）

不同的领导力模式下，中国学者国际合作学术论文的高被引比例存在明显差异。从图 5-11 中可以观察到中国学者国际合作高被引论文的领导力模式。在 1990 年，中国学者国际合作高被引论文的领导力模式主要以非中国领导为主，但随着时间的推移，中国领导完成的国际合作学术论文的高被引比例逐渐增加。到 2008 年左右，这一比例首次超过非中国领导完成的论文的高被引比例，并且近年来一直保持着中国领导比例大于非中国领导比例的趋势。截至 2016 年，中国领导完成的前 10% 和前 5% 高被引论文的比例分别为 68% 和 67%。这一现象表明，在中国学者国际合作高被引论文中，中国的领导力模式已经从非中国领导向中国领导转变，表明越来越多的高质量论文是由中国学者领导完成的。

以上结果反映了中国在国际合作的高质量论文中的发展趋势和变化。这一研究为深入理解中国学者国际合作学术论文质量的不断提升提供了重要线索，并对中国学者在国际科研合作中的角色演变提供了有益的参考。进一步的研究可以探讨中国学者领导力模式背后的原因，并为提升中国学者国际合作学术论文的质量和影响力提供具体建议。

5.4   影响力与资助经费分析

5.4.1   被资助与未被资助论文影响力分析

经费是促成国际合作的重要保障，因此我们研究了中国学者国际合作中获得经费资助的论文是否会有更高的引文影响力。由于经费数据的起始时间是 2008 年，数据的下载时间是 2018 年 7 月，所以在统计分析中选择了论文发表 2 年后的相对引文数量，具体见图 5-12。

图中清晰地显示，不论是被资助还是未被资助的论文，在 2 年期 ARC 值上都超过了基准值 1。正如前文分析所述，自 2000 年以来，中国学者国际合作学术论文的平均 ARC 值一直高于领域内的平均水平，因此在图 5-12 中并没有低于 1 的情况出现。然而，被资助论文的引文影响力要高于未被资助论文，并且未被资助论文的 ARC 值呈下降趋势，特别是 2011 年发表的未获得经费资助的论文的平均相对引文数量仅为 1.01。

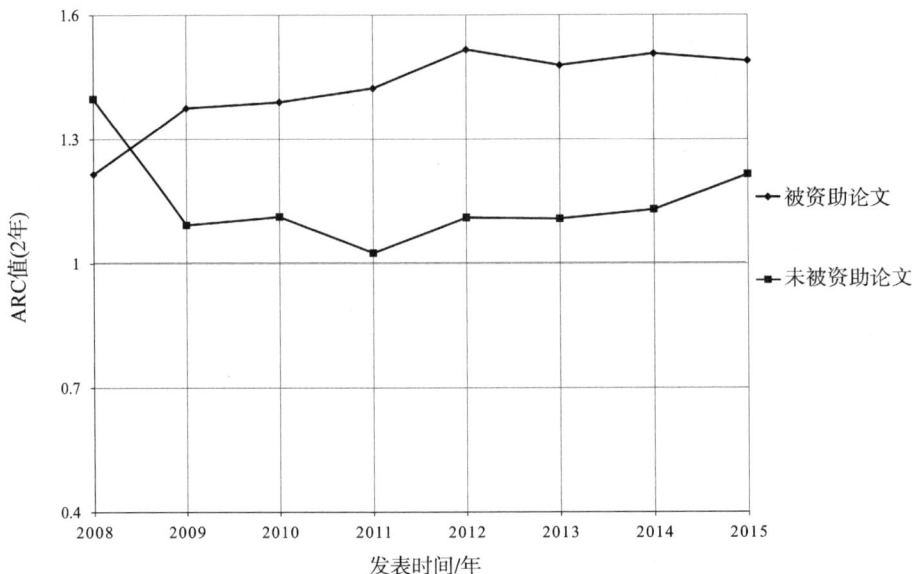

图 5-12　被资助论文与未被资助论文的引文影响力比较（2008—2015 年）

从图中的结果可以看出，经费可以促进中国学者国际合作学术论文的引文影响力提升。然而，被资助和未被资助论文的平均相对引文影响力数值之间的差异仅限于 1~1.6 之间，并没有出现较大的数值差异。因此，提高经费的资助比例是提高中国学者国际合作的数量和引文影响力的有效方法之一。但从图中的结果来看，在目前情况下，如果想要提高引文影响力，我们还需要从其他方面共同推进，特别是在论文的质量上要努力提升，以推动引文影响力的提升。

5.4.2　主要资助经费与影响力

前述分析表明，获得经费资助是提高中国学者国际合作学术论文引文影响力的重要方法之一。为了优化经费资助配置，并为经费的资助绩效评价提供参考，本书对主要经费资助进行比较分析研究。具体见表 5-5。通过统计表 5-5 的数据，我们可以了解中国学者国际合作受到最多资助的前 10 项经费的资助效果。从统计结果来看，这些获得主要资助基金资助的论文的 2 年期 ARC 值基本都高于基准值 1（其中，新世纪优秀人才支持计划 2008 年资助发表的论文 ARC 值为 0.8）。这说明 Top10 基金的资助效果明显，获得基金的资助确实能提高论文的引文影响力。

以上研究结果为科研经费的优化配置提供了重要依据。在中国的国际合作中，获得高效经费项目的资助将有助于提升论文的引文影响力。进一步的研究可以探讨不同经费项目之间的差异和影响因素，并提出具体建议，以进一步优化经费的资助配置，提高中国学者国际合作学术论文的质量和影响力。

通过比较获得经费资助的国际论文的 2 年期 ARC 值，我们可以看出不同的经费资助效果存在差异。尽管国家自然科学基金委员会是中国经费资助量最高的机构，但其资助的国际论文的 2 年期 ARC 值并不是最高的。相比之下，美国国家科学基金会（NSF）的资助效果更为明显。其中，2008 年和 2013 年受到 NSF 资助的论文 2 年期 ARC 值分别达到了 4.89 和 4.62。而中央高校基本科研业务费专项资金（下表简称专项资金）起始于 2008 年，但由于科研论文发表需要时间，并且数据库收录具有滞后性，因此 2008 年和 2009 年没有这一专项资金的资助统计数据。

根据以上结果可知，在对中国学者国际合作学术论文提供资助次数较高的基金中，美国国家科学基金会的资助效果超过了中国国家自然科学基金委员会。这可能是因为获得美国国家科学基金资助的论文更容易得到美国学者的引用。已有研究表明，科研产出量与引文数量存在相关性，即美国作为最大的科研产出国，其论文的引用行为会对整个科研领域的引用平均水平产生影响。这一现象可以作为提高中国学者国际合作学术论文引文影响力的方法之一，即寻求与美国科研机构的合作，以获得美国国家科学基金的资助。然而，从引用的角度来看，谁引用了中国的国际合作学术论文仍需要进一步研究。

表 5-5　主要经费资助的中国学者国际合作学术论文的 2 年期 ARC 值比较（Top10 基金）

时间	NSFC	NIH	973计划	CSC	NSF	专项资金	中国科学院	博士后科学基金	科技部	人才支持计划
2008 年	1.19	1.14	1.28	1.47	4.89	——	1.34	1.01	2.38	0.80
2009 年	1.47	1.60	1.55	1.48	3.77	——	1.70	1.04	1.77	1.38
2010 年	1.61	1.76	1.55	1.49	2.64	1.08	1.61	1.28	1.66	1.37
2011 年	1.68	1.71	1.58	1.47	2.34	1.31	1.91	1.45	1.79	1.60
2012 年	1.81	2.52	1.72	1.51	2.88	1.54	2.11	1.47	2.15	1.96
2013 年	1.72	2.04	1.70	1.60	4.62	1.62	1.81	1.48	1.82	1.82
2014 年	1.66	1.92	1.77	1.55	2.26	1.53	1.82	1.43	1.43	2.04
2015 年	1.68	2.25	1.80	1.48	2.52	1.64	1.74	1.53	1.53	2.11

5.4.3　资助经费与高被引影响力

前述研究已经表明，经费的资助与否以及资助的项目数量会对论文的引文影响力产生作用。接下来，我们将对经费资助与高被引论文的关系进行研究。具体结果见表 5-6。从表中可以看出，有相当数量的高被引论文没有经费资助。其中，占前 10% 和前 5% 高被引论文数量比例的 16.59% 和 16.37% 的论文没有经费资助。而主要的经费资助数量集中在 1~5 项之间，这说明大多数高被引论文受到了 1~5 项经费资助。值得注意的是，获得的经费资助项数超过 100 项的论文的高被引比例较低。通过查询数据发现，这些论文均为大规模合作论文，合作的作者数和机构数较多，并且经费来源国家也较广。因此，这些高被引论文不仅在合作作者数量、机构数量和国家数量方面呈现大规模特征，而且在经费方面也呈现大规模合作的趋势。

从表 5-7 中可以得出结论，前 10% 和前 5% 的高被引论文受到的经费资助比例很高。2016 年的经费资助比例分别为 90.95% 和 91.13%。这说明经费资助已经覆盖了绝大部分高被引论文，经费对于论文质量的提升具有重要意义。同时，对高被引论文的篇均资助经费项数进行统计后发现，高被引论文的篇均资助经费项目数量在 3~4 项之间，并且呈现逐渐增加的趋势。这也说明经费在论文的质量提升上起着重要的作用。

以上研究结果表明，经费的资助与高被引论文存在一定的关系。然而，仍需进一步研究谁会引用中国的高被引论文以及其他因素对论文引文影响力的影响。

表 5-6 不同经费资助项数的高被引论文数量与比例

经费资助项数/项	Top10%论文数量/篇	比例/%	Top5%论文数量/篇	比例/%
0	12519	16.59	6668	16.37
1-5	67485	89.42	29510	72.46
6-10	6750	8.94	3809	9.35
11-100	1222	1.62	730	1.79
101-273	9	0.01	7	0.02

表 5-7 高被引论文的资助比例与篇均资助经费项数

时间	Top10% CR		Top5% CR	
	资助比例/%	篇均资助经费项数/项	资助比例/%	篇均资助经费项数/项
2008 年	28.23	1.00	27.65	0.99
2009 年	78.66	2.56	78.66	2.61
2010 年	84.28	3.13	84.23	3.34
2011 年	82.37	2.70	82.38	2.71
2012 年	83.58	3.01	83.33	3.02
2013 年	85.60	3.04	85.68	3.03
2014 年	85.81	2.96	86.36	2.99
2015 年	88.94	3.24	89.03	3.26
2016 年	90.95	3.96	91.13	4.25

5.5 影响力与 Altmetrics 指标分析

5.5.1 AAS 得分分析

本节的研究数据包括了 164780 篇学术论文，对 AAS（Altmetric Attention Score）得分区间的统计反映了中国学者国际合作学术论文在 Web 2.0 时代的影响力。具体结果见图 5-13。通过对图中的统计数据进行计算可以得出，中国学者国际合作学术论文的 AAS 平均得分为 6.36，得分范围为 0~4034。其中，分值为 0 的论文数占全部论文数的 34.09%，而得分为 1 的论文比例为 29.30%。这两个区间的论文比例占据了全部论文的一半以上，说明大部分中国学者国际合作学术论文的 AAS 得分集中在 0 和 1。然而，还有少部分论文的 AAS 得分较高，在交流与传播过程中受到了较大关注。具体而言，在较高得分区间如 11~100 和 101~3034，论文的比例分别为 6.85% 和 1%。

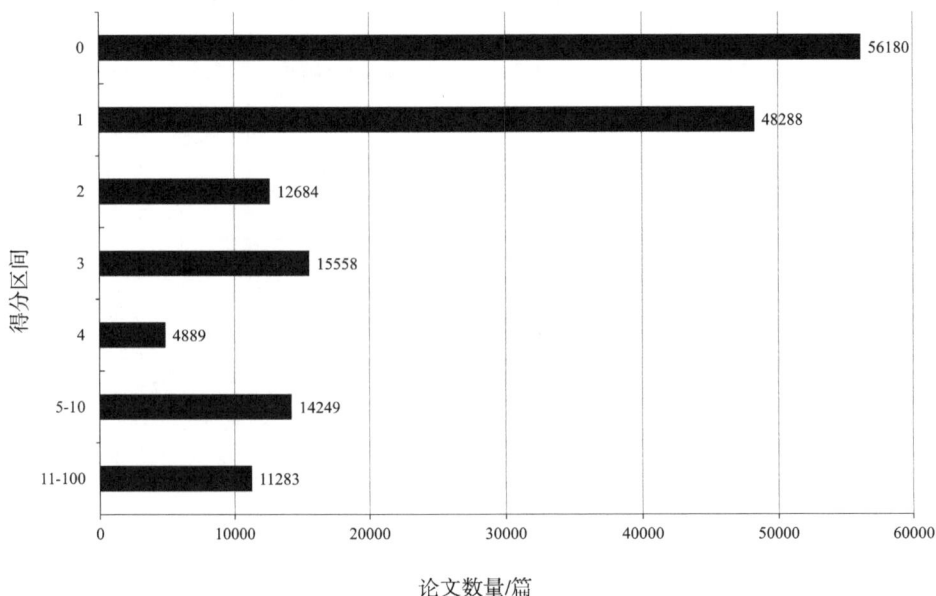

图 5-13 中国学者国际合作学术论文的得分分布区间

综上所述,研究结果表明中国学者国际合作学术论文在 Web 2.0 时代具有一定的影响力。然而,仍需进一步研究不同因素对论文 AAS 得分的影响,以及如何进一步提高中国学者国际合作学术论文的引文影响力。此外,还可以探索其他指标或方法来全面评估学术论文的影响力,并与国际领域的研究进行比较和分析。

5.5.2 AAS 得分与引文量分析

为了进一步分析中国学者国际合作学术论文的 AAS 得分与相对引文量的关系,以及这一关系与合作的科技强度(论文合作国家中科技发达国家的数量)和领导力的关系,我们统计了 AAS 得分区间的平均相对引文量、高被引论文比例、平均科技强度和中国领导率。具体结果见表 5-8。从表中可以看出,平均相对引文量随着 AAS 得分区间的变化而不同。在较高得分区间内,平均相对引文量明显高于低得分区间。特别是在得分 101+ 的区间内,平均相对引文量达到了 6.26,远高于其他区间。类似地,从科技强度和高被引论文比例的角度来看,也存在着相似的趋势。较高得分区间的平均科技强度和高被引论文比例普遍高于低得分区间。此外,在任何得分区间内,中国的领导力都超过了 50%,这说明受到高度关注的中国学者国际合作学术论文主要由中国学者主导完成。

表 5-8 AAS 得分与平均相对引文量统计

区间	平均相对引文量	平均科技强度	中国领导率/%	前 10% 高被引论文比例/%	前 5% 高被引论文比例/%
101+	6.26	1.26	63.01	26.99	17.47
11~100	2.98	1.06	62.70	21.55	12.57
5~10	2.15	1.00	63.32	20.37	11.57
4	1.99	0.92	62.90	18.70	9.86
3	1.98	0.94	61.97	20.59	11.47
2	1.70	1.02	65.53	17.80	9.78
1	1.57	0.93	66.55	17.41	9.41
0	1.61	0.86	61.50	17.62	9.68

综上所述，尽管中国学者国际合作学术论文的 AAS 得分整体并不高，但仍有少部分论文受到了较多的关注。此外，AAS 得分较高的学术论文也具有较高的平均相对引文量，这表明 AAS 得分与引文量之间存在一定的关联性。然而，具体的相关性仍需要进一步探究。

5.6 本章小结

本章主要从四个主要方面对中国学者国际合作学术论文的引文影响力进行了分析，包括合作的对象（国家）、合作的规模、合作的领导力构成和合作中的经费资助。我们采用归一化的引文数据，并将中国学者国际合作学术论文的引文数据与世界平均值进行比较，得出以下几点结论：

首先，合作对象对引文影响力产生不同影响。在与中国合作发文最多的前 5 个主要合作国家中，当美国排名第一时，论文的平均相对引文增量低于其他 4 个主要合作国家。进一步分析发现，仅考虑中国与这 5 个主要合作国家的单独合作时，平均相对引文的增量都为负值。这表明尽管中国的国际合作主要是双边合作，但这种模式并不能提升引文影响力。类似的结果也在高被引论文的分析中被观察到。

其次，引文影响力与合作规模相关。研究发现，当合作规模控制在合理范围内时，即将合作的作者数量、机构数量和国家数量控制在适度水平，引文影响力随着合作规模的增大而增加。同时，大规模国际合作能在一定程度上提高中国学者合作论文的引文影响力。然而，并不是规模越大表现越好，大规模合作需要控制在适度范围内，因为大规模合作需要更多的经费和更复杂的管理。这个问题还需进一步深入研究。在高被引论文的研究中，作者观察到中国学者国际合作学术论文的高被引比例与作者数量、机构数量呈显著正相关关系，而与国家数量无关。

最后，中国领导完成的国际合作学术论文的引文影响力低于非中国领导完成的论文的。总体来说，非中国领导完成的国际合作学术论文的平均相对引文影响力要高于中国领导完成的论文的。然而，考虑合作规模的影响后，无论是非中国领导完成还是中国领导完成的论文，其引文影响力都将提升。

通过对高被引论文进行分析，发现近年来中国领导完成的高被引论文比例已超过非中国领导完成的比例，说明中国在高质量论文中占据主导地位。此外，本研究还结合经费数据进行分析，发现被资助的论文引文影响力明显高于未被资助的论文。因此，与其他国家科研机构合作并申请联合经费是提升论文质量的有效方法之一。

综上所述，国际合作的目的是促进科研发展。对于国际合作由哪个国家领导，并不能仅从单一因素来分析和得出结论。例如，主题与中国相关的研究论文也许更有可能由中国学者领导完成，但并非绝对；经费的来源国更有可能成为领导方，但目前政府经费已向国际学者开放申请，如国家自然科学基金委员会和美国国立卫生研究院每年都有部分资助面向国际学者。因此，领导力可以反映中国在国际合作中的能力，并且在不同的领导模式下，中国的国际合作学术论文具有不同的影响力。

总之，本章通过对中国学者国际合作学术论文引文影响力的分析，从合作对象、合作规模、合作领导力构成和经费资助四个角度得出了一些结论。这些结论为进一步提升中国学者国际合作学术论文的引文影响力提供了一定的指导意义。例如，在选择合作对象时，除了考虑双边合作，还应该关注其他国家的合作机会；在控制合作规模时，要注意适度扩大规模以提升引文影响力；在领导力构成上，可以借鉴非中国领导的合作模式来提升影响力；在经费资助方面，积极申请联合经费并与其他国家的科研机构合作也是有效的方法。

然而，本章的研究还存在一些局限。首先，本章的研究仅基于引文数据进行分析，没有考虑其他因素如学科特性、研究质量等的影响。因此，未来的研究可以综合考虑更多因素来深入分析中国学者国际合作学术论文的影响力。其次，本章的研究仅关注了引文影响力，并未对学术论文的实际影响和应用价值进行考量。因此，进一步研究可以从更广泛的角度评估中国学者国际合作学术论文的影响力。

在未来的研究中，可以采用更多的数据和方法来进一步探索中国学者国际合作学术论文的影响力，并提出更具体的建议和策略，以促进中国学者在国际合作中的地位和影响力的提升。

第6章 中国学者国际合作学术论文影响力实证分析

　　本章的研究在前文的基础上对中国学者国际合作学术论文的影响力进行了实证分析，并涵盖了两个主要方面的内容。首先，对中国学者国际合作学术论文的影响力构成要素、引文影响力以及 Altmetrics 指标之间的相关性进行了分析。通过采用多元线性回归模型，在前文研究的基础上对中国学者国际合作学术论文的影响力构成要素与引文量进行显著性假设检验，以探究各要素对引文量的影响显著性。同时，对 Altmetrics 指标与 Altmetric Attention Score（AAS）的相关性进行了分析，以探究 Altmetrics 各指标对 AAS 得分的影响，为提高中国学者国际合作学术论文的 Altmetrics 影响力提供参考依据。此外，本章节还着重研究了 Altmetrics 指标对中国学者国际合作学术论文的引文量是否存在显著影响。其次，本章的另一个研究重点是对中国学者国际合作学术论文的影响力进行综合评价。通过前文的评价模型选择适当的影响力评价指标进行评价，主要选择了原生影响力指标中的科技距离指标和 Altmetrics 指标中的 8 个主要指标。然后对中国学者国际合作学术论文进行影响力得分排名，以综合评价其影响力。

　　通过本章节的研究分析，我们可以更全面地了解中国学者国际合作学术论文的影响力，并探讨各因素对引文量的显著性影响以及 Altmetrics 指标与引文量之间的关联。此外，对于提高中国学者国际合作学术论文的 Altmetrics 影响力，本章节的研究也为制定相应的策略和措施提供了参考依据。最后，通过综合评价中国学者国际合作学术论文的影响力，可以帮助研究者更好地了解其在国际学术界的地位和贡献。

6.1　中国学者国际合作学术论文影响力相关性分析

6.1.1　研究假设与设计

（1）研究假设。

从前文的分析中发现，中国与美国、日本、德国等科技发达国家合作的论文引文影响力低于中国学者国际合作学术论文引文影响力的平均水平，近几年来中国与德国合作的论文中高被引论文的比例最高。在不同的合作规模中论文的引文影响力表现也存在较大差别，合作规模较大的论文的引文影响力较高，并且当论文数量≥100 时，高被引论文的比例与合作规模呈正线性相关。而目前自然科学领域中国学者国际合作学术论文的主要合作作者数为6~10 人，4~5 人合作规模则长期保持了较为平稳的比例，说明中国学者国际合作论文的作者数量并没有向大规模合作增长。即使中国与主要合作国家合作时领导率在持续上升，中国领导完成的国际合作，论文的引文影响力也要低于非中国领导完成的论文。未被资助的合作论文的平均相对引文影响力低于被资助的论文，被不同的科研基金资助后论文的引文影响力也存在差别，但是论文中科研经费的多少与合作规模的关系并不明确。

基于此，本章节提出如下四个主要研究假设：

假设 1：合作规模（作者数、机构数和国家数）对论文引文影响力有显著影响。

假设增加合作规模可以提升论文的引文影响力。具体而言，当合作论文的作者数、机构数和国家数增加时，论文的引文影响力也会随之增加。

假设 2：Altmetrics 指标对论文引文量存在显著影响。

假设 Altmetrics 指标可以反映出论文的社交媒体关注度和在线讨论程度，从而对论文的引文量产生影响。具体而言，较高的 Altmetrics 指标值意味着更多的社交媒体关注和在线讨论，进而可能增加论文的引文量。

假设 3：与科技发达国家合作会提高论文的引文影响力。

假设与科技发达国家合作的论文相对于其他合作方式，具有更高的引文影响力。这是由于科技发达国家的研究资源和学术声誉能够为合作论文的质量和影响力提供更大的支持。

假设4：论文被资助的经费数量的增加会提高论文的引文影响力。

假设论文所获得的科研经费数量与论文的引文影响力之间存在正相关关系。具体而言，论文获得更多的科研资金可能意味着更多的研究资源和机会，从而提高论文的质量和引文影响力。

通过对这些假设进行实证分析，我们可以更深入地了解这些因素对中国学者国际合作学术论文引文影响力的影响程度，并为进一步提升论文的影响力提供有针对性的建议。

（2）研究设计。

本研究设计旨在检验影响中国学者国际合作学术论文引文影响力的因素。根据研究假设，我们将使用1980—2016年中国发表的国际合作学术论文作为研究样本，共计581919篇论文。

首先，为了检验假设1，我们将对全样本进行分析，以探究合作规模与引文影响力的相关性。具体而言，我们将分析作者数、机构数和国家数对引文影响力的影响。此外，为了进一步研究领导力模式的作用，我们将论文数据集分为中国领导和非中国领导两部分，并分别进行检验。

其次，为了检验假设2，我们将提取论文的Altmetrics指标得分。我们选择了覆盖率较高的8个指标作为分析对象，这些指标可以反映出论文的社交媒体关注度和在线讨论程度，从而影响引文量。

然后，为了检验假设3，我们将提取每篇论文中的合作国家信息，并计算科技发达国家的数量。这样，我们就可以比较与科技发达国家的合作及与科技欠发达国家的合作对引文影响力的影响的差异。

最后，为了检验假设4，我们将提取2008—2016年的经费数据，并计算每篇论文被资助的经费项数。然后，我们将研究经费项数与引文影响力之间的相关性，并进一步探究经费项数与合作规模、科技强度等其他因素的关系。

具体的变量和定义见表6-1。在分析过程中，我们将使用适当的统计方法，如多元线性回归分析来检验各个假设，并进行显著性假设检验以评估变量之间的关系。通过这些分析，我们将得出对中国学者国际合作学术论文引文影响力的影响因素的结论，并为提高论文的影响力提供有针对性的建议。

在表6-1中，我们将补充科技强度这一变量，并根据合作的国家进行分类统计处理。具体而言，我们将中国学者国际合作论文中除了中国之外的其他国家科技投入占 GDP 的比例排名前 30 的国家列为科技发达国家。我们将采用世界银行公布的 2016 年的数据进行统计，并将其应用于每篇论文中。科技强度的计算方式是通过计算一篇论文中参与合作的科技发达国家的数量来说明论文间的科技强度。例如，如果一篇论文的合作国家数为 4，其中除中国外参与论文的科技发达国家数为 2，那么我们将该篇论文的科技强度数值记为 2。需要注意的是，中国在人均科技投入排名中位列第 15 位，但在本研究的计算中未将中国计算在内。此外，我们还将添加论文发表的时长这一变量，它表示论文发表的年份距离 2018 年（论文数据下载年）的时间。例如，1980 年发表的论文的发表时长为 38 年。

通过引入科技强度和论文发表时长这两个变量，我们可以更全面地考察影响中国学者国际合作学术论文引文影响力的因素，并进一步提高研究的准确性和可解释性。

表 6-1　变量释义

变量	释义
作者数	论文中的合作者数量
机构数	论文中的合作机构数量
国家数	论文中的合作国家数量
领导力	中国为第一作者或通讯作者则是中国领导（记为 1），反之为非中国领导（记为 0）
科技强度	论文合作国家中科技发达国家的数量
发表时长	论文发表距离数据下载时的时间
学科	论文的所属学科（自然科学记为 1，人文社会科学记为 0）
经费数	论文被资助的经费数量
ARC	平均相对引文数量
Top10%	前 10% 的高被引论文
Top5%	前 5% 的高被引论文
AAS	Altmetrics 指标综合得分

6.1.2 影响力要素与引文量相关性分析

为了验证指标是否符合正态分布,将领导力、作者数、机构数、国家数和平均相对引文影响力值等进行非参数检验。利用 SPSS 软件,对这 4 个指标以及 ARC 值数据进行 K-S 单样本非参数正态分布检验,检验结果见图 6-1。根据图 6-1 所示,其中 3 个指标以及 ARC 值的渐进显著性水平都为 0,因此拒绝原假设,即这 3 个指标与 ARC 值均不符合正态分布,因此选用皮尔逊(Pearson)相关性算法进行分析,从而得到各指标与 ARC 之间的关系数矩阵。由于领导力、Top10%CR、Top5%CR 指标的取值为 0 或 1,0 和 1 分别表示非中国领导和中国领导、前 10% 高被引论文和非前 10% 高被引论文、前 5% 高被引论文和非前 5% 高被引论文,因此在假设检验中采用二项分布(Binomial)检测。

	原假设	检验	显著性	决策者
1	领导力=0.000和1.000所定义的类别的发生概率为0.5和0.5。	单样本Binomial检验	0.000	拒绝原假设。
2	ARC=ALL的类别以相同概率发生。	单样本卡方检验	0.000	拒绝原假设。
3	TOP10CR=0.000和1.000所定义的类别的发生概率为0.5和0.5。	单样本Binomial检验	0.000	拒绝原假设。
4	TOP5CR=0.000和1.000所定义的类别的发生概率为0.5和0.5。	单样本Binomial检验	0.000	拒绝原假设。
5	作者数的分布为正态分布,平均值为13.287,标准差为119.04。	单样本Kolmogorov-Smirnov检验	0.000	拒绝原假设。
6	机构数的分布为正态分布,平均值为3.965,标准偏差为11.35。	单样本Kolmogorov-Smirnov检验	0.000	拒绝原假设。
7	国家数的分布为正态分布,平均值为2.457,标准偏差为2.32。	单样本Kolmogorov-Smirnov检验	0.000	拒绝原假设。
8	科技距离的分布为正态分布,平均值为0.937,标准偏差为1.23。	单样本Kolmogorov-Smirnov检验	0.000	拒绝原假设。
9	发表时长的分布为正态分布,平均值为5.749,标准偏差为5.95。	单样本Kolmogorov-Smirnov检验	0.000	拒绝原假设。

注:显示渐进显著性。显著性水平为 0.05。

图 6-1　影响力构成要素与引文量的单样本假设检验

前文已经对中国学者国际合作学术论文在不同合作规模下的相对引文影响力表现进行了分析，为了进一步深入分析国际合作学术论文影响力与合作规模间的关系，本节采用皮尔逊（Pearson）相关系数算法对中国学者国际合作学术论文的平均相对引文（ARC）数量、高被引论文、合作规模（合作作者数、机构数和国家数）、领导力、科技强度、论文发表时长以及学科等进行分析，以探究影响因素之间、影响因素与影响力之间的相关性。

（1）影响力构成要素的相关性。

从表6-2中可以看出，中国学者国际合作论文的作者数、机构数和国家数的Pearson相关性系数分别为0.935和0.826；与领导力和发表时长的Pearson相关性系数为负，分别为-0.077和-0.022；与科技强度和学科的Pearson相关性系数分别为0.557和0.019。其中作者数、机构数、国家数、科技强度以及学科的P值大于0.01，说明中国的国际合作学术论文的作者数、机构数、国家数和科技强度以及学科等之间存在显著的正相关性，并且论文影响力与合作机构数的相关性大于与合作国家数的相关性，与科技强度间的相关性也很显著。而作者数与领导力和发表时长呈负相关，表明中国领导完成的国际合作论文的作者数量要低于非中国领导完成的国际合作论文的作者数，作者数量与论文发表距离现在年代呈负相关关系。

表中还显示了合作机构数、国家数、发表时长、科技强度与领导力间的负相关关系，例如科技强度和发表时长与领导力的Pearson相关性系数分别为-0.165和-0.197，说明中国学者国际合作论文中参与的科技发达国家越多则中国领导的比例就越少，并且随着时间的推移中国的国际合作论文中中国领导完成的论文数量在增加。同时表中还能看出合作规模、领导力、科技强度以及发表时长都与学科存在正相关关系，表明学科是影响中国学者国际合作论文影响力的重要因素。

表6-2　中国学者国际合作学术论文影响力构成要素的 Pearson 相关性检测

		作者数	机构数	国家数	领导力	科技强度	发表时长	学科
	Pearson 相关性	1	-0.935**	0.826**	-0.077**	0.557**	-0.022**	0.019**
作者数	显著性（双尾）		0.000	0.000	0.000	0.000	0.000	0.000
	N	581919	581919	581919	581919	581919	581919	581919

续表

		作者数	机构数	国家数	领导力	科技强度	发表时长	学科
机构数	Pearson 相关性	0.935**	1	0.924**	-0.111**	0.666**	-0.038**	0.019**
	显著性（双尾）	0.000		0.000	0.000	0.000	0.000	0.000
	N	581919	581919	581919	581919	581919	581919	581919
国家数	Pearson 相关性	0.826**	0.924**	1	-0.164**	0.750**	-0.033**	0.013**
	显著性（双尾）	0.000	0.000		0.000	0.000	0.000	0.000
	N	581919	581919	581919	581919	581919	581919	581919
领导力	Pearson 相关性	-0.077**	-0.111**	-0.164**	1	-0.165**	-0.197**	0.029**
	显著性（双尾）	0.000	0.000	0.000		0.000	0.000	0.000
	N	581919	581919	581919	581919	581919	581919	581919
科技强度	Pearson 相关性	0.557**	0.666**	0.750**	-0.165**	1	0.032**	0.019**
	显著性（双尾）	0.000	0.000	0.000	0.000		0.000	0.000
	N	581919	581919	581919	581919	581919	581919	581919
发表时长	Pearson 相关性	-0.022**	-0.038**	-0.033**	-0.197**	0.032**	1	0.038**
	显著性（双尾）	0.000	0.000	0.000	0.000	0.000		0.000
	N	581919	581919	581919	581919	581919	581919	581919
学科	Pearson 相关性	0.019**	0.019**	0.013**	0.029**	0.019**	0.038**	1
	显著性（双尾）	0.000	0.000	0.000	0.000	0.000	0.000	
	N	581919	581919	581919	581919	581919	581919	581919
ARC	Pearson 相关性	0.014**	0.034**	0.037**	-0.020**	0.041**	0.014**	0.001
	显著性（双尾）	0.000	0.000	0.000	0.000	0.000	0.000	0.559
	N	581907	581907	581907	581907	581907	581907	581907
Top10%	Pearson 相关性	0.030**	0.054**	0.079**	-0.041**	0.071**	-0.052**	0.002
	显著性（双尾）	0.000	0.000	0.000	0.000	0.000	0.000	0.061
	N	581919	581919	581919	581919	581919	581919	581919
Top5%	Pearson 相关性	0.029**	0.056**	0.080**	-0.034**	0.072**	-0.044**	0.005**
	显著性（双尾）	0.000	0.000	0.000	0.000	0.000	0.000	0.000
	N	581919	581919	581919	581919	581919	581919	581919

注：** 表示 p 在 0.01 水平（双侧）上显著相关。

从表6-3可以看出，ARC 与作者数的 Pearson 相关性系数为 0.014；ARC 与机构数的 Pearson 相关性系数为 0.034；ARC 与国家数的 Pearson 相关性系数为 0.037；ARC 与领导力、科技强度、发表时长以及学科的相关系数分别为 -0.020、0.041、0.014 和 0.001，说明 ARC 与这些影响因素均存在相关性，但与领导力存在负相关关系。这表明，中国学者国际合作中涉及的国家数量比国际合作的机构数量和作者数量存在的影响更大。

同时，表中还显示了合作的作者数、机构数、国家数、领导力、发表时长、科技强度以及学科与高被引论文之间是否存在相关性关系。结果表明，前 10% 的高被引论文与作者数、机构数、国家数、领导力、发表时长、科技强度以及学科的相关系数分别为 0.030，0.054，0.079，-0.041，-0.052，0.071 和 0.002，说明高被引论文与上述影响因素间也存在相关关系。同时，前 5% 的高被引论文与这些因素也存在相关关系。另外，还能发现，高被引论文与领导力和论文发表时长存在负相关关系，说明中国领导完成的和发表时间越长的论文与论文的高被引之间呈负相关。

表 6-3　中国学者国际合作学术论文影响力与影响因素的 Pearson 相关性检测

		ARC	Top10%	Top5%
作者数	Pearson 相关性	0.014**	0.030**	0.029**
	显著性（双尾）	0.000	0.000	0.000
	N	581907	581919	581919
机构数	Pearson 相关性	0.034**	0.054**	0.056**
	显著性（双尾）	0.000	0.000	0.000
	N	581907	581919	581919
国家数	Pearson 相关性	0.037**	0.079**	0.080**
	显著性（双尾）	0.000	0.000	0.000
	N	581907	581919	581919
领导力	Pearson 相关性	-0.020**	-0.041**	-0.034**
	显著性（双尾）	0.000	0.000	0.000
	N	581907	581919	581919

续表

		ARC	Top10%	Top5%
科技强度	Pearson 相关性	0.041**	0.071**	0.072**
	显著性（双尾）	0.000	0.000	0.000
	N	581907	581919	581919
发表时长	Pearson 相关性	0.014**	−0.052**	−0.044**
	显著性（双尾）	0.000	0.000	0.000
	N	581907	581919	581919
学科	Pearson 相关性	0.001	0.002	0.005**
	显著性（双尾）	0.559	0.061	0.000
	N	581907	581919	581919
ARC	Pearson 相关性	1	0.203**	0.224**
	显著性（双尾）		0.000	0.000
	N	581907	581907	581907
Top10%	Pearson 相关性	0.203**	1	0.701**
	显著性（双尾）	0.000		0.000
	N	581907	581919	581919
Top5%	Pearson 相关性	0.224**	0.701**	1
	显著性（双尾）	0.000	0.000	
	N	581907	581919	581919

注：** 表示 p 在 0.01 水平（双侧）上显著相关。

（2）影响力要素与引文量相关性。

在回归分析中显著性（significance）的值与 0.05 相比较，如果小于 0.05 则表明差异显著，如果大于 0.05 则说明不能通过显著性检测。从表6-4 的结果可以看出，合作规模（作者数、机构数和国家数）、领导力、科技强度、发表时长以及经费与论文的引文影响力都存在显著相关性，但是作用强度不一样。机构数、科技强度、发表时长与论文引文影响力存在正相关性，说明机构数越多、科技强度越强以及论文发表时间越长，引文影响力越高，这可能是由于论文中涉及的机构越多越会有更多的经费资助。科技强度越大说明论文合作国家中科技发达国家数越多，表明与科技发达国家合作更有利于提高论文的引文影响力水平。论文发表距今的时间越长被阅读和使用的概率越大，也就能有更高的概率被引用，但是文献也会存在老化问题，从非标准化系数可以看出相关性程度并不高。

表6-4 影响力要素与平均相对引文影响力显著性关系（总表）

指标	系数	t	Sig.
作者数	−0.004	−35.868	0.000
机构数	0.051	30.482	0.000
国家数	−0.033	−5.739	0.000
领导力	−0.063	−6.759	0.000
科技强度	0.051	9.262	0.000
发表时长	0.008	10.502	0.000
学科	−0.004	−0.196	0.845
经费	0.017	11.221	0.000

注：因变量为ARC。

从表中可以看出，作者数、国家数和领导力对中国学者国际合作学术论文的引文影响力存在负相关性，表明作者数越多、国家数越多、由中国领导完成的论文的引文影响力越低，这3个因素与中国学者国际合作学术论文的引文影响力存在显著负相关关系。

将中国学者国际合作学术论文分为中国领导完成的和非中国领导完成的进行分别回归时发现（见表6-5），在不同的领导力模式下，影响因素与引文影响力之间的相关性存在差别。同时，发现学科的显著性值在两种领导力模式下分别为0.856和0.701（>0.05），说明学科对引文影响力的影响不显著。在中国领导完成的合作中，论文引文影响力与作者数、科技强度存在显著负相关关系，说明当合作的作者数越多、合作的国家中科技发达国家数越多时，论文的引文影响力反而越低，但与国家数、发表时长、经费存在显著正相关关系。在非中国领导完成的国际合作学术论文中，作者数、国家数与引文影响力呈显著负相关，说明当作者数、国家数越多时，论文引文影响力越低。结合表6-4和表6-5，可以发现中国学者国际合作学术论文的影响因素与引文影响力之间存在显著相关性，但显著关系在不同的领导力模式下存在差别。

表 6-5　影响力要素与平均相对引文影响力显著性关系（按领导力分布）

指标	中国领导			非中国领导		
	系数	t	Sig.	系数	t	Sig.
作者数	−0.002	−1.958	0.050	−0.004	−34.551	0.000
机构数	0.006	1.218	0.223	0.059	30.926	0.000
国家数	0.145	10.39	0.000	−0.074	−11.297	0.000
科技强度	−0.052	−5.138	0.000	0.087	13.07	0.000
发表时长	0.008	7.916	0.000	0.007	6.418	0.000
学科	0.005	0.182	0.856	−0.012	−0.384	0.701
经费	0.007	4.611	0.007	0.01	6.156	0.006

注：因变量为 ARC。

（3）影响力要素与高被引论文。

表 6-6 是中国学者国际合作学术论文的影响力要素与高被引论文影响显著性检测。从表中可以观察到，在前 10% 的高被引论文中，机构数未通过显著性检验，其显著性值为 0.806，而其他因素的显著性值均小于 0.05。这意味着机构数对这些高被引论文引文影响力的影响并不显著。然而，作者数、国家数、科技强度、学科、经费因素与前 10% 高被引论文的影响力存在显著正相关关系，而发表时长、领导力则与影响力呈显著负相关。

进一步观察前 5% 的高被引论文，我们可以发现发表时长、领导力与前 5% 高被引论文的影响力之间存在显著负相关关系。这表明，当论文的发表时长越长、中国作为领导方时，可能不利于提高论文成为前 5% 高被引论文的概率。

表 6-6　影响力要素与高被引论文显著性关系（总表）

指标	Top10%			Top5%		
	系数	t	Sig.	系数	t	Sig.
作者数	0.000	−25.156	0.000	0.000	−30.602	0.000
机构数	−4.53E−05	−0.246	0.806	0.000	3.056	0.002

续表

指标	Top10%			Top5%		
	系数	t	Sig.	系数	t	Sig.
国家数	0.022	35.225	0.000	0.018	37.032	0.000
科技强度	0.005	9.051	0.000	0.003	6.784	0.000
发表时长	−0.004	−42.58	0.000	−0.002	−35.107	0.000
学科	0.009	4.076	0.000	0.009	5.621	0.000
领导力	−0.026	−25.297	0.000	−0.014	−18.08	0.000
经费	0.002	13.557	0.000	0.001	13.363	0.000

注：因变量为 Top5% 和 Top10% 。

鉴于我们已经清晰地发现了领导力与高被引论文存在显著负相关关系，我们将高被引论文分为中国领导和非中国领导两类进行分别分析。具体的结果详见表 6-7 和表 6-8。通过这些分析，我们可以更好地了解影响中国学者国际合作学术论文引文影响力的因素，并为提高论文的影响力提供有针对性的建议。

在中国领导完成的前 10% 高被引论文中，作者数、机构数和学科因素并未对其引文影响力显示出显著影响，而国家数、科技强度、发表时长和经费等因素则与其引文影响力存在显著相关性。具体而言，其引文影响力与科技强度和发表时长呈现显著负相关关系，这意味着在中国领导的国际合作中，较高的科技强度和较长的发表时长对于论文成为前 10% 高被引论文存在负相关影响。

在非中国领导完成的前 10% 高被引论文中，机构数的显著性值为 0.966（>0.05），说明机构数对论文的影响不显著。然而，其他因素如作者数、国家数、科技强度和经费等均对论文的引文影响力产生了显著影响，特别是发表时长与论文的引文影响力呈现显著负相关关系。

对前 5% 的高被引论文进行分析后发现，在中国领导完成的论文中，只有学科因素对论文影响力的影响不显著，其他因素在中国领导和非中国领导完成的国际合作论文中均表现出显著影响。在中国领导完成的论文中，科技强度和发表时长对于前 5% 高被引论文有显著负向影响，这意味着提高论文合作的科技强度并不能促进论文成为前 5% 高被引论文。而在非中国领导完成的论文中，只有发表时长与引文影响力存在显著负向影响，说明论文发表距今时间越长，论文的引用水平越低。

通过以上分析结果，我们可以更好地理解中国学者国际合作学术论文的引文影响力与各个因素之间的关系，并对提高论文的引文影响力提供有针对性的建议。

表 6-7 影响力要素与 Top10% 高被引论文显著性关系

指标	中国领导			非中国领导		
	系数	t	Sig.	系数	t	Sig.
作者数	6.24E-05	0.637	0.524	0.000	-20.963	0.000
机构数	0.000	0.584	0.559	8.91E-06	0.043	0.966
国家数	0.044	28.423	0.000	0.019	26.272	0.000
科技强度	-0.004	-3.661	0.000	0.008	11.099	0.000
发表时长	-0.004	-32.507	0.000	-0.003	-26.019	0.000
学科	0.004	1.563	0.118	0.013	4.009	0.000
经费	0.001	8.871	0.000	0.002	10.128	0.000

注：因变量为 Top10%。

表 6-8 影响力要素与 Top5% 高被引论文显著性关系

指标	中国领导			非中国领导		
	系数	t	Sig.	系数	t	Sig.
作者数	0.000	-2.346	0.019	0.000	-25.358	0.000
机构数	0.001	3.275	0.001	0.000	2.325	0.020
国家数	0.031	27.106	0.000	0.015	27.767	0.000
科技强度	-0.005	-6.371	0.000	0.006	10.228	0.000
发表时长	-0.002	-25.136	0.000	-0.002	-22.764	0.000
学科	0.004	1.932	0.053	0.015	5.923	0.000
经费	0.001	7.926	0.000	0.001	10.649	0.000

注：因变量为 Top5%。

（4）经费相关性分析。

考虑到经费数据的可用性，全书主要采用了 2008 年至 2016 年的经费数据，共得到 442772 篇中国学者国际合作学术论文的经费信息。全书进行了 Pearson 相关性分析，以探究经费与合作规模（作者数、机构数和国家数）、领导力、科技强度、发表时长以及学科之间的关系。相关性分析结果见表 6-9。

表 6-9 影响力要素与经费的 Pearson 相关性检测

	作者数	机构数	国家数	领导力	科技强度	发表时长	学科	Top10%	Top5%
Pearson 相关性	0.171**	0.186**	0.175**	0.001	0.162**	−0.101**	0.025**	0.020**	0.020**
显著性（双尾）	0.000	0.000	0.000	0.611	0.000	0.000	0.000	0.000	0.000
N	442772	442772	442772	442772	442772	442772	442772	442772	442772

注：** 表示 p 在 0.01 水平（双侧）上显著相关。

从表中可以观察到，经费与上述影响因素都存在相关性。特别是经费与发表时长呈现负相关，而与其他因素均呈现正相关。这表明随着经费的增加，合作规模、领导力、科技强度、发表时长以及学科的影响力也相应增加。在进一步的回归分析中，全书将对经费与论文引文影响力的显著性水平进行分析，并检测合作规模、领导力和科技强度因素与论文经费之间的显著性关系。这些分析结果将为提高中国学者国际合作学术论文经费资助水平提供参考依据。

通过对经费与其他影响因素的相关性分析，可以深入理解经费在中国学者国际合作学术论文中的重要性，并为提高论文的引文影响力提供有针对性的建议。

（5）影响力要素与经费分析。

在之前的分析中，作者已经发现经费是提高论文引文影响力的重要因素。然而，需要进一步验证合作的规模是否会对论文的经费资助水平产生影响。因此，在本节中，作者将经费数量作为因变量，合作规模（作者数、机构数和国家数）、科技强度、学科和领导力作为自变量进行回归分析。具体的结果见表 6-10。

从表中的结果可以看出，作者数与经费数量之间不存在显著性关系。这意味着增加作者数并不会相应地带来更多的经费支持。然而，其他因素如机构数、科技强度、学科和领导力与经费数量之间存在显著正相关关系。同时，国家数、发表时长与经费数量呈显著负相关。这说明论文涉及的国家越多，以及发表时间越长，经费的资助数量越低。这也表明目前的经费资助水平相比前几年有所提高。值得注意的是，合作的国家越多并不会增加论文中经费的数量。相反，我们观察到经费数量主要与合作的机构数量和科技强度呈现显著正相关关系。这说明与人均科技经费投入较高的国家进行合作能够为论文带来更多的经费支持。

通过这些回归分析结果，我们可以更深入地理解合作规模对经费资助水平的影响，并为提高中国学者国际合作学术论文的经费支持水平提供参考依据。

表 6-10　影响力要素与经费显著性关系

指标	系数	t	Sig.
作者数	9.98E−05	0.610	0.542
机构数	0.069	26.415	0.000
国家数	−0.099	−11.064	0.000
科技强度	0.311	36.466	0.000
发表时长	−0.187	−62.858	0.000
学科	0.445	14.383	0.000
领导力	0.130	8.266	0.000

注：因变量为经费数。

通过将合作论文分为中国领导和非中国领导两类并进行回归分析，我们发现影响因素与经费的显著性出现了明显变化，见表 6-11。在中国领导完成的国际合作论文中，表中所有的因素与经费数存在显著关系。具体而言，合作规模（作者数、机构数和国家数）以及学科与经费呈现显著正相关关系，这意味着增加合作规模可以为论文带来更多的经费支持。然而，科技强度与发表时长对经费存在显著负向影响。这说明在以中国学者为主要作者的合作学术论文中，合作的科技发达国家越多，论文的经费资助越低。这可能与中国领导完成的国际合作论文的经费主要来源于中国有关。相反，在非中国领导完成的国际合作论文中，合作的国家数以及论文发表的时长与经费项量呈现显著负相关。这说明合作涉及的国家越多，以及发表时间越长，经费的项数越少。因此，为了提高经费的资助水平，应该从提高合作机构的多样性以及合作国家的科技强度等方面着手。

总之，在本节中，我们主要通过回归分析探讨了影响因素与论文的经费资助项数之间的关系，并发现了与论文经费项数显著相关的影响因素。这为未来的国际合作提高经费资助水平提供了参考依据。

表 6-11　影响力要素与经费显著性关系（按领导力分布）

指标	中国领导			非中国领导		
	系数	t	Sig.	系数	t	Sig.
作者数	0.003	2.208	0.027	0.000	2.054	0.040
机构数	0.054	7.324	0.000	0.069	21.297	0.000
国家数	0.140	6.986	0.000	−0.174	−15.279	0.000
科技强度	−0.096	−6.524	0.000	0.469	40.760	0.000
发表时长	−0.166	−48.58	0.000	−0.23	−40.923	0.000
学科	0.452	12.294	0.000	0.425	7.650	0.000

注：因变量为经费数。

6.1.3　Altmetrics 指标与 AAS 得分相关性分析

（1）Altmetrics 指标与 AAS 得分相关性检测。

从 Altmetrics 指标中，我们选择了覆盖范围较广的 8 个指标进行分析，包括新闻提及（News mentions）、博客提及（Blog mentions）、政策文件提及（Policy mentions）、推特提及（Twitter mentions）、专利提及（Patent mentions）、同行评议提及（Peer review mentions）、F1000 提及（F1000 mentions）以及 Mendeley 读者数（Number of Mendeley readers）。对这 8 个指标与 Altmetric Attention Score（以下简称 AAS）的 Pearson 相关性检测结果见表 6-12。

从表中的结果可以观察到，同行评议提及与 AAS 得分的 Pearson 相关系数为 0.003（p<0.01），说明同行评议提及与 AAS 得分之间不存在线性相关

性，不适用于线性回归分析。然而，其他 7 个指标与 AAS 得分的 Pearson 相关系数均大于 0.01 的显著性水平，表明它们与 AAS 得分之间存在显著的线性相关性。

通过这些相关性检测分析，我们可以得出结论：在 Altmetrics 指标中，除了同行评议提及外，其他 7 个指标都与 AAS 得分呈现显著的线性相关性。这些结果为进一步研究 Altmetrics 指标与学术影响力之间的关系提供了重要参考。

表 6-12　Altmetrics 指标与 AAS 得分 Pearson 相关性检测

		新闻提及	博客提及	政策文件提及	推特提及	专利提及	同行评议提及	F1000提及	Mendeley读者数	AAS
新闻提及	Pearson 相关性	1	0.555**	0.137**	0.472**	0.037**	0.000	0.090**	0.174**	0.873**
	显著性（双侧）		0.000	0.000	0.000	0.000	0.972	0.000	0.000	0.000
	N	164780	164780	164780	164780	164780	164780	164780	164780	164780
博客提及	Pearson 相关性	0.555**	1	0.192**	0.482**	0.086**	0.083**	0.164**	0.292**	0.716**
	显著性（双侧）	0.000		0.000	0.000	0.000	0.000	0.000	0.000	0.000
	N	164780	164780	164780	164780	164780	164780	164780	164780	164780
政策文件提及	Pearson 相关性	0.137**	0.192**	1	0.135**	0.032**	-0.001	0.078**	0.144**	0.180**
	显著性（双侧）	0.000	0.000		0.000	0.000	0.772	0.000	0.000	0.000
	N	164780	164780	164780	164780	164780	164780	164780	164780	164780
推特提及	Pearson 相关性	0.472**	0.482**	0.135**	1	0.011**	0.005	0.108**	0.195**	0.728**
	显著性（双侧）	0.000	0.000	0.000		0.000	0.054	0.000	0.000	0.000
	N	164780	164780	164780	164780	164780	164780	164780	164780	164780

续表

		新闻提及	博客提及	政策文件提及	推特提及	专利提及	同行评议提及	F1000提及	Mendeley读者数	AAS
专利提及	Pearson相关性	0.037**	0.086**	0.032**	0.011**	1	−0.001	0.099**	0.274**	0.049**
	显著性（双侧）	0.000	0.000	0.000	0.000		0.578	0.000	0.000	0.000
	N	164780	164780	164780	164780	164780	164780	164780	164780	164780
同行评议提及	Pearson相关性	0.000	0.083**	−0.001	0.005	−0.001	1	−0.086**	0.001	0.003
	显著性（双侧）	0.972	0.000	0.772	0.054	0.578		0.000	0.578	0.161
	N	164780	164780	164780	164780	164780	164780	164780	164780	164780
F1000提及	Pearson相关性	0.090**	0.164**	0.078**	0.108**	0.099**	−0.086**	1	0.179**	0.130**
	显著性（双侧）	0.000	0.000	0.000	0.000	0.000	0.000		0.000	0.000
	N	164780	164780	164780	164780	164780	164780	164780	164780	164780
Mendeley读者数	Pearson相关性	0.174**	0.292**	0.144**	0.195**	0.274**	0.001	0.179**	1	0.243**
	显著性（双侧）	0.000	0.000	0.000	0.000	0.000	0.578	0.000		0.000
	N	164780	164780	164780	164780	164780	164780	164780	164780	164780
AAS	Pearson相关性	0.873**	0.716**	0.180**	0.728**	0.049**	0.003	0.130**	0.243**	1
	显著性（双侧）	0.000	0.000	0.000	0.000	0.000	0.161	0.000	0.000	
	N	164780	164780	164780	164780	164780	164780	164780	164780	164780

注：** 表示 p 在 0.01 水平（双侧）上显著相关。

（2）Altmetrics 指标与 AAS 得分回归分析。

通过 Pearson 相关性分析，我们已经发现本书选择的 8 个 Altmetrics 指标中，除了同行评议提及指标外，其他指标均与 AAS 得分之间存在线性相关性。因此，我们采用多元线性回归模型，将这 7 个指标作为自变量，AAS 得分作为因变量进行分析。具体结果见表 6-13。

从表中的 Sig. 值来看，F1000 提及的 Sig. 值大于 0.05 的显著性水平，说明该指标对因变量 AAS 得分的影响不显著。而新闻提及、推特提及和博客提及对 AAS 得分的影响显著性高于政策文件提及、专利提及以及 Mendeley 读者数。这些结果对于提高中国学者国际合作学术论文的 AAS 得分具有参考意义。

通过多元线性回归模型的分析，我们可以更全面地了解 Altmetrics 指标对 AAS 得分的影响，并为中国学者提高国际合作学术论文的 AAS 得分提供实质性建议。

表 6-13　Altmetrics 指标与 AAS 得分显著性关系

指标	系数	t	Sig.
新闻提及	0.585	681.940	0.000
博客提及	0.224	249.814	0.000
政策文件提及	0.010	14.082	0.000
推特提及	0.342	419.232	0.000
专利提及	0.002	2.271	0.023
F1000 提及	0.001	1.013	0.311
Mendeley 读者数	0.007	9.784	0.000

注：因变量为 AAS 得分。

6.1.4　Altmetrics 指标与引文量相关性分析

（1）Altmetrics 指标与平均相对引文量相关性检测。

在现有的研究中，学者们对 Altmetrics 指标与论文平均相对引文量的相关性进行了分析，发现不同的指标与引文量之间的影响显著性程度存在差异。为了探究 Altmetrics 指标与中国学者国际合作学术论文的平均相对引文数量之间的相关性，本书对具有 Altmetrics 指标值的中国学者国际合作学术论文进行了 Pearson 相关性检测，结果见表 6-14。

从表中的结果可以观察到，选择的 8 个 Altmetrics 指标均与平均相对引文量之间呈现线性相关性。然而，同行评议提及指标与平均相对引文量之间存在线性负相关性，同时该指标与 F1000 提及指标之间也存在线性负相关性。

通过这些相关性检测分析，我们发现 Altmetrics 指标与中国学者国际合作学术论文的平均相对引文量之间存在一定的关联。特别是同行评议提及指标与相对引文量之间的负相关性可能需要进一步研究解释。这些结果为理解 Altmetrics 指标与学术影响力之间的关系提供了重要线索。

表 6-14　Altmetrics 指标与引文量 Pearson 相关性检测

		新闻提及	博客提及	政策文件提及	推特提及	专利提及	同行评议提及	F1000提及	Mendeley读者数	平均相对引文量
新闻提及	Pearson相关性	1	0.555**	0.137**	0.472**	0.037**	0.000	0.090**	0.174**	0.087**
	显著性（双侧）		0.000	0.000	0.000	0.000	0.972	0.000	0.000	0.000
	N	164780	164780	164780	164780	164780	164780	164780	164780	164768
博客提及	Pearson相关性	0.555**	1	0.192**	0.482**	0.086**	0.083**	0.164**	0.292**	0.091**
	显著性（双侧）	0.000		0.000	0.000	0.000	0.000	0.000	0.000	0.000
	N	164780	164780	164780	164780	164780	164780	164780	164780	164768
政策文件提及	Pearson相关性	0.137**	0.192**	1	0.135**	0.032**	−0.001	0.078**	0.144**	0.068**
	显著性（双侧）	0.000	0.000		0.000	0.000	0.772	0.000	0.000	0.000
	N	164780	164780	164780	164780	164780	164780	164780	164780	164768
推特提及	Pearson相关性	0.472**	0.482**	0.135**	1	0.011**	0.005	0.108**	0.195**	0.074**
	显著性（双侧）	0.000	0.000	0.000		0.000	0.054	0.000	0.000	0.000
	N	164780	164780	164780	164780	164780	164780	164780	164780	164768

续表

		新闻提及	博客提及	政策文件提及	推特提及	专利提及	同行评议提及	F1000提及	Mendeley读者数	平均相对引文量
专利提及	Pearson相关性	0.037**	0.086**	0.032**	0.011**	1	-0.001	0.099**	0.274**	0.037**
	显著性（双侧）	0.000	0.000	0.000	0.000		0.578	0.000	0.000	0.000
	N	164780	164780	164780	164780	164780	164780	164780	164780	164768
同行评议提及	Pearson相关性	0.000	0.083**	-0.001	0.005	-0.001	1	-0.086**	0.001	-0.010**
	显著性（双侧）	0.972	0.000	0.772	0.054	0.578		0.000	0.578	0.000
	N	164780	164780	164780	164780	164780	164780	164780	164780	164768
F1000提及	Pearson相关性	0.090**	0.164**	0.078**	0.108**	0.099**	-0.086**	1	0.179**	0.070**
	显著性（双侧）	0.000	0.000	0.000	0.000	0.000	0.000		0.000	0.000
	N	164780	164780	164780	164780	164780	164780	164780	164780	164768
Mendeley读者数	Pearson相关性	0.174**	0.292**	0.144**	0.195**	0.274**	0.001	0.179**	1	0.133**
	显著性（双侧）	0.000	0.000	0.000	0.000	0.000	0.578	0.000		0.000
	N	164780	164780	164780	164780	164780	164780	164780	164780	164768
平均相对引文量	Pearson相关性	0.087**	0.091**	0.068**	0.074**	0.037**	-0.010**	0.070**	0.133**	1
	显著性（双侧）	0.000	0.000	0.000	0.000	0.000	0.000	0.000	0.000	
	N	164768	164768	164768	164768	164768	164768	164768	164768	164784

注：** 表示 p 在 0.01 水平（双侧）上显著相关。

（2）Altmetrics 指标与引文量回归分析。

通过 Pearson 相关性检测后，我们发现选择的 8 个 Altmetrics 指标与中国学者国际合作学术论文的平均相对引文量之间存在线性关系。因此，我们采用多元线性回归模型分析 Altmetrics 指标与平均相对引文量之间的影响显著性，结果见表 6-15。

从表中的结果可以观察到，以 0.05 的显著性水平为衡量标准，专利提及对因变量的引文量没有显著影响。然而，其他指标对引文量的影响是显著的。从影响系数来看，同行评议对平均相对引文量具有显著负向影响，而 Mendeley 读者数对平均相对引文量的影响显著性高于其他指标。

从提高中国学者国际合作学术论文引文影响力的角度来看，我们可以得出结论：Mendeley 读者数对论文引文量的增加具有显著的潜在影响。这说明论文被阅读与被引用之间存在相关性，增加 Mendeley 读者数可能有助于提高论文的引用数量。

通过对多元线性回归模型的分析，我们可以更全面地了解 Altmetrics 指标对中国学者国际合作学术论文的引文量的影响，并为提高论文引文数量提供实质性建议。

表 6-15　Altmetrics 指标与引文量显著性关系

指标	系数	t	Sig.
新闻提及	0.044	14.400	0.000
博客提及	0.015	4.600	0.000
政策文件提及	0.039	15.556	0.000
推特提及	0.017	5.691	0.000
专利提及	0.000	−0.014	0.989
同行评议提及	−0.008	−3.177	0.001
F1000 提及	0.039	15.701	0.000
Mendeley 读者数	0.105	39.476	0.000

注：因变量为平均相对引文量。

6.2 中国学者国际合作学术论文影响力评价指标与模型

6.2.1 影响力指标选取与修正

（1）影响力评价指标选取。

在第3章对中国学者国际合作学术论文影响力评价指标的分析中，我们主要选择了4个一级指标，分别是科技强度、平均相对引文（ARC）、高被引论文以及 Altmetric Attention Score（AAS）。其中，高被引论文使用前10%和5%的高被引论文两个二级指标进行测度，而 Altmetric Attention Score 则从 Altmetric.com 网站提供的指标中选择了覆盖率较高且具有实际意义的指标，包括 F1000 提及、Mendeley 读者数、同行评议提及、推特提及、博客提及、新闻提及、专利提及和政策文件提及。以上4个一级指标分别从学术论文原生影响力和次生影响力的角度来反映中国学者国际合作学术论文的影响力，其中科技距离属于原生影响力指标，而平均相对引文、高被引论文以及 Altmetric Attention Score 指标则属于次生影响力指标。

（2）影响力评价指标修正。

我们对 Altmetric Explorer（Altmetric.com 网站开发的数据服务应用）提供的指标覆盖率不足5%的指标不予采用，选取了覆盖率较全的8个指标与原生影响力指标进行分析，这些指标主要包括博客提及、推特提及、专利提及、F1000 提及、新闻提及、政策文件提及、Mendeley 读者数、同行评议提及、科技强度、相对引文、Top10% 高被引论文、Top5% 高被引论文。为了排除变量大小差异对结果的影响，我们对原始指标数据进行了标准化处理，并通过因子分析得到了指标的相关系数矩阵，具体结果见表6-16。

通过以上指标的选取和修正，我们可以更准确地评价中国学者国际合作学术论文的影响力，并为进一步研究 Altmetrics 指标与学术论文影响力之间的关系提供有力支持。

表 6-16 各指标的相关系数矩阵

指标	F1000提及	Mendeley读者数	同行评议提及	科技强度	Top5%高被引论文	推特提及	博客提及	相对引文	Top10%高被引论文	新闻提及	专利提及	政策文件提及
F1000提及	1.000	0.198	0.031	0.015	0.027	0.115	0.184	0.074	0.027	0.096	0.105	0.083
Mendeley读者数	0.198	1.000	0.047	0.011	0.040	0.195	0.299	0.132	0.040	0.175	0.274	0.144
同行评议提及	0.031	0.047	1.000	0.002	0.001	0.056	0.037	0.009	0.000	0.018	0.011	0.002
科技强度	0.015	0.011	0.002	1.000	0.090	0.024	0.022	0.045	0.089	0.031	-0.002	0.015
Top5%高被引论文	0.027	0.040	0.001	0.090	1.000	0.016	0.022	0.163	0.708	0.024	0.018	0.018
推特提及	0.115	0.195	0.056	0.024	0.016	1.000	0.492	0.074	0.012	0.472	0.011	0.135
博客提及	0.184	0.299	0.037	0.022	0.022	0.492	1.000	0.094	0.020	0.566	0.087	0.195
相对引文	0.074	0.132	0.009	0.045	0.163	0.074	0.094	1.000	0.140	0.087	0.037	0.068
Top10%高被引论文	0.027	0.040	0.000	0.089	0.708	0.012	0.020	0.140	1.000	0.022	0.021	0.019
新闻提及	0.096	0.175	0.018	0.031	0.024	0.472	0.566	0.087	0.022	1.000	0.037	0.137
专利提及	0.105	0.274	0.011	-0.002	0.018	0.011	0.087	0.037	0.021	0.037	1.000	0.032
政策文件提及	0.083	0.144	0.002	0.015	0.018	0.135	0.195	0.068	0.019	0.137	0.032	1.000

从表 6-16 中可以观察到，各指标之间的相关性较小，彼此之间没有明显的替代关系。为了对这些指标的相关性进行降维处理，我们在采用因子分析之前对其适用性进行了检验。我们选择了 KMO 与巴特利特（Bartlett）检验方法进行分析，具体结果见表 6-17。

通过 KMO 检验，我们评估了各指标之间的偏相关性，并计算了偏相关性指标受其他要素影响的程度。根据计算结果，KMO 的值为 0.653，说明这些指标适合进行因子分析。KMO 值接近 1 表明分析对象具有更多共同因子，有利于因子的提取。而 Bartlett 检验的显著性水平为 0.00（<0.01），否定了原

假设，即相关分析中的原假设认为变量之间不相关。

表 6-17　KMO 与 Bartlett 检验

检验指标		指标数值
Bartlett 球形检验	取样足够度的 Kaiser-Meyer-Olkin 度量	0.653
	近似卡方	291868.516
	df	66
	Sig.	0.000

为了进一步分析指标之间的共同度，我们使用公因子方差对各指标进行了计算，具体结果见表 6-18。共同度的取值范围在［0，1］之间，数值越接近 1 则越能反映指标的原始信息。从表中可以看出，各指标的提取值在 0.5 以上，这表明提取的公因子能够较好地反映各指标的信息。

通过以上的因子分析，我们对指标之间的相关性进行了降维处理，并确定了可以代表原始信息的共同因子。这为进一步研究 Altmetrics 指标与中国学者国际合作学术论文的影响力提供了基础。

表 6-18　各指标公因子方差

	初始	提取
F1000 提及	1.000	0.580
Mendeley 读者数	1.000	0.565
同行评议	1.000	0.942
科技强度	1.000	0.556
Top5% 高被引论文	1.000	0.819
推特提及	1.000	0.619
博客提及	1.000	0.696
相对引文	1.000	0.582
Top10% 高被引论文	1.000	0.810
新闻提及	1.000	0.667
专利提及	1.000	0.553
政策文件提及	1.000	0.686

注：提取方法为主成分分析法。

为了对各指标之间进行公因子提取，我们通过对各指标的方差解释进行了因子提取分析，具体结果见表 6-19。通过观察可发现，初始特征值大于 1 的有 4 个成分。前 4 个成分的方差值合计达到 53.135%，超过了 50% 的阈值，因此选择 4 个因子是比较合适的。提取平方和载入一栏表示未经旋转时，被提取的 4 个公因子的方差贡献信息，它们与初始特征值前 2 列的取值相同，说明前 4 个因子可以解释总方差的 53.135%。最后一栏旋转平方和载入表示经过因子旋转后得到的新公因子的方差贡献值，以及方差贡献率和累积方差贡献率。与未经旋转相比，每个因子的方差贡献值可能会发生变化，但最终的累积方差贡献率保持不变。

根据各成分的方差解释，我们将原有的 12 个指标划分到了 4 个主成分中。为了指标分配的合理性，我们利用因子分析的载荷矩阵得到了各变量之间的相关系数。根据相关系数的大小，确定了每个成分所包含的指标。

通过以上的公因子提取和指标分配，我们对不同指标进行了重新归类，并在因子分析的基础上确定了主成分的构成。这为进一步研究 Altmetrics 指标与中国学者国际合作学术论文影响力的关系提供了基础。

表 6-19　各成分解释的总方差

成分	初始特征值			提取平方和载入			旋转平方和载入[a]
	合计	方差贡献率/%	累积方差贡献率/%	合计	方差贡献率/%	累积方差贡献率/%	合计
1	2.385	19.877	19.877	2.385	19.877	19.877	2.225
2	1.763	14.696	34.572	1.763	14.696	34.572	1.799
3	1.226	10.216	44.788	1.226	10.216	44.788	1.606
4	1.002	8.347	53.135	1.002	8.347	53.135	1.004
5	0.978	8.150	61.285				
6	0.944	7.867	69.152				
7	0.902	7.514	76.665				
8	0.885	7.378	84.043				
9	0.670	5.579	89.622				

续表

成分	初始特征值			提取平方和载入			旋转平方和载入[a]
	合计	方差贡献率/%	累积方差贡献率/%	合计	方差贡献率/%	累积方差贡献率/%	合计
10	0.541	4.511	94.134				
11	0.412	3.437	97.570				
12	0.292	2.430	100.000				

注：提取方法为主成分分析法。

6.2.2 影响力指标权重赋值

根据前文对中国学者国际合作学术论文影响力综合评价模型的构建分析，我们需要对各评价指标进行权重赋值。在本书中，我们选择了主成分分析法来进行权重分析。根据之前对不同指标的因子主成分分析，我们将 4 个主成分作为一级指标，并选取了 8 个 Altmetrics 指标作为二级指标，具体构建如图 6-2 所示。该图是基于主成分分析构建的中国学者国际合作学术论文影响力模型，其中包括了 4 个一级指标和 8 个二级指标。

通过以上的模型构建和指标分类，我们可以更准确地评估中国学者国际合作学术论文的影响力，并为进一步研究 Altmetrics 指标与学术影响力之间的关系提供有力支持。

通过主成分分析，我们得到了各成分的得分系数矩阵，具体见表 6-20。基于这些结果，我们可以建立各成分的得分公式。在本书中，我们将基于 Altmetrics 指标和论文原生影响要素指标的中国学者国际合作学术论文综合影响力得分记为 ICI（International Collaboration Impact），并分为 ICI_1、ICI_2、ICI_3 和 ICI_4 四个因子。为了简化表示，我们使用指标英文名称的首字母来代替相应的指标，例如 P 代表同行评议提及。需要注意的是，由于政策文件（policy documents）和同行评审（peer reviews）的首字母相同，我们在表中进行了标注，用 PD 表示政策文件。

通过以上的主成分分析和得分公式的建立，我们可以综合评估中国学者国际合作学术论文的影响力，并将其表示为 ICI 指标。这为进一步研究 Altmetrics 指标与学术影响力之间的关系提供了有力支持。

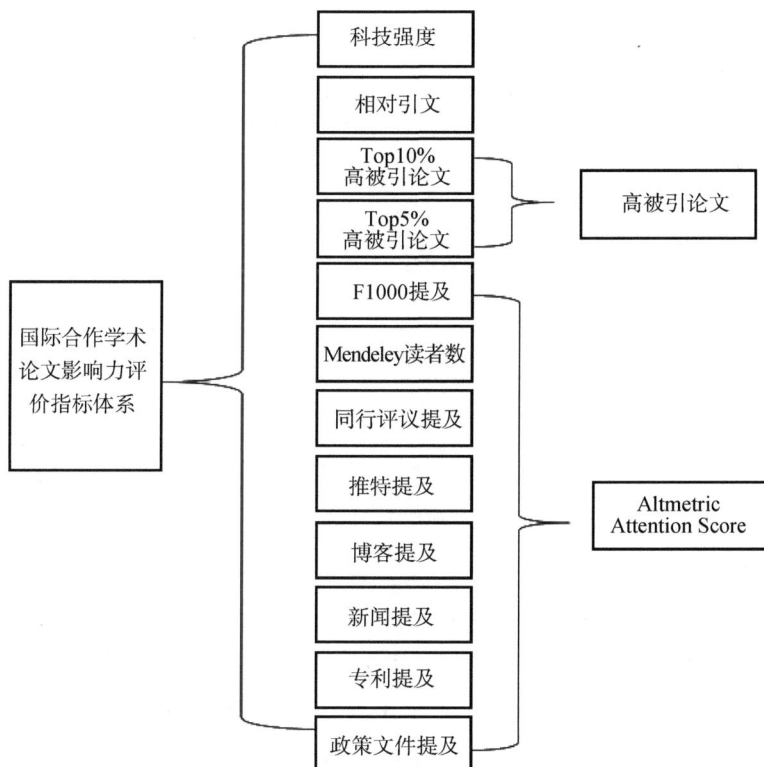

图 6-2　中国学者国际合作学术论文影响力评价指标体系

表 6-20　各成分得分系数矩阵

指标	成分			
	1	2	3	4
F1000 提及（F）	0.032	0.000	0.344	0.057
Mendeley 读者数（M）	0.067	0.002	0.481	0.008
同行评议提及（P）	0.010	0.001	0.011	0.964
科技强度（T）	0.030	0.126	-0.039	0.002
Top5% 高被引论文（T5）	-0.017	0.507	-0.010	0.012

续表

指标	成分			
	1	2	3	4
Top10%高被引论文（T10）	−0.019	0.505	−0.010	0.011
推特提及（TW）	0.375	−0.002	−0.051	0.069
博客提及（B）	0.375	−0.005	0.078	−0.004
相对引文（R）	0.033	0.176	0.158	−0.075
新闻提及（N）	0.391	0.005	−0.053	−0.017
专利提及（PT）	−0.102	−0.024	0.529	−0.033
政策文件提及（PD）	0.129	0.005	0.136	−0.228

注：提取方法为主成分分析法。

通过表 6-20，可以得到 ICI_1、ICI_2、ICI_3 和 ICI_4 的得分公式，分别如下：

$ICI_1 = 0.032F + 0.067M + 0.01P + 0.03T - 0.017T5 - 0.019T10 + 0.375TW$
$\qquad + 0.375B + 0.033R + 0.391N - 0.102PT + 0.129PD$；

$ICI_2 = 0.002M + 0.001P + 0.126T + 0.507T5 + 0.505T10 - 0.002TW - 0.005B$
$\qquad + 0.176R + 0.005N - 0.024PT + 0.005PD$；

$ICI_3 = 0.344F + 0.481M + 0.011P - 0.039T - 0.01T5 - 0.01T10 - 0.051TW$
$\qquad + 0.078B + 0.158R - 0.053N + 0.529PT + 0.136PD$；

$ICI_4 = 0.057F + 0.008M + 0.964P + 0.002T + 0.012T5 + 0.011T10 + 0.069TW$
$\qquad - 0.004B - 0.075R - 0.017N - 0.033PT - 0.228PD$。

为了进一步验证提取的成分之间的相关性，我们计算了 4 个成分的协方差矩阵，具体结果见表 6-21。通过观察可以发现，每个成分的相关系数都为0，表明这 4 个成分之间没有相关性。每个成分都体现了中国学者国际合作学术论文影响力的不同方面。

同时，根据因子方差解释表中的旋转平方和载入方差比例，我们计算出每个成分的权重系数。根据计算结果，成分 1 的权重系数为 0.13，成分 2 的权重系数为 0.227，成分 3 的权重系数为 0.294，成分 4 的权重系数为 0.349。

这些权重系数反映了各成分在综合影响力评估中的相对重要程度。通过对这些权重系数的理解，我们可以更准确地评估中国学者国际合作学术论文的影响力，并为进一步研究 Altmetrics 指标与学术影响力之间的关系提供了有力支持。

表 6-21　各成分得分协方差矩阵

成分	1	2	3	4
1	1.000	0.000	0.000	0.000
2	0.000	1.000	0.000	0.000
3	0.000	0.000	1.000	0.000
4	0.000	0.000	0.000	1.000

注：提取方法为主成分分析法。

6.2.3　影响力评价模型构建

通过前文分析，我们发现国际合作学术论文影响力综合评价的指标可以用 4 个主成分进行表示。基于计算出的各个成分的权重系数，我们可以将中国学者国际合作学术论文综合影响力公式表示为：

$$ICI = 0.13 \times ICI_1 + 0.227 \times ICI_2 + 0.294 \times ICI_3 + 0.349 \times ICI_4 \qquad 公式 6-1$$

其中，ICI 表示中国学者国际合作学术论文的综合影响力。综合影响力由 12 个评价指标构成，并通过中国学者国际合作学术论文影响力综合评价模型进行计算。为了使得综合影响力得分更具可比性，我们对得分进行归一化处理，即以百分制形式进行核算。

通过以上的模型构建，我们可以更准确地评估中国学者国际合作学术论文的影响力，并为进一步研究 Altmetrics 指标与学术影响力之间的关系提供有力支持。

6.3　中国学者国际合作学术论文影响力评价结果分析

对于 1980 年至 2016 年的中国学者国际合作学术论文，我们进行了统计分析。在这些论文中，共有 382365 篇含有 DOI 标识的论文。我们对这些论文的 Altmetrics 值进行了进一步的计算，发现其中 164780 篇论文具有 Altmetrics 值。这些论文的时间跨度为 1984 年至 2016 年，主要集中在 2008 年之后，这与 Altmetrics 指标的兴起和发展时间相关。此外，这些论文中自然科学论文的数量为 152737 篇。为了使开放获取的论文的影响力得分具有可比性，我们对各个评价指标进行了百分制转化。最终，对中国学者国际合作学术论文的影响力评价得分进行统计分析，最高得分为 100 分，最低得分为 0 分，平均得分为 14.485 分。

通过以上统计结果，我们可以更全面地了解中国学者国际合作学术论文的影响力情况。这些数据为进一步研究 Altmetrics 指标与学术影响力之间的关系提供了基础，并为评估学术论文的影响力提供了参考依据。具体得分结果见下节。

6.3.1 影响力得分结果

表 6-22 对中国学者国际合作学术论文的影响力得分区间进行了统计，并计算了各得分区间内论文数量占总论文数的百分比和累积百分比，以及各得分区间内的平均合作规模、中国领导率以及平均科技强度。根据表中的结果，我们可以观察到得分主要集中在 [7.5, 8) 的区间内，其次是 [8, 25) 的区间。在这两个得分区间内，平均合作作者数分别为 6.32 和 12.25。而平均合作机构数、国家数、中国领导率以及平均科技强度的差距相对较小。

在得分高于 60 分的区间内，共有 114 篇论文，占全部评价论文总数的 0.07%。这些论文的平均作者数为 43.30。其中，4 篇论文的作者数超过 100 人，其中 1 篇论文的作者数甚至达到了 2896 人。这 4 篇论文的合作机构数均超过 30 个，根据前文的定义，均可视为大规模合作论文。

从中国领导率的角度来看，在 [7.5, 8) 的得分区间内，论文的中国领导率最高，其次是 [8, 25) 和 [25, 40) 区间。而在 60 分以上的得分区间内，论文的中国领导率低于 50%，说明该区间内的论文主要由其他国家领导完成。同样的情况也存在于得分区间 [0, 7.5) 内，特别是在 [0, 5] 的区间内，中国领导率仅为 2.16%。

然而，平均科技强度的结果却表明，最主要得分区间内的平均科技强度分别为 0.990 和 0.233，而得分最低的区间内的论文平均科技强度为 13.95。

这意味着得分最低区间内的论文与科技发达国家的合作数量最多。需要注意的是，本节中的影响力得分是综合影响力得分，因此还需要进一步研究科技强度与其他影响力指标之间的关系，以更全面地理解科技强度与论文影响力之间的关系。

表 6-22　中国学者国际合作学术论文影响力得分区间分布

分值区间	论文数量/篇	百分比/%	累积百分比/%	平均作者数/人	平均机构数/个	平均国家数/个	领导率/%	平均科技强度
[60, 100]	114	0.07	0.07	43.30	10.83	4.23	42.98	1.833
[40, 60)	17143	10.43	10.50	30.39	7.01	3.33	56.94	1.337
[25, 40)	13850	8.43	18.93	12.67	4.37	2.65	60.40	1.004
[8, 25)	53627	32.63	51.55	12.25	3.68	2.32	67.85	0.233
[7.5, 8)	67560	41.10	92.66	6.32	3.08	2.13	69.59	0.990
[7, 7.5)	9223	5.61	98.27	7.83	4.70	3.30	47.26	2.010
[6, 7)	2105	1.28	99.55	17.31	8.87	5.44	24.28	3.563
[0, 5]	742	0.45	100.00	1227.38	129.07	27.70	2.16	13.95

6.3.2　影响力排名分析

在前文的分析中，我们已经对中国学者国际合作学术论文影响力的总体得分区间进行了分析。为了进一步说明影响力的得分情况，我们对单篇学术论文的得分进行了排名，结果见表 6-23。从表中的结果可以看出，得分最高的论文发表于 2010 年，其他论文的发表时间都在 2008 年至 2016 年之间。通过数据分析，我们发现在表中的论文中，中国的领导率达到了 55%。值得注意的是，这些论文均属于自然科学领域。

为了更全面地了解中国学者国际合作学术论文影响力得分在社会科学领域的情况，我们统计了中国学者国际合作学术论文影响力排名前 20 位的人文社会科学领域论文，结果见表 6-24。从表中可以看出，这些论文得分最高为69.485，最低为 55.173。这些得分都高于全部论文的平均得分。其中，有 3篇论文进入了 [60, 100] 的得分区间，中国的领导率为 45%，说明这些论文主要由其他合作国家领导完成。

结合表6-23和表6-24，我们可以得出以下结论：在论文影响力综合评价得分中，自然科学领域的论文得分高于人文社会科学领域。从领导率的角度来看，在自然科学领域的高影响力得分论文中，中国已经占据了主要的领导地位。

表6-23　中国学者国际合作学术论文影响力得分Top20（自然科学）

序号	题目	发表时间	影响力得分
1	Impairment of TrkB-PSD-95 signaling in Angelman syndrome	2010	100
2	Egg consumption and risk of coronary heart disease and stroke：Dose-response meta-analysis of prospective cohort studies	2010	93.944
3	IKKα-mediated biogenesis of miR-196a through interaction with drosha regulates the sensitivity of cancer cells to radiotherapy	2016	91.215
4	Cigarette smoke mediates epigenetic repression of miR-217 during esophageal adenocarcinogenesis	2015	87.781
5	Multiplex genome engineering using CRISPR/Cas systems	2012	86.813
6	Enterotypes of the human gut microbiome	2011	86.186
7	A high-coverage genome sequence from an archaic Denisovan individual	2012	84.347
8	A map of human genome variation from population-scale sequencing	2010	82.089
9	Genome-wide association study identifies 74 loci associated with educational attainment	2016	81.109
10	Altitude adaptation in Tibetans caused by introgression of Denisovan like DNA	2014	81.095
11	The genetic history of Ice Age Europe	2016	79.016
12	Paris Agreement climate proposals need a boost to keep warming well below 2℃	2016	78.792

续表

序号	题目	发表时间	影响力得分
13	Early Neanderthal constructions deep in Bruniquel Cave in southwestern France	2016	78.281
14	Capture of authentic embryonic stem cells from rat blastocysts	2008	78.226
15	Revealing a 5,000-y-old beer recipe in China	2016	77.192
16	Molecular criteria for defining the Naive Human Pluripotent State	2016	76.074
17	APPL1 counteracts obesity-induced vascular insulin resistance and endothelial dysfunction by modulating the endothelial production of nitric oxide and endothelin-1 in mice	2010	75.293
18	Global, regional, and national incidence, prevalence, and years lived with disability for 301 acute and chronic diseases and injuries in 188 countries, 1990—2013：A systematic analysis for the Global Burden of Disease Study 2013	2016	74.906
19	Selective elimination of mitochondrial mutations in the germline by genome editing	2015	74.780
20	The simons genome diversity project：300 genomes from 142 diverse populations	2016	74.477

表 6-24　中国学者国际合作学术论文影响力得分 Top20（人文社会科学）

序号	题目	时间	影响力得分
1	Prognostic value of grip strength：Findings from the Prospective Urban Rural Epidemiology（PURE）study	2015	69.485
2	Effects of life satisfaction and psychache on risk for suicidal behaviour：A cross-sectional study based on data from Chinese undergraduates	2014	61.745
3	Empowerment and creativity：A cross-level investigation	2010	60.597
4	A survey of TB knowledge among medical students in Southwest China：Is the information reaching the target?	2012	58.570

续表

序号	题目	时间	影响力得分
5	Discovery of a relict lineage and monotypic family of passerine birds	2012	58.022
6	Fish consumption and CHD mortality: An updated meta-analysis of seventeen cohort studies	2012	57.650
7	Matrix IGF-1 maintains bone mass by activation of mTOR in mesenchymal stem cells	2011	57.148
8	The making of a sustainable wireless city? Mapping public Wi-Fi access in Shanghai	2015	56.284
9	Dynamic functional reorganization of the motor execution network after stroke	2016	56.032
10	The curious case of behavioral backlash: Why brands produce priming effects and slogans produce reverse priming effects	2010	55.995
11	Transformation of the intestinal epithelium by the MSI2 RNA-binding protein	2015	55.654
12	The role of big data in smart city	2016	55.654
13	When all signs point to you: Lies told in the face of evidence	2010	55.514
14	Groundwater sapping as the cause of irreversible desertification of Hunshandake Sandy Lands, Inner Mongolia, northern China	2015	55.442
15	Superior self-paced memorization of digits in spite of a normal digit span: The structure of amemorist's skill	2009	55.388
16	Alterations of the human gut microbiome in liver cirrhosis	2014	55.304
17	Four-factor justice and daily job satisfaction: A multilevel investigation	2009	55.298
18	Connecting and separating mind-sets: Culture as situated cognition	2009	55.207
19	Isolation and production of cells suitable for human therapy: Challenges ahead	2016	55.199
20	Overcoming resistance to change and enhancing creative performance	2010	55.173

6.3.3 高影响力论文分析

根据对综合影响力得分区间在 60~100 分之前的 114 篇论文的分析，研究发现这些论文的合作规模显著大于中国学者国际合作学术论文的平均合作规模。具体来说，这些高影响力得分的论文的平均作者数为 43.298 人，平均机构数为 10.833 个，平均国家数为 4.228 个。这一结果进一步证明了高影响力得分的论文往往具有较大的合作规模，详见图 4-7。

此外，在这些高影响力得分的论文中，非中国领导完成的国际合作学术论文的综合影响力高于中国领导完成的学术论文，占比达到 42.982%。这意味着，在这个高影响力得分的样本中，非中国领导完成的国际合作学术论文在综合影响力方面表现更出色。进一步观察这 114 篇论文，发现它们的平均发表时长为 2.518 年，说明主要是近几年发表的。此外，它们的 AAS 得分的均值为 488.781，远高于总体的平均值 6.364，这表明高影响力得分的论文的 Altmetrics 得分也较高。此外，这些高影响力得分的论文平均科技距离为 1.833，而中国学者国际合作学术论文的平均科技距离为 0.945。这意味着在综合影响力得分较高的学术论文中，科技距离保持在较高水平。最后，这 114 篇论文的平均相对引文量为 19.556，明显高于世界平均水平（ARC=1）。需要注意的是，这些论文都属于自然科学领域的学术论文。

总之，通过对综合影响力得分区间在 60~100 分之间的 114 篇论文的分析，我们发现这些论文在合作规模、领导力、发表时长、Altmetrics 得分、科技强度和引文量等方面表现出一定的特点，这为进一步研究和提升中国学者国际合作学术论文的影响力提供了一定的参考依据。

6.4 中国学者国际合作优化建议与对策

中国学者国际合作学术论文的引文影响力受到合作规模（作者数、机构数和国家数）、领导力、科技强度、发表时长以及学科分布等因素的影响。然而，不同的领导力模式可能会导致这些影响因素对论文的引文影响力产生差异，因此影响因素对引文影响力产生作用的过程是一个复杂的动态过程。

同时，除了在本书中列出的影响因素之外，还存在其他因素对论文的引文影响力产生影响，例如论文发表的期刊、科研人员的年龄和性别等。因此，在进一步研究中国学者国际合作学术论文引文影响力的过程中，需要综合考虑更多因素的作用。

综合前文的分析结果，目前中国学者国际合作仍面临一系列问题。主要表现在国际合作的比例与美国、日本等国家存在差距，同时用于科研事业的资金投入也低于发达国家的水平。此外，中国领导完成的国际合作论文的引文影响力相对较低，与非中国领导完成的国际合作论文存在差距。

针对上述问题，本书提出以下三点思考与建议。

6.4.1　提高国际合作的科技强度

从实证分析中已经发现科技强度对论文的相对引文量（ARC 值）具有重要影响，合作的科技强度越高，论文的引文影响力也越高。这表明与科技发达国家合作对论文的引文影响力具有显著影响。科技吸引力是国际科研合作的重要原因之一，科技发展较弱的国家与科技强国合作可以提高其在某一领域内的科研水平。通过中国学者国际合作学术论文数量时序变化和合作对象的变化分析，可以发现中国的国际合作主要集中在与科技发达国家展开，例如 20 世纪 80 年代，中国的国际合作对象主要是美国，作为世界科技强国，美国如今仍然是中国的主要合作对象。

同时，在分析中还发现科技强度对中国领导和非中国领导完成的合作论文的影响存在明显差异。在中国领导的合作论文中，科技强度与论文的相对引文影响力、高被引论文比例以及经费项数之间呈显著负相关。这说明当中国学者作为论文的主要作者时，合作的科技发达国家数目增多，论文的引用水平和经费资助水平越低。从这一点来看，在中国领导的国际合作中需要合理选择合作对象，盲目增加合作的科技强度并不能提高论文的引文影响力。而在非中国领导的国际合作论文中，科技强度与论文的引文影响力呈显著正相关，这表明当中国参与其他国家领导的合作时，合作的科技强度越高，越有利于提升论文的影响力。

上述现象与论文的引用国家存在一定关系。已有研究证明中国论文的主要引用来自中国作者[①]，而美国的引用对论文的总体引用水平具有重要影响。因此，在将来的研究中可以分析中国领导的国际合作论文被谁引用，中国在论文中的领导角色是否会对论文的引用产生影响。因此，在未来的国际科研合作中，可以从不同角度出发，合理提高合作的科技强度。

6.4.2　加大国际合作的经费投入

国际科研合作是科研经费的国际合作，科研经费在推动国际合作方面起着重要作用。本书的研究发现，长期以来中国在国际合作中处于非领导地位，但近年来中国在国际合作学术论文中的领导率已有明显提升。将科研经费视为合作成功的保障不仅符合国际科研合作的需要，也关乎合作的科研成果归属。科研经费在科研合作中发挥的重要作用已被多项科研成果所证实[②③④⑤]。它不仅能够提高学术论文的数量和质量，还对科研人才的培养至关重要。从某种程度上说，国际科研合作是受到科研经费驱动的结果。

本书的分析表明，经费对中国学者国际合作学术论文的影响力具有重要作用。经费数量与论文的相对引文影响力、高被引论文之间存在显著正相关关系，这说明提高中国学者国际合作学术论文的经费资助水平能够提高论文的引文影响力。经费是保障国际合作顺利进行的前提，也是国际合作产生的重要原因之一。在经费充足的情况下，科研工作者可以寻找其他合作者共同完成科研任务。例如，一些实验室会根据经费预算招聘博士后以满足科研需求，而青年科研工作者往往需要经费支持，加入经费充足的项目组进行合作能够解决经费问题，实现双方共赢。

回归分析的结果显示，在中国领导和非中国领导的两种模式下，经费数

①　Larivière V, Gong K, Sugimoto C. Citations strength begins at home ［J］. *Nature Index*2018, 2018：s70-s71.

②　张诗乐，盖双双，刘雪立. 国家自然科学基金资助的效果：基于论文产出的文献计量学评价［J］. 科学学研究，2015, 33（4）：507-515.

③　赵斐. 基于 DEA 的国家自然科学基金投入产出相对效率评价［J］. 图书情报研究，2010（3）：41-46.

④　Goldfarb B. The effect of government contracting on academic research：Does the source of funding affect scientific output? ［J］. *Research Policy*，2008, 37（1）：41-58.

⑤　Wang X，Ding K，et al. Science funding and research output：A study on 10 countries ［J］. *Scientometrics*，2012, 91（2）：591-599.

量与中国学者国际合作学术论文的引文影响力、高被引论文均存在显著正相关关系。这表明无论是哪种合作模式，经费都是影响中国学者国际合作学术论文引文影响力的重要因素。通过对经费的影响因素进行分析后发现，论文发表时间距今的时长与论文的经费资助水平呈显著负相关。这说明中国学者国际合作学术论文的经费资助随着时间推移发生了变化，新近发表的论文经费资助项数不断增加。这也间接表明中国提高了国际合作中的经费资助力度。

在未来的合作中，可以通过增加经费投入来增加国际合作机会，特别是在对未来产生重大影响的高科技领域，通过增加科技投入来产出更多中国领导完成的合作论文。这也为国际合作中提高中国知识产权强度提供了保障。

6.4.3　合理控制合作规模

根据本书对中国学者国际合作学术论文合作规模的分析，发现目前的国际合作规模保持在一定范围内，自然科学领域的平均合作规模为 4~5 人和 6~10 人模式。合作规模（作者数、机构数和国家数）对中国学者国际合作学术论文的平均相对引文影响力和高被引论文起着不同的作用。总体而言，合作的作者数和国家数与论文的引文影响力呈负相关，说明增加合作的作者数量和国家数量并不利于提升论文的引文影响力。而机构数则与引文影响力呈显著正相关。在高被引论文方面，机构数与前 10% 高被引论文之间没有显著相关性，而合作作者数和国家数与高被引论文存在显著关系，合作规模与前 5% 高被引论文也具有显著相关性。

在不同的领导力模式下，合作的作者数、机构数和国家数与论文的引文影响力和高被引论文并不都具有显著关系。例如，在中国领导完成的国际合作论文中，机构数与引文影响力和前 10% 高被引论文之间并无显著关系。然而，在非中国领导完成的国际合作学术论文中，机构数与引文影响力以及前 5% 高被引论文之间存在显著相关性。

因此，盲目扩大中国学者国际合作的机构数量并不一定能提高论文的引文影响力水平，甚至可能对引文影响力产生负面影响。在经费分析方面，总体而言，作者数对经费的影响不显著，而国家数与经费呈负相关。然而，将论文按不同的领导力模式进行划分，会发现合作规模对经费的影响显著，在非中国领导的模式下，国家数量与经费项数呈负相关。综上所述，合作规模与论文的引文影响力之间并不存在明确的显著关系，而在不同的领导力模式下，合作规模与论文影响力之间的关系也不够清晰。

合作规模在科研管理中是一个重要问题。在科研合作团队中，合作成员数量过多对科研管理构成挑战。此外，国际合作的成员来自不同国家，具有不同的文化和语言背景，沟通存在障碍，这也是实际面临的问题。更大的合作规模需要花费更多时间和经济成本用于成员之间的沟通和协作，这对科研效率的提升并不利。同时，在国际科研合作中，知识产权问题是另一个挑战，较大的合作规模提出了知识产权分配的新课题。因此，在中国的国际合作中，应根据学科特点和实际研究需求选择合适的合作规模，以实现科研资源的最优化利用。本书的第4章和第5章的研究已经发现，中国的国际科研合作已形成相对稳定的合作规模，如双边合作仍然是主要合作模式。实践是检验真理的唯一标准，在国际合作的实际过程中，科研人员需要根据实际情况来决定团队的规模。

6.5　本章小结

本章节通过对中国学者国际合作学术论文影响因素与引文影响力的相关性进行分析，发现了它们之间的关联。在回归分析中发现，不同的影响因素对引文影响力和高被引论文的影响存在显著差异，同时也发现有些影响因素与论文影响力之间并不存在显著关系。基于本书的研究结果，我们提出了一些关于中国未来国际科研合作的思考和建议。通过这一章节的分析和研究，我们对中国学者国际合作学术论文与引文影响力之间的关系有了更清晰的认识，证明了中国学者国际合作学术论文的影响力受到多种因素的影响，要提升引文影响力需要从多个方面着手。

根据本章节的分析和研究结果，作者对中国未来的国际科研合作提出以下几点思考与建议：

（1）加强合作团队管理。合作成员数量过多可能会对科研管理构成挑战，因此在合作团队中需要加强管理，确保团队成员之间的有效沟通和协作。可以通过明确分工、设立有效的沟通渠道以及建立良好的团队合作氛围来提高合作效率。

（2）注意文化差异和语言沟通。国际合作的成员来自不同国家，具有不同的文化背景和语言背景，沟通难度大。为了更好地进行合作，需要关注并尊重各个国家的文化差异，并采取措施解决语言沟通问题，例如提供翻译服务或培训团队成员的语言能力。

（3）知识产权管理。较大的合作规模可能引发知识产权分配的问题，例如，出现作者署名与贡献程度的争议。在国际合作中，应制定清晰的知识产权政策和合作协议，明确各方的权益和责任，以确保公正的知识产权分配和保护。

（4）根据学科特点选择合适的合作规模。不同学科在合作规模上可能存在差异，因此需要根据学科特点和实际研究需求来选择合适的合作规模。有些学科可能更适合小规模合作，而另一些学科则可以从大规模合作中获益。

（5）提高科研质量和影响力。除了合作规模外，还应注重提高科研质量和影响力。这包括加强研究方法和数据分析能力、选择具有国际声誉的合作伙伴、积极参与国际学术交流等，以提高论文的引文影响力和被引频次。

总之，中国未来的国际科研合作需要综合考虑多个因素，并根据学科特点和实际情况制定相应的策略和管理措施，以提升合作效率和科研影响力。

第7章 结论与展望

7.1 研究结论

本书主要通过全面细致的分析，研究中国学者国际科研合作的产生背景、影响因素以及中国学者国际合作学术论文的影响力构成要素与特征、影响因素对引文影响力的作用，以及综合影响力评价等方面的内容。首先，本书通过文献调研对国内外关于科研合作、国际科研合作的相关文献进行梳理和归纳，了解国际科研合作研究的现状，并对涉及的相关概念进行界定。其次，基于相关理论，归纳分析了对中国学者国际合作产生重要作用的影响因素，并对中国学者国际合作学术论文的影响力构成要素进行分析，构建了中国学者国际合作学术论文影响力研究框架。在此基础上，对中国学者国际合作学术论文的影响力进行了分析。最后，通过实证分析中国学者国际合作学术论文的影响力，并提出相关建议和对策，旨在提升中国学者国际合作学术论文的影响力。整个研究数据时间从 1980 年开始，对中国学者国际合作学术论文进行了全面细致的分析，为理解和推进中国学者国际科研合作提供了重要参考。概括而言，本书研究内容主要揭示了以下核心观点：

（1）中国的国际科研显示度显著提升。

根据书中研究数据分析可知，自 1980 年以来，中国学者国际合作学术论文的数量呈快速增长趋势。尤其是近年来，国际合作学术论文在中国当年发表的全部国际论文中所占比例稳定在 24% 左右。中国在一些学科领域保持着高水平的科研产出，尤其是工程学与技术学科的发文量远超其他学科。中国学者国际合作的合作伙伴国家（地区）也逐渐从较为发达的国家扩散至其他国家和地区。在国际合作中，中国的主导地位不断增强，中国领导的国际合作学术论文比例逐年上升。尤其是在一些优势学科领域如工程学与技术领域，中国领导完成的国际合作学术论文比例高于非中国领导完成的论文。

（2）中国学者国际合作受到多种因素的综合影响。

国家的科研发展受到经济、地理环境、科技政策等多方面综合因素的影响。本书通过分析发现，中国学者国际合作的影响因素可以从国家（宏观）层面、机构（中观）层面和学者（微观）层面进行分类。在国家层面上，地理位置因素在交通不发达时期是影响国际合作的关键因素。然而，随着通信和交通技术的进步，地理空间的隔阂逐渐缩小。经济发展因素也是影响中国学者国际科研合作的关键因素。随着中国 GDP 的增长，科研投入占 GDP 比例持续增加，但仍低于发达国家，如美国和日本。此外，中国从事研发的科技人员数量也较少。机构层面上，本书发现中国的国际合作与机构密切相关。科技人力主要集中在"985"和"211"高校，而普通高校不仅科技人力不足，获得的资助经费和参加国际会议的人数也远低于"985"和"211"高校。最后，科研人员的年龄、性别以及学者的流动性也是影响国际合作的重要因素。这些因素对科研人员的个人发展、中国学者国际合作学术论文的产出与影响力以及国家的科技竞争力都具有重要影响。

（3）中国学者国际合作规模逐渐扩大。

研究结果显示，中国积极参与到大规模国际合作中。科研合作规模在作者数量、机构数量和国家数量层面都呈现一定程度的扩大。自然科学领域和人文社会科学领域的主流合作规模都出现了扩大的趋势。以自然科学为例，长期以来，主流合作模式通常是由 4~5 名作者组成，但自 2008 年以后，主要模式的增长范围扩大至 6~10 人。这表明，随着中国科研的发展以及交通工具和通信技术的进步，中国学者在国际合作学术论文中的作者规模也呈现较大规模的发展。这一趋势在社会科学领域同样存在。对于机构层面的分析也证实了合作规模的扩大趋势，但国家数量的发展相对平稳。近年来，中国在参与作者数量较多和合作机构较多的国际合作中表现积极，尤其是 2009 年以后，大规模合作论文的数量增长迅速。这与世界范围内大规模科研合作的增加以及中国科研实力的增强有一定的关系。

（4）中国学者国际合作的领导力逐渐提升。

中国学者作为第一作者或通讯作者的论文数量逐渐超过了非中国领导完成的科研论文数量。据 2016 年数据显示，在中国与美国合作的学术论文中，超过70% 的论文由中国学者领导完成。在与其他主要合作国家合作的学术论文中，中国学者的领导地位也在不断增强。此外，领导力在学科间存在差异性，自然科学领域的领导率高于人文社会科学领域。然而，物理学领域的合作领导力却出现了下降趋势。与此相反，工程学与技术以及数学学科的合作领导力保持较高水平，这表明中国已经在一些优势学科的国际合作中处于领先地位。

同时，本书对主要合作国家和合作学科方面的领导力进行了细致分析后发现，中国在国际合作中具有较高领导率的学科都是中国拥有一定优势的学科领域。相反，合作率较高的学科的领导力较低。这说明中国在国际合作中的策略是吸引并领导具有优势的学科的合作，积极参与其他国家在这些学科领域的合作，以提高研究水平。

（5）中国学者国际合作学术论文的影响力逐渐提升。

通过对中国学者国际合作学术论文的平均相对引文影响力（ARC 值）进行分析，本书发现，在同一领域、同一年发表的论文中，近年来中国学者国际合作学术论文的 ARC 值逐渐增加，并高于世界平均水平。从引文影响力的角度来看，这说明了论文质量不断提升的趋势。然而，中国学者国际合作学术论文的引文影响力在不同学科、不同合作国家和不同合作规模条件下呈现出不同的变化趋势。与非中国领导完成的国际合作学术论文相比，中国领导完成的论文引文影响力较低。这一现象在高被引论文中也存在。此外，中国学者国际合作学术论文的影响力还受到经费资助的影响。主要的资助经费对中国学者国际合作学术论文的影响力提升产生了较大的影响，特别是美国国家科学基金会资助的科研论文效果明显。综上所述，中国学者国际合作的学术论文数量不断增加，并且其所占当年中国发表全部学术论文数量的比例保持在较高水平，但与美国和日本相比仍存在一定差距。中国的国际合作受到多方面综合因素的影响。经费作为最直接的因素一直受到广泛关注，然而与发达国家相比，中国仍需要进一步提高国际合作科研经费占 GDP 的比重，以从经济层面保障国际科研合作的顺利进行。为了提高中国学者国际合作学术论文的影响力，需要从多个方面入手。合作规模、领导力模式、学科差异性、合作的国家以及经费资助水平等因素都会对中国学者国际合作学术论文的引文影响力产生影响。因此，中国应积极探索适合自身情况的合作规模。优化领导力模式，根据学科特点制定合适的策略，并加强与具有学科优势的国家之间的合作，同时提高经费资助水平，以实现学术论文影响力的提升。

7.2　研究展望

国际合作的形式多种多样，其中一种形式是合著论文。学术论文数据是最易于获取和研究的，而其他形式的国际科研合作成果，如国际标准的制定和科研人员的联合培养等方面的数据，则较难获取和研究。此外，国际合作的影响可能是长期的，不同合作者的作用可能存在差异。例如，通过国际合作培养青年科研人员，在科研生涯的早期赋予科研人员国际化的视野，对其科研事业的影响将是长期且深远的。国际合作本质上是科研人员之间的合作，而科研人员之间的合作会导致科研人员的国际性流动。在未来的研究中，应深入探讨中国学者国际合作的单个作者层面，并研究哪种人员流动模式发挥了国际合作的桥梁作用。这些问题将成为未来研究的重点，也是本书未深入研究的问题。针对本书研究的不足之处，未来的研究可以从以下几个方面展开深入的分析和研究，以进一步完善本书的研究主题。

（1）进一步深入分析学者国际性流动对中国国际科研合作的影响。

学者的国际性流动对科研发展的影响是潜在且长远的，其影响往往难以被准确测度。本书初步阐述了学者流动性对国际合作的影响，然而由于数据获取的限制，未能进行深入的分析。因此，在未来的研究中，有必要将国际合作深入到单个学者的维度，并通过分析学者的流动性模式来探究其对中国国际合作产生的长远影响。

首先，未来的研究可以考察具有较高国际流动性的学者是否会产生更多的国际合作学术成果。通过比较具有高度国际流动性的学者与其他学者之间的合作情况，可以进一步理解学者流动对国际合作的贡献程度。

其次，还可以研究国际性学术人才向中国流动对中国科研的国际化发展所产生的影响。通过分析这些学者的参与程度、合作模式和学术成果，可以揭示他们对中国科研的国际化水平提升的具体贡献。

最后，值得深入研究的是国际性学术人才流入对中国学术论文影响力提升的效果。通过比较有无国际学者参与的论文在引文影响力上的差异，可以评估国际性学术人才对中国学术论文影响力的具体作用。

综上所述，未来的研究可从多个角度深入探究学者的国际性流动对科研发展的影响。这包括探索具有较高国际流动性的学者的合作贡献、研究国际性学术人才向中国流动对中国科研国际化的影响以及评估国际性学术人才对中国学术论文影响力提升的效果。这些研究将进一步完善本书的研究主题，并为国际合作领域提供更深入的启示。

（2）进一步丰富和完善国际合作学术论文影响力研究的指标与方法。

本书采用 Web of Science 数据库收录的论文数据，对中国学者国际合作学术论文的原生影响力、次生影响力、影响力要素与引文量的相关性进行了评价，并对论文的综合影响力进行了分析。然而，由于数据量大且时间跨度较长，在使用 Altmetrics 指标研究中国学者国际合作学术论文的影响力时，本书主要采用 2008 年以后的论文作为研究样本，这是本文存在的不足之处。

另外，由于数据获取的限制，本书未对学术论文的原生影响力指标进行全面系统性的研究，而是选择了容易获取数据的指标。此外，本文也未深入阐释原生影响力与次生影响力的相互作用关系。因此，在未来的研究中，可以结合学术论文的原生和次生影响力指标，进一步丰富对中国学者国际合作学术论文影响力的研究。

综上所述，虽然本书在研究中国学者国际合作学术论文的影响力方面取得了一定成果，但仍存在数据量有限、时间跨度较长、对原生影响力指标的全面系统性研究不足以及未深入阐释原生影响力与次生影响力的相互作用关系等问题。因此，未来的研究可以在这些方面展开，以更全面和深入地理解中国学者国际合作学术论文的影响力。

（3）加强对国际科研合作规范性和学术成果归属问题的研究。

本书的研究发现，中国学者国际合作的作者数量保持在一定范围内，并且涉及到 100 人以上的大规模国际合作学术论文数量正在逐渐增加。这引发了新的研究问题，即国际科研合作的成果归属与使用以及参与科研成果分享使用的贡献程度。特别是在涉及较多作者、机构和国家参与的合作项目中，科研经费的合理使用和科研团队的科学管理等都需要遵循国际标准。尽管科学家没有国界，科研成果属于全人类的共同成果，但在科技发展过程中，国与国之间往往存在技术保护壁垒。因此，在国际科研合作过程中的规范性和科研成果的使用方面仍然存在问题，需要进一步研究和完善。

同时，在目前国内高校对学者的职称晋升要求中，科研成果署名需要是第一作者或通讯作者，从国际合作的角度来看，这可能会阻碍学者积极参与国际合作的积极性。学者积极参与国际合作是学术发展的必然趋势，但并不意味着每项合作成果中都必须是第一作者或通讯作者。本书的研究已经发现，尽管中国领导完成的学术论文比例超过非中国领导完成的论文，但总体引文影响力却是非中国领导完成的论文高于中国领导完成的论文。这说明，在对国际合作科研成果的认定、归属和使用规划上还需要进一步完善，以更好地促进国际科研合作。

（4）探究中国学者国际性流动与国际合作的相关性。

目前的文献缺乏对中国高校科研人员的跨国流动规律的研究，相关论文主要集中于对流动的测度、流动的影响、中国高校科研人员与其他国家（地区）科研人员流动特征的对比分析，并未形成系统性的流动模式与规律分析。特别是较少有针对中国高校科研人员的特征进行的流动模式的分类，并以此为依据进行流动规律的系统性归纳。

另外，还缺乏对中国高校科研人员国际性流动影响因素的研究。当前的文献主要聚集在研究国际性流动对科研生产力的影响上，缺乏对流动现象背后原因的解释，特别是对影响因素的影响强度以及作用机制的研究，即现象与归因。例如，国家宏观政策的驱动；学科知识交叉融合对流动的需求；科研人员个人的家庭、收入、职业发展等需求对流动的作用。为了了解制约中国高校科研人员国际性流动的原因，需要采用全新的视角来研究国际性流动这一问题，以促进对国际流动的规律探究，并影响中国高校科研人员的流动政策制定。

探究中国学者国际性流动与国际合作的相关性，要分析中国高校科研人员国际性流动的模式与特征。基于流动模式的界定，进而对中国高校科研人员的国际性流动进行追踪与测度。首先需要对流动模式进行界定，结合已有研究，未来研究中拟以学术移民、学术旅行、未流动三种模式为基础，从国家、机构和个人层面分析中国高校科研人员流动的类型与特征。其中，国家层面的国际性流动主要是从宏观层面来分析流动的模式、人才流失、人才回流与人才循环流动，以对比分析不同经济发展状态的国家间人才国际性流动的规模与趋势；机构层面的国际性流动则是从科研人员工作机构的变化反映流动的态势，需要重点区分多重机构（multiple affiliations）属性是否产生了流动；个人层面主要从科研人员自身属性出发，分类探究博士研究生、青年科研人员、高级职称科研人员的流动模式。

另外，要构建基于学者学术关系的学术效应测度模型。从学者合作关系、引用关系的角度出发，对基于学者合作关系的合作广度与合作深度的学术效应进行测度，对学者共被引与耦合的学者引用关系产生的学术效应进行测度，以及对社交媒体与 Altmetrics 学术社交网络产生的学者学术效应进行测度。

综上所述，本书研究内容揭示了中国学者国际合作学术论文的作者数量特点，并指出了国际科研合作的成果归属与使用问题，以及参与科研成果分享使用的贡献程度等新的研究问题。此外，针对国内学者职称晋升中科研成果署名的要求，从国际合作的角度而言，需要更加灵活和适应实际情况的规范。未来的研究可以进一步完善对国际合作科研成果的认定、归属和使用规范，以促进更有效的国际科研合作。

参考文献

中文文献

［1］教育部. 2017 年全国教育经费统计快报发布 ［EB/OL］. （2018-05-08） ［2018-07-24］. http：//www. moe. gov. cn/jyb_ xwfb/gzdt_ gzdt/s5987/201805/t20180508_ 335292. html.

［2］国家统计局. 2017 年四季度和全国国内生产总值 （GDP） 初步核算结果 ［EB/OL］. （2018-01-19） ［2018-07-24］. http：//www. gov. cn/xinwen/2018-01/19/content_ 5258346. htm.

［3］艾凉琼. 从诺贝尔自然科学奖看现代科研合作：以 2008—2010 年诺贝尔自然科学奖为例 ［J］. 科技管理研究, 2012, 32 （10）：229-232.

［4］约翰·安东纳斯基, 安纳·T. 茜安西奥罗, 罗伯特·J. 斯滕伯格. 领导力的本质 ［M］. 柏学翥, 刘宁, 吴金宝, 译. 上海：上海人民出版社, 2007.

［5］毕克新, 张宁, 冉东生. 基于 AHP-GRA 的国际科技合作知识产权保护评价研究 ［J］. 科学学与科学技术管理, 2012, 33 （5）：15-21.

［6］毕克新, 赵瑞瑞, 冉东生. 基于因子分析的国际科技合作知识产权保护影响因素研究 ［J］. 科学学与科学技术管理, 2011, 32 （1）：12-16.

［7］曾旸. 高校在国家科技创新体系中的定位 ［J］. 科技管理研究, 2005, 25 （9）：77-79.

［8］查远莉. 研究生教育的国际合作与交流研究 ［D］. 武汉：华中科技大学, 2012.

［9］陈丞. 基于社会网络分析法的图书情报内部合著网络的实证研究 ［J］. 图书情报导刊, 2015 （16）：118-120.

［10］陈其荣, 曹志平. 自然科学与人文社会科学方法论中的"理解与解释" ［J］. 浙江大学学报 （人文社会科学版）, 2004, 34 （2）：23.

［11］陈晓红. 20 世纪 80 年代以来中国学者关于人才流失问题的研究综述 ［J］. 法制与社会, 2007 （10）：787-788.

［12］崔万安, 覃家君. 区域自然资源可持续发展与国际合作研究 ［J］. 科技进步与对策, 2002, 19 （3）：26-29.

［13］ 崔宇红. 从文献计量学到 Altmetrics：基于社会网络的学术影响力评价研究 ［J］. 情报理论与实践，2013，36（12）：17-20.

［14］ 曹霞，刘国巍. 基于博弈论和多主体仿真的产学研合作创新网络演化 ［J］. 系统管理学报，2014，23（1）：21-29.

［15］ 戴艳军. 中国学者国际科技合作的现状与对策 ［J］. 科学学与科学技术管理，2001，22（12）：20-23.

［16］ 丁洁兰，杨立英，岳婷. 化学十年：世界与中国：基于 2001—2010 年 Web of Science 论文的文献计量分析 ［J］. 科学观察，2014（4）：18-42.

［17］ 丁楠，潘有能. H 指数和 G 指数评价实证研究：基于 CSSCI 的统计分析 ［J］. 图书与情报，2008（2）：79-82.

［18］ 钟永沣，周萍. 分学科探讨中国科研机构之国际表现：科学计量学视角 ［J］. 情报杂志，2012，31（4）：70-75.

［19］ 国家发展改革委，商务部，等. 关于加快培育国际合作和竞争新优势的指导意见 ［EB/OL］. ［2018-11-30］. http：//www. miit. gov. cn/n1146295/n1146557/n1146619/c3072784/content. htm.

［20］ 郭崇慧，王佳嘉. "985 工程"高校校际科研合作网络研究 ［J］. 科研管理，2013（s1）：211-220.

［21］ 郭飞，游滨，薛婧媛. Altmetrics 热点论文传播特性及影响力分析 ［J］. 图书情报工作，2016（15）：86-93.

［22］ 郭金龙，许鑫. 领域博客的社会网络分析：基于图书情报与互联网博客的实证 ［J］. 知识管理论坛，2012（1）：4-11.

［23］ 李文聪，何静，董纪昌. 国际合作与海外经历对科研人员论文质量的影响：以生命科学为例 ［J］. 管理评论，2018，30（11）：68-75.

［24］ 国家留学基金管理委员会. 十八大以来国家公派出国留学情况 ［EB/OL］. ［2018-10-29］. http：//www. moe. gov. cn/jyb_ xwfb/xw_ fbh/moe_ 2069/xwfbh_ 2017n/xwfb_ 170301/170301_ sfcl/201703/t20170301_ 297674. html.

［25］ 国务院. 国务院关于印发《统筹推进世界一流大学和一流学科建设总体方案》的通知 ［EB/OL］. （2015-10-24）［2018-11-10］. http：//www. gov. cn/zhengce/content/2015-11/05/content_ 10269. htm.

［26］ 国务院. 国务院关于印发《积极牵头组织国际大科学计划和大科学工程方案》的通知 ［EB/OL］. ［2018-10-23］. http：//www. gov. cn/zhengce/content/2018-03/28/content_ 5278056. htm.

［27］韩艳清，范瑶华，岳保荣，等. 国际交流与合作在科技发展中的作用［J］. 中华医学科研管理杂志，2010，23（3）：152-153.

［28］韩涛，谭晓. 中国科学研究国际合作的测度和分析［J］. 科学学研究，2013，31（8）：1136-1140.

［29］郝志超. 社会网络分析方法在合著网络中的实证研究［J］. 办公室业务，2017（15）：182-183.

［30］何海燕，李芳. 高校科研合作对论文产出质量的影响：基于国家重点实验室分析［J］. 北京理工大学学报（社会科学版），2017，19（5）：162-167.

［31］贺天伟. 中国学者国际合作论文的科学计量学研究［J］. 中国科学基金，2009，23（2）：93-97.

［32］侯光明，李存金. 管理博弈论：一门新兴的交叉学科［J］. 北京理工大学学报（社会科学版），2001，3（3）：9-14.

［33］侯海燕，刘则渊，赫尔顿·克雷奇默，等. 中国科学计量学国际合作网络研究［J］. 科研管理，2009，30（3）：172-179.

［34］胡永宏，贺思辉. 综合评价方法［M］. 北京：科学出版社，2000.

［35］姜春林，刘则渊，梁永霞. H指数和G指数：期刊学术影响力评价的新指标［J］. 图书情报工作，2006，50（12）：63-65.

［36］金炬，武夷山，梁战平. 国际科技合作文献计量学研究综述：《科学计量学》（Scientometrics）期刊相关论文综述［J］. 图书情报工作，2007，51（3）：63-67.

［37］李达顺，陈有进，孙宏安. 社会科学方法研究［M］. 北京：中国国际广播出版社，1991.

［38］李亮，朱庆华. 社会网络分析方法在合著分析中的实证研究［J］. 情报科学，2008，26（4）：549-555.

［39］李梦学，张松梅. 地球观测领域国际科技合作影响因素探析［J］. 全球科技经济瞭望，2009，24（4）：18-22.

［40］李文聪，何静，董纪昌. 网络嵌入视角下国内外合作对科研产出的影响差异：以中国干细胞研究机构为例［J］. 科学学与科学技术管理，2017，38（1）：98-107.

［41］李延瑾. 高校开展国际科技合作与交流的认识及思考［J］. 研究与发展管理，1997（2）：57-59.

［42］李燕波. Altmetrics对学术生态系统的影响研究［J］. 图书馆工作与研究，2015（12）：19-22.

［43］梁树英，汪寿阳. 加强国际合作与交流提高博士研究生的培养质量［J］. 学位与研

究生教育，1998（2）：9-11.

[44] 廖日坤，张琰，杨凌春，等. 拓展国际科研合作的途径 [J]. 科技导报，2010，28（2）：126.

[45] 林金辉. 教学与科研相结合：培养中外合作办学研究生的重要途径 [J]. 教学研究，2011，34（5）：1-2.

[46] 林伟连，许为民. 我国研究生教育国际化的实践途径探微 [J]. 学位与研究生教育，2004（6）：12-15.

[47] 刘本固. 教育评价的理论与实践 [M]. 杭州：浙江教育出版社，2000.

[48] 刘春丽，何钦成. 不同类型选择性计量指标评价论文相关性研究：基于 Mendeley、F1000 和 Google Scholar 三种学术社交网络工具 [J]. 情报学报，2013，32（2）：206-212.

[49] 刘凤朝，姜滨滨. 中国区域科研合作网络结构对绩效作用效果分析：以燃料电池领域为例 [J]. 科学学与科学技术管理，2012，33（1）：109-115.

[50] 刘孟德，张喜验，孟庆明. 走出去 请进来 探索国际科研合作的有效途径 [J]. 科学与管理，2003，23（6）：11-12.

[51] 刘睿远，刘雪立，王璞，等. 我国图书馆学和情报学研究国际合作状况：基于 SSCI 数据库的分析和评价 [J]. 图书馆理论与实践，2013（9）：26-30.

[52] 刘睿远，张伶，李姝娟. 国际科研合作计量指标研究 [J]. 江苏科技信息，2017（20）：11-13.

[53] 刘盛博，张春博，丁堃，等. 基于引用内容与位置的共被引分析改进研究 [J]. 情报学报，2013，32（12）：1248-1256.

[54] 刘璇，朱庆华，段宇锋. 社会网络分析法运用于科研团队发现和评价的实证研究 [J]. 信息资源管理学报，2011，1（3）：32-37.

[55] 刘云，常青. 中国基础研究国际合作的科学计量测度与评价 [J]. 管理科学学报，2001，4（1）：64-74.

[56] 刘云，董建龙. 美国政府国际科技合作的经费投入与结构分布 [J]. 科学学研究，1999（2）：92-96.

[57] 刘云，董建龙. 我国政府投入国际科技合作经费的现状及发展对策 [J]. 科学学研究，2000，18（1）：35-42.

[58] 刘云，朱东华. 基础学科国际合作特征的科学计量分析 [J]. 科学学研究，1997（1）：34-38.

[59] 刘迪. 科学基金对 SCI 论文资助计量研究：10 个国家的比较分析 [D]. 大连：大连

理工大学，2013.

［60］栾玉广. 自然科学研究方法［M］. 合肥：中国科学技术大学出版社，1986.

［61］罗纳德，鲁索，全薇. 期刊影响因子，旧金山宣言和莱顿宣言：评论和意见［J］.
图书情报知识，2016（1）：4-14.

［62］马凤，武夷山. 关于论文引用动机的问卷调查研究：以中国期刊研究界和情报学界
为例［J］. 情报杂志，2009，28（6）：9-14.

［63］马凤，武夷山. 中国科技期刊研究界科研合作动机及相关问题研究［J］. 科技管理
研究，2009，29（8）：572-575.

［64］茆诗松，王静龙，濮晓龙. 高等数理统计［M］. 北京：高等教育出版社，2006.

［65］倪萍，钟华，安新颖. 医学免疫学领域国际合作模式与论文质量的相关性分析［J］.
免疫学杂志，2014（12）：1029-1032.

［66］牛奉高，邱均平. 基于国家、学科合作网络和期刊分布的中国科研国际合作研究
［J］. 情报科学，2015（5）：111-118.

［67］潘葆铮. 国际科技合作中的知识产权管理［J］. 中国基础科学，2005，7（2）：
52-59.

［68］潘天明. 影响国际科技合作走向的因素［J］. 全球科技经济瞭望，1999（4）：
10-12.

［69］浦墨，袁军鹏，岳晓旭，等. 国际合作科学计量研究的国际现状综述［J］. 科学学
与科学技术管理，2015（6）：56-68.

［70］邱均平，曾倩. 国际合作是否能提高科研影响力：以计算机科学为例［J］. 情报理
论与实践，2013，36（10）：1-5.

［71］邱均平，陈晓宇，何文静. 科研人员论文引用动机及相互影响关系研究［J］. 图书
情报工作，2015（9）：36-44.

［72］邱均平，王碧云，汤建民，等. 教育评价学：理论、方法与实践［M］. 北京：科学
出版社，2016.

［73］邱均平，王菲菲. 基于SNA的国内竞争情报领域作者合作关系研究［J］. 图书馆论
坛，2010，30（6）：34-40.

［74］邱均平，余厚强. 替代计量学的提出过程与研究进展［J］. 图书情报工作，2013，
57（19）：5-12.

［75］邱均平，赵蓉英，侯经川，等. 信息计量学［M］. 武汉：武汉大学出版社，2007.

［76］邱均平，温芳芳. 我国"985工程"高校科研合作网络研究［J］. 情报学报，2011，
30（7）：746-755.

［77］ 让·费朗索瓦·米格尔，篠崎·奥户美子，诺拉·纳瓦耶茨，等. 联名发表论文是科学家国际合作的重要评价指标［J］. 世界研究与开发报导，1989（4）：31-34.

［78］ 任妮，周建农. 合著网络加权模式下科研团队的发现与评价研究［J］. 现代图书情报技术，2015，31（9）：68-75.

［79］ 世界银行与联合国教科文组织. 研发支出占 GDP 的比例［EB/OL］. ［2018-10-23］. https：//data. worldbank. org. cn/indicator/GB. XPD. RSDV. GD. ZS？end = 2015&locations = CN-US&start = 1996&view = chart.

［80］ 舒非，斯蒂芬妮·豪施泰因，全薇. 推特（Twitter）对中国论文的国际关注度影响研究［J］. 图书馆论坛，2017，37（6）：55-60.

［81］ 孙海生. 国内图书情报研究机构科研产出及合作状况研究［J］. 情报杂志，2012，31（2）：67-74.

［82］ 孙红，郑兴东，殷学平，等. 国际科研合作在科技发展中的作用［J］. 解放军医院管理杂志，2001，8（4）：315-316.

［83］ 生兆欣. 比较教育，为何研究？：20 世纪中国学者的观点［J］. 比较教育研究，2009，30（12）：34-39.

［84］ 谈曼延. 关于竞争与合作关系的哲学思考［J］. 广东社会科学，2000（4）：71-75.

［85］ 谭晓，张志强，韩涛. 基础科学国际合作的测度和分析［J］. 图书情报知识，2013（2）：97-104.

［86］ 王崇德. 论科学合作［J］. 科技管理研究，1984（5）：26-29.

［87］ 王福生，杨洪勇.《情报学报》作者科研合作网络及其分析［J］. 情报学报，2007，26（5）：659-663.

［88］ 王俊婧. 国际合作对科研论文质量的影响研究［D］. 上海：上海交通大学，2012.

［89］ 王宁莲. 高校教师性别工资差异影响因素分析［D］. 西安：陕西师范大学，2011.

［90］ 王瑞军，郭利，杨云，等. 中国国际科研合作现状报告［R/OL］. 2017. http：//vip. Ininfo. com. cn/article/detail. aspx？id = 7100029284.

［91］ 王纬超，武夷山，潘云涛. 中国高校合作强度及官产学研合作的量化研究［J］. 科学学研究，2013，31（9）：1304-1312.

［92］ 王西民，崔百胜. 经济学研究中的产出之谜：学术贡献与性别不平等：以《财经研究》（2000—2012）为例［J］. 财经研究，2014，40（10）：119-130.

［93］ 王喜媛，刘艳妮，叶明. 高校科技国际合作与交流工作研究［J］. 技术与创新管理，2008，29（6）：582-584.

［94］ 王学光. 基于合作博弈论的社会网络关键节点发现研究［J］. 计算机科学，2013，

40（4）：155-159.

[95] 王泽蘅，邱长波. 基于 logistic 回归的影响国际合作论文主导地位的因素分析：以中日比较研究为视角 [J]. 情报杂志，2017，36（4）：177-182.

[96] 文庭孝，侯经川，汪全莉，等. 论信息概念的演变及其对信息科学发展的影响：从本体论到信息论再到博弈论 [J]. 情报理论与实践，2009，32（3）：10-15.

[97] 文阳. 从 SCI 论文看高校国际科技合作现状：以电子科技大学为例 [J]. 四川图书馆学报，2014（3）：10-13.

[98] 柴玥，刘趁，王贤文. 我国高校科研合作网络的构建与特征分析：基于"211"高校的数据 [J]. 图书情报工作，2015（2）：82-88.

[99] 吴朋民，陈挺，王小梅. Altmetrics 与引文指标相关性研究 [J]. 数据分析与知识发现，2018，18（6）：62-73.

[100] 吴娴. 中日大学教师国际流动性的比较研究：基于亚洲学术职业调查的分析 [J]. 苏州大学学报（教育科学版），2017，5（2）：120-128.

[101] 袭继红，韩玺，吴倩倩. 国际合作对论文影响力提升的作用研究：以外科学为例 [J]. 情报杂志，2015（1）：92-95.

[102] 谢彩霞，刘则渊. 科研合作及其科研生产力功能 [J]. 科学技术哲学研究，2006，23（1）：99-102.

[103] 许新军. P 指数在期刊评价中的应用 [J]. 情报学报，2015，34（12）：1246-1251.

[104] 宣小红，薛莉，熊志刚，等. 教育学研究的热点与重点：对 2014 年度人大复印报刊资料《教育学》转载论文的分析与展望 [J]. 教育研究，2015（2）：29-42.

[105] 向丽，邱敦莲，等. 从地质学类 SCI 期刊探究科研基金重复资助和论文影响力的关系 [J]. 科技与出版，2016（6）：123-127.

[106] 严怡民. 情报学概论 [M]. 武汉：武汉大学出版社，1994.

[107] 王文平，刘云，何颖，等. 国际科技合作对跨学科研究影响的评价研究：基于文献计量学分析的视角 [J]. 科研管理，2015，36（3）：127-137.

[108] 阎雅娜，聂兰渤，王静. 单篇文献的引文计量指标与 Altmetrics 的比较分析：以 ESI 的 Hot Papers 为例 [J]. 图书馆杂志，2018（3）：120-127.

[109] 杨红艳. 基金资助对我国人文社会科学论文质量的影响：基于《复印报刊资料》转载论文评分数据 [J]. 情报理论与实践，2012，35（8）：101-106.

[110] 杨柳，陈贡. Altmetrics 视角下科研机构影响力评价指标的相关性研究 [J]. 图书情报工作，2015；（15）：106-114.

[111] 杨思洛. 引文分析存在的问题及其原因探究 [J]. 中国图书馆学报，2011，37

（3）：108-117.

[112] 杨卫，何鸣鸿，王长锐，等. 国家自然科学基金委员会 2016 年度报告［R/OL］. (2016-12-30)［2018-07-24］. http：//www. nsfc. gov. cn/nsfc/cen/ndbg/2016ndbg/07/index. html.

[113] 尹希果，李后建. 基于 SEM 的欠发达地区国际科技合作环境因素研究［J］. 中国科技论坛，2009（12）：124-128.

[114] 岳晓旭，黄萃，孙轶楠. 基于 ESI 学科分类的中国科研国际合作主导地位变迁分析［J］. 科学学与科学技术管理，2018，39（4）：3-17.

[115] 张斌盛，王兴放，谈顺法. 上海高校产学研合作平台网络体系的整合与创新［J］. 研究与发展管理，2005，17（4）：115-119.

[116] 张萃，欧阳冬平. "一带一路" 战略下中国国际科研合作影响因素研究：基于 Web of Science 数据库中外合作科研论文的实证分析［J］. 国际贸易问题，2017（4）：74-82.

[117] 张明仓，欧阳康. 社会科学研究方法［M］. 北京：高等教育出版社，2015.

[118] 张千帆，胡丹丹. 基于博弈论的合作知识创新研究［J］. 武汉理工大学学报（信息与管理工程版），2008，30（6）：1004-1007.

[119] 张仁开. "十三五" 时期上海市深化国际科技合作思路研究［J］. 科技进步与对策，2015，32（10）：24-27.

[120] 张诗乐，盖双双，刘雪立. 国家自然科学基金资助的效果：基于论文产出的文献计量学评价［J］. 科学学研究，2015，33（4）：507-515.

[121] 张心悦，宋伟，宋小燕. 从 SCI 看我国国际科研合作网络：以创新管理领域为例［J］. 中国高校科技，2015（4）：26-29.

[122] 张洋，刘锦源. 基于 SNA 的我国竞争情报领域论文合著网络研究［J］. 图书情报知识，2012（2）：87-94.

[123] 张勇，陈振风，何海燕. 高校国际科技合作与交流的管理体制创新［J］. 科技进步与对策，2009，26（10）：142-144.

[124] 张玉涛，李雷明子，王继民，等. 数据挖掘领域的科研合作网络分析［J］. 图书情报工作，2012，56（6）：117-122.

[125] 张柏春. 对中国学者研究科技史的初步思考［J］. 自然辩证法通讯，2001，23（3）：88-94.

[126] 赵斐. 基于 DEA 的国家自然科学基金投入产出相对效率评价［J］. 图书情报研究，2010（3）：41-46.

［127］赵晖. 浅谈人大《复印报刊资料》的学术影响力［J］. 全国新书目, 2008（8）: 82-83.

［128］赵蓉英, 郭凤娇, 曾宪琴. 基于位置的共被引分析实证研究［J］. 情报学报, 2016, 35（5）: 492-500.

［129］赵蓉英, 郭凤娇, 谭洁. 基于 Altmetrics 的学术论文影响力评价研究: 以汉语言文学学科为例［J］. 中国图书馆学报, 2016, 42（1）: 96-108.

［130］赵蓉英, 汪少震, 陈志毅. 补充计量学及其分析工具之探究［J］. 情报理论与实践, 2015, 38（6）: 29-34.

［131］赵蓉英, 魏明坤, 杨慧云. P 指数应用于学者学术影响力评价的相关性研究: 以图书情报学领域为例［J］. 情报理论与实践, 2017, 40（4）: 61-65.

［132］赵蓉英, 温芳芳. 科研合作与知识交流［J］. 图书情报工作, 2011, 55（20）: 6-27.

［133］赵瑞瑞. 国际科技合作知识产权保护策略研究［D］. 哈尔滨: 哈尔滨理工大学, 2010: 40-42.

［134］中国科学技术信息研究所. 2012 年度中国科技论文统计与分析: 年度研究报告［M］. 北京: 科学技术文献出版社, 2014.

［135］中华人民共和国科技部. "十三五"国际科技创新合作专项规划［EB/OL］.［2018-10-23］. http://www. most. gov. cn/kjzc/gjkjzc/gjkjhz/201706/t20170629_133849. htm.

［136］钟敬玲, 吴松. 中外合作办学与研究生教育国际化［J］. 中国研究生, 2006（1）: 21-23.

［137］钟旭. 科学基金论文与非科学基金论文短期影响力比较研究［J］. 中国科学基金, 2010（4）: 222-225.

［138］钟镇. 农业经济与政策 Web of Science 期刊论文合著规模与绩效的相关性分析［J］. 中国科技期刊研究, 2014, 25（12）: 1513-1518.

［139］周萍, 曹燕. 中国科研机构知识生产力与影响力的国际比较研究［J］. 科技进步与对策, 2012, 29（19）: 111-114.

［140］周霞. 国家社科基金论文产出与影响力分析: 以 2012 年社会学论文为例［J］. 情报资料工作, 2013, 34（5）: 44-49.

［141］周志峰, 韩静娴. H 指数应用于微博影响力分析的探索: 以我国"211 工程"大学图书馆微博为例［J］. 情报杂志, 2013（4）: 63-67.

［142］朱云霞, 魏建香. 我国高校社会科学领域科研合作网络分析［J］. 情报科学, 2014

（3）：144-149.

［143］ 翟琰琦, 杨立英, 岳婷, 等. 2005—2014年天文学领域主要国家的国际合作分析：基于WoS数据库的文献计量研究［J］. 科学观察, 2017（1）：60-68.

［144］ 谭春辉, 郭洋, 王仪雯, 等. 基于博弈的生命周期视角下虚拟学术社区科研合作行为选择研究［J］. 现代情报, 2020, 40（5）：51-57.

［145］ 郭洋, 谭春辉, 何文瑾, 等. 科研人员间科研合作意愿的影响因素组态分析［J］. 情报科学, 2021, 39（8）：139-148.

外文文献

［1］ Abbasi A, Hossain L, Uddin S, et al. Evolutionary dynamics of scientific collaboration networks：Multi-levels and cross-time analysis［J］. Scientometrics, 2011, 89（2）：687-710.

［2］ Abramo G D, Angelo C A, Di Costa F. Research collaboration and productivity：Is there correlation？［J］. Higher Education, 2009, 57（2）：155-171.

［3］ Acedo F J, Barroso C, Rocha C C, et al. Co-authorship in management and organizational studies：An empirical and network analysis［J］. Journal of Management Studies, 2010, 43（5）：957-983.

［4］ Adams S A. Revisiting the online health information reliability debate in the wake of "Web 2. 0"：An inter-disciplinary literature and website review［J］. International Journal of Medical Informatics, 2010, 79（6）：391-400.

［5］ Aksnes D W, Sivertsen G. The effect of highly cited papers on national citation indicators［J］. Scientometrics, 2004, 59（2）：213-224.

［6］ Aksnes D W. Characteristics of highly cited papers［J］. Research evaluation, 2003, 12（3）：159-170.

［7］ Albert R, Jeong H, Barabasi A L. Error and attack tolerance of complex networks［J］. Nature, 2000, 340（1）：378-382.

［8］ Altmetrics：A manifestó［EB/OL］.［2019-03-04］. http：//altmetrics. org/manifesto/.

［9］ Amjad T, Ding Y, Xu J, et al. Standing on the shoulders of giants［J］. Journal of Informetrics, 2017, 11（1）：307-323.

［10］ Apolloni A, Rouquier J B, Jensen P. Collaboration range：Effects of geographical proximity on article impact［J］. European Physical Journal Special Topics, 2013, 222（6）：1467-1478.

［11］ Arbabi A, Mehdinezhad V. School principals' collaborative leadership style and relation it to teachers' self-efficacy［J］. International Journal of Research Studies in Education,

2015, 5 (3): 3-12.

[12] Autant-Bernard C, Massard N, Mairesse J. Spatial knowledge diffusion through collaborative networks [J]. Papers in Regional Science, 2007, 86 (3): 341-350.

[13] Aversa E. Citation patterns of highly cited papers and their relationship to literature aging: A study of the working literature [J]. Scientometrics, 1985, 7 (3-6): 383-389.

[14] Bar-Ilan J, Haustein S, Peters I, et al. Beyond citations: Scholars' visibility on the social Web. 2012. ArXiv, abs/1205.5611.

[15] Barilan J. Which h-index?: A comparison of Web of Science, Scopus and Google Scholar [J]. Scientometrics, 2008, 74 (2): 257-271.

[16] Barjak F, Robinson S. International collaboration, mobility and team diversity in the life sciences: Impact on research performance [J]. Social Geography, 2008, 3 (1): 23-36.

[17] Basu A, Aggarwal R. International collaboration in science in India and its impact on institutional performance [J]. Scientometrics, 2001, 52 (3): 379-394.

[18] Beaver D D, Rosen R. Studies in scientific collaboration Part III. Professionalization and the natural history of modern scientific co-authorship [J]. Scientometrics, 1979, 1 (3): 231-245.

[19] Beaver D D, Rosen R. Studies in scientific collaboration [A]. Scientometrics, 1978.

[20] Beaver D D, Rosen R. Studies in scientific collaboration. 2. scientific co-authorship, research productivity and visibility in the French scientific elite, 1799—1830 [J]. Scientometrics, 1979, 1 (2): 133-149.

[21] Bergé L R. Network proximity in the geography of research collaboration [J]. Papers in Regional Science, 2017, 96 (4): 785-815.

[22] Bohen S J, Stiles J. Experimenting with models of faculty collaboration: Factors that promote their success [J]. New Directions for Institutional Research, 1998, 1998 (100): 39-55.

[23] Bonzi S, Snyder H. Motivations for citation: A comparison of self citation and citation to others [J]. Scientometrics, 1991, 21 (2): 245-254.

[24] Bordons M, Gómez I, Mez, et al. Local, domestic and international scientific collaboration in Biomedical Research [J]. Scientometrics, 1996, 37 (2): 279-295.

[25] Bordons M, García-Jover F, Barrigón S. Is collaboration improving research visibility? Spanish scientific output in pharmacology and pharmacy [J]. Research Evaluation,

1993, 3 (1): 19-24.

[26] Bornmann L, Daniel H. What do citation counts measure? A review of studies on citing behavior [J]. Journal of documentation, 2008, 64 (1): 45-80.

[27] Bote V P G, Olmeda-Gómez C, Moya-Anegón F D. Quantifying the benefits of international scientific collaboration [J]. Journal of the American Society for Information Science & Technology, 2013, 64 (2): 392-404.

[28] Bozeman B, Corley E. Scientists' collaboration strategies: Implications for scientific and technical human capital [J]. Research Policy, 2004, 33 (4): 599-616.

[29] Bozeman B, Dietz J S, Gaughan M. Scientific and technical human capital: An alternative model for research evaluation [J]. International Journal of Technology Management, 2001, 22 (7-8): 716-740.

[30] Brand A, Allen L, Altman M, et al. Beyond authorship: Attribution, contribution, collaboration, and credit [J]. Learned Publishing, 2015, 28 (2): 151-155.

[31] Brooks T A. Private acts and public objects: An investigation of citer motivations [J]. Journal of the American Society for Information Science, 1985, 36 (4): 223-229.

[32] Camarinha-Matos L M, Afsarmanesh H. Collaborative networks: A new scientific discipline [J]. Journal of intelligent manufacturing, 2005, 16 (4-5): 439-452.

[33] Chen T J, Chen Y C, Hwang S J, et al. International collaboration of clinical medicine research in Taiwan, 1990—2004: A bibliometric analysis [J]. Journal of the Chinese Medical Association, 2007, 70 (3): 110-116.

[34] Clarke B L. Multiple authorship trends in scientific papers [J]. Science, 1964, 143: 822-824.

[35] Cole S, Cole J R. Scientific output and recognition: A study in the operation of the reward system in science [J]. American Sociological Review, 1967, 32 (3): 377-390.

[36] Costas R, Bordons M. The h-index: Advantages, limitations and its relation with other bibliometric indicators at the micro level [J]. Journal of Informetrics, 2007, 1 (3): 193-203.

[37] Cropanzano R, Mitchell M S. Social exchange theory: An interdisciplinary review [J]. Journal of management, 2005, 31 (6): 874-900.

[38] Davidson Frame J, Carpenter M P. International research collaboration [J]. Social Studies of Science, 1979, 9 (4): 481-497.

[39] De Solla Price D J, Beaver D. Collaboration in an invisible college [J]. American psy-

chologist, 1966, 21 (11): 1011.

[40] Dimension [EB/OL]. [2018-10-20]. https: //www. dimensions. ai/widgets/access/.

[41] Drenth J P. Multiple Authorship [J]. JAMA, 1998, 280 (3): 219-221.

[42] Egan R L. Experience with mammography in a tumor institution: Evaluation of 1000 studies [J]. Radiology, 1960, 75 (6): 894-900.

[43] Egghe L. An improvement of the h-index: The g-index [A]. ISSI, 2006, 2 (1): 8-9.

[44] Eisenbeiss S A, Van Knippenberg D, Boerner S. Transformational leadership and team innovation: Integrating team climate principles [J]. Journal of Applied Psychology, 2008, 93 (6): 1438-1446.

[45] Farenga S J, Joyce B A. Intentions of young students to enroll in science courses in the future: An examination of gender differences [J]. Science Education, 1999, 83 (1): 55-75.

[46] Feldman D C, Ng T W H. Careers: Mobility, embeddedness, and success [J]. Journal of management, 2007, 33 (3): 350-377.

[47] Feuer M J, Towne L, Shavelson R J. Scientific culture and educational research [J]. Educational researcher, 2002, 31 (8): 4-14.

[48] Fox M F, Realff M L, Rueda D R, et al. International research collaboration among women engineers: Frequency and perceived barriers by regions [J]. Journal of Technology Transfer, 2017, 42 (6): 1-15.

[49] Freeman R B, Ganguli I, Murciano-Goroff R. Why and wherefore of increased scientific collaboration in the changing frontier: Rethinking science and innovation policy [M]. Chicago: University of Chicago Press for NBER, 2015.

[50] Gallié E P, Guichard R. Do collaboratories mean the end of face-to-face interactions? An evidence from the ISEE project [J]. Economics of Innovation & New Technology, 2005, 14 (6): 517-532.

[51] Garfield E. Can citation indexing be automated [A]. National Bureau of Standards, Miscellaneous Publication 269, Washington, DC, 1965.

[52] Garfield E. Citation analysis as a tool in journal evaluation [J]. Science, 1972, 178 (4060): 471-479.

[53] Gazni A, Didegah F. Investigating different types of research collaboration and citation impact: A case study of Harvard University's publications [J]. Scientometrics, 2011, 87 (2): 251-265.

［54］ Gazni A, Sugimoto C R, Didegah F. Mapping world scientific collaboration: Authors, institutions, and countries ［J］. Journal of the American Society for Information Science and Technology, 2012, 63 (2): 323–335.

［55］ Gazni A, Sugimoto C R, Didegah F. Mapping world scientific collaboration: Authors, institutions, and countries ［J］. Journal of the Association for Information Science & Technology, 2013, 64 (12): 323–335.

［56］ Gingras Y, Khelfaoui M. Assessing the effect of the United States' "citation advantage" on other countries' scientific impact as measured in the Web of Science database ［J］. Scientometrics, 2018, 114 (2): 517–532.

［57］ Gingras Y, Lariviere V, Macaluso B, et al. The effects of aging on researchers' publication and citation patterns ［J］. PloS one, 2008, 3 (12): e4048.

［58］ Glänzel W, Schubert A, Czerwon H J. A bibliometric analysis of international scientific cooperation of the European Union (1985—1995) ［J］. Scientometrics, 1999, 45 (2): 185–202.

［59］ Glänzel W. On the h-index: A mathematical approach to a new measure of publication activity and citation impact ［J］. Scientometrics, 2006, 67 (2): 315–321.

［60］ Goldfarb B. The effect of government contracting on academic research: Does the source of funding affect scientific output? ［J］. Research Policy, 2008, 37 (1): 41–58.

［61］ Gordon M D. A critical reassessment of inferred relations between multiple authorship, scientific collaboration, the production of papers and their acceptance for publication ［J］. Scientometrics, 1980, 2 (3): 193–201.

［62］ Graham H. Building an inter-disciplinary science of health inequalities: The example of lifecourse research ［J］. Social Science & Medicine, 2002, 55 (11): 2005–2016.

［63］ Gross P L, Gross E M. College libraries and chemical education ［J］. Science, 1927, 66 (1713): 385–389.

［64］ Guimera R, Uzzi B, Spiro J, et al. Team assembly mechanisms determine collaboration network structure and team performance ［J］. Science, 2005, 308 (5722): 697–702.

［65］ Hara N, Solomon P, Kim S L, et al. An emerging view of scientific collaboration: Scientists' perspectives on collaboration and factors that impact collaboration ［J］. Journal of the American Society for Information science and Technology, 2003, 54 (10): 952–965.

［66］ He T. International scientific collaboration of China with the G7 countries ［J］. Scientometrics, 2009, 80 (3): 571–582.

[67] He Z, Geng X, Campbell-Hunt C. Research collaboration and research output: A longitudinal study of 65 biomedical scientists in a New Zealand university [J]. Research Policy, 2009, 38 (2): 306-317.

[68] Hicks D M, Isard P A, Martin B R. A morphology of Japanese and European corporate research networks [J]. Research Policy, 2004, 25 (3): 359-378.

[69] Hicks D. Performance-based university research funding systems [J]. Research Policy, 2012, 41 (2): 251-261.

[70] Hirsch J E. An index to quantify an individual's scientific research output [J]. Proceedings of the National academy of Sciences, 2005, 102 (46): 16569-16572.

[71] Hoekman J, Frenken K, Tijssen R J W. Research collaboration at a distance: Changing spatial patterns of scientific collaboration within Europe [J]. Research Policy, 2010, 39 (5): 662-673.

[72] Hoekman J, Scherngell T, Frenken K, et al. Acquisition of European research funds and its effect on international scientific collaboration [J]. Journal of Economic Geography, 2013, 13 (1): 23-52.

[73] Holley J W. Tenure and Research Productivity [J]. Research in Higher Education, 1977, 6 (2): 181-192.

[74] Jonkers K, Tijssen R. Chinese researchers returning home: Impacts of international mobility on research collaboration and scientific productivity [J]. Scientometrics, 2008, 77 (2): 309-333.

[75] Kato M, Ando A. The relationship between research performance and international collaboration in chemistry [J]. Scientometrics, 2013, 97 (3): 535-553.

[76] Katz J S, Martin B R. What is research collaboration? [J]. Research policy, 1997, 26 (1): 1-18.

[77] Katz J S. Geographical proximity and scientific collaboration [J]. Scientometrics, 1994, 31 (1): 31-43.

[78] Keller E F, Scharff Goldhaber G. Reflections on gender and science [Z]. AAPT, 1987.

[79] King D A. The scientific impact of nations [J]. Nature, 2004, 430 (6997): 311-316.

[80] Kuhn T S. The structure of scientific revolutions [M]. Chicago: University of Chicago press, 1963.

[81] Larivière V, Gingras Y, Sugimoto C R, Tsou A. Team size matters: Collaboration and scientific impact since 1900 [J]. Journal of the Association for Information Science and

Technology, 2015, 66 (7): 1323-1332.

[82] Larivière V, Ni C, Gingras Y, et al. Bibliometrics: Global gender disparities in science [J]. Nature News, 2013, 504 (7479): 211.

[83] Larivière V, Sugimoto C R, Cronin B. A bibliometric chronicling of library and information science's first hundred years [J]. Journal of the American Society for Information Science and Technology, 2012, 63 (5): 997-1016.

[84] Larivière V, Sugimoto C, Tsou A, et al. Team size matters: Collaboration and scientific impact since 1900 [J]. Journal of the Association for Information Science & Technology, 2014, 66 (7): 1323-1332.

[85] Larivière V, Gong K, Sugimoto C. Citations strength begins at home [J]. Nature Index 2018, 2018: s70-s71.

[86] Lee J, Lim H, Kim H C, et al. Policy issues in international collaboration in nanoscience and nanotechnology: Korean case [A]. Nanotechnology, 2010.

[87] Lee K, Brownstein J S, Mills R G, et al. Does collocation inform the impact of collaboration? [J]. PloS one, 2010, 5 (12): e14279.

[88] Lee S, Bozeman B. The impact of research collaboration on scientific productivity [J]. Social studies of science, 2005, 35 (5): 673-702.

[89] Lehman H C. Age and achievement [M]. Princeton: Princeton University Press, 1953.

[90] Lei W, Thijs B, Glänzel W. Characteristics of international collaboration in sport sciences publications and its influence on citation impact [J]. Scientometrics, 2015, 105 (2): 843-862.

[91] Leydesdorff L, Bornmann L, Wagner C S. The relative influences of government funding and international collaboration on citation impact [J]. Journal of the Association for Information Science and Technology, 2019, 70 (2): 198-201.

[92] Li T, Shapira P. China-US scientific collaboration in nanotechnology: Patterns and dynamics [J]. Scientometrics, 2011, 88 (1): 1-16.

[93] Lotka A J. The frequency distribution of scientific productivity [J]. Journal of the Washington academy of sciences, 1926, 16 (12): 317-323.

[94] Low W Y, Ng K H, Kabir M A, et al. Trend and impact of international collaboration in clinical medicine papers published in Malaysia [J]. Scientometrics, 2014, 98 (2): 1521-1533.

[95] Lundberg J, Tomson G, Lundkvist I, et al. Collaboration uncovered: Exploring the ade-

quacy of measuring university-industry collaboration through co-authorship and funding [J]. Scientometrics, 2006, 69 (3): 575-589.

[96] Luukkonen T, Persson O, Sivertsen G. Understanding patterns of international scientific collaboration [J]. Science, Technology & Human Values, 1992, 17 (1): 101-126.

[97] Luukkonen T, Tijssen R J W, Persson O, et al. The measurement of international scientific collaboration [J]. Scientometrics, 1993, 28 (1): 15-36.

[98] MacCormack C P, Strathern M. Nature, culture and gender [M]. Cambridge: Cambridge University Press, 1980.

[99] Leung M W H. Read ten thousand books, walk ten thousand miles: Geographical mobility and capital accumulation among Chinese scholars [J]. Transactions of the Institute of British Geographers, 2013, 38 (2): 311-24.

[100] Mali F, Pustovrh T, Platinovšek R, et al. The effects of funding and co-authorship on research performance in a small scientific community [J]. Science & Public Policy, 2017, 44 (4): w76.

[101] Martinez-Moyano I. Exploring the dynamics of collaboration in interorganizational settings [J]. Creating a culture of collaboration: The International Association of Facilitators handbook, 2006, 4: 69.

[102] May R M. The scientific wealth of nations [J]. Science, 1997, 275: 793.

[103] Mehra A, Smith B R, Dixon A L, et al. Distributed leadership in teams: The network of leadership perceptions and team performance [J]. The Leadership Quarterly, 2006, 17 (3): 232-245.

[104] Melin G, Persson O. Studying research collaboration using co-authorships [J]. Scientometrics, 1996, 36 (3): 363-377.

[105] Melin G. Pragmatism and self-organization: Research collaboration on the individual level [J]. Research policy, 2000, 29 (1): 31-40.

[106] Narváez-Berthelemot N, De Ascencio M A, Russell J M. International scientific collaboration: Cooperation between Latin America and Spain, as seen from different databases [J]. Journal of Information Science: Principles and Practice, 1993, 19 (5): 389-394.

[107] Newman M E. Scientific collaboration networks. I. Network construction and fundamental results [J]. Physical Review E Statistical Nonlinear & Soft Matter Physics, 2001, 64 (2): 16131.

［108］ Nguyen T V, Ho-Le T P, Le U V. International collaboration in scientific research in Vietnam: An analysis of patterns and impact ［J］. Scientometrics, 2017, 110: 1035-1051.

［109］ Nicolas Robinson-Garcia, et al. The many faces of mobility: Using bibliometric data to track scientific exchanges［EB/OL］.（2018-03-09）. http: //arxiv. org/abs/1803. 03449.

［110］ Ogbonna E, Harris L C. Leadership style, organizational culture and performance: Empirical evidence from UK companies ［J］. International Journal of Human Resource Management, 2000, 11（4）: 766-788.

［111］ Pearce C L, Herbik P A. Citizenship behavior at the team level of analysis: The effects of team leadership, team commitment, perceived team support, and team size ［J］. The Journal of Social Psychology, 2004, 144（3）: 293-310.

［112］ Pečlin S. Effects of international collaboration and status of journal on impact of papers ［J］. Scientometrics, 2012, 93（3）: 937-948.

［113］ Persson O. Are highly cited papers more international? ［J］. Scientometrics, 2009, 83（2）: 397-401.

［114］ Priem J, Costello K L. How and why scholars cite on Twitter ［J］. Proceedings of the Association for Information Science & Technology, 2011, 47（1）: 1-4.

［115］ Priem J, Groth P, Taraborelli D. The altmetrics collection［J］. Plos One, 2012, 7（11）: e48753.

［116］ Priem J, Taraborelli D, Groth P, et al. Altmetrics: A manifesto ［EB/OL］. ［2019-03-14］. http: //altmetrics. org/manifesto.

［117］ Quan W, Chen B, Shu F. Publish or impoverish: An investigation of the monetary reward system of science in China（1999—2016）［J］. Aslib Journal of Information Management, 2017, 69（5）: 486-502.

［118］ Radicchi F, Fortunato S, Castellano C. Universality of citation distributions: Toward an objective measure of scientific impact ［J］. Proceedings of the National Academy of Sciences, 2008, 105（45）: 17268-17272.

［119］ Relevant, reliable and transparent ［EB/OL］. ［2019-03-14］. https: //www. altmetric. com/about-our-data/our-sources/news/.

［120］ Resh V H, Yamamoto D. International collaboration in freshwater ecology ［J］. Freshwater Biology, 2010, 32（3）: 613-624.

［121］ Rowland H A. A plea for pure science ［J］. Science, 1883, 2（29）: 242-250.

［122］ Robinson-Garcia N, Sugimoto C R, Murray D, et al. The many faces of mobility: Using bibliometric data to measure the movement of scientists [J]. Journal of Informetrics, 2019, 13 (1): 50-63.

[123] De Solla Price D J. Big science, little science [M]. New York: Columbia University, 1963.

[124] Sampson V, Clark D. The impact of collaboration on the outcomes of scientific argumentation [J]. Science education, 2009, 93 (3): 448-484.

[125] Sapienza A M. Managing scientist: Leadership strategies in research and development: First edition [M]. New York: John Wiley & Sons Inc. 1995.

[126] Smart J C, Bayer A E. Author collaboration and impact: A note on citation rates of single and multiple authored articles [J]. Scientometrics, 1986, 10 (5-6): 297-305.

[127] Srivastava A, Bartol K M, Locke E A. Empowering leadership in management teams: Effects on knowledge sharing, efficacy and performance [J]. Academy of Management Journal, 2006, 6 (49): 1239-1251.

[128] Subramanyam K. Bibliometric studies of research collaboration: A review [J]. Journal of information Science, 1983, 6 (1): 33-38.

[129] Sud P, Thelwall M. Not all international collaboration is beneficial: The mendeley readership and citation impact of biochemical research collaboration [J]. Journal of the Association for Information Science & Technology, 2016, 67 (8): 1849-1857.

[130] Sugimoto C R, Robinson-Garcia N, Murray D S, et al. Scientists have most impact when they're free to move [J]. Nature, 2017, 550 (7674): 29-31.

[131] Sivertsen G, Rousseau R, Zhang L. Measuring scientific contributions with modified fractional counting [J]. Journal of Informetrics, 2019, 13 (2): 679-694.

[132] Tahmooresnejad L, Beaudry C, Schiffauerova A. The role of public funding in nanotechnology scientific production: Where Canada stands in comparison to the United States [J]. Scientometrics, 2015, 102 (1): 753-787.

[133] Thelwall M, Haustein S, Larivière V, et al. Do altmetrics work? Twitter and ten other social web services [J]. PloS one, 2013, 8 (5): e64841.

[134] Tshitoyan V, Dagdelen J, Weston L, et al. Unsupervised word embeddings capture latent knowledge from materials science literature [J]. Nature, 2019, 571 (7763): 95-98.

[135] Van Raan A. The influence of international collaboration on the impact of research results: Some simple mathematical considerations concerning the role of self-citations [J]. Scientometrics, 1998, 42 (3): 423-428.

[136] Wagner C S. Six case studies of international collaboration in science [J]. Scientometrics, 2005, 62 (1): 3-26.

[137] Wang X, Ding K, et al. Science funding and research output: A study on 10 countries [J]. Scientometrics, 2012, 91 (2): 591-599.

[138] Watts D J, Strogatz S H. Collective dynamics of "small-world" networks [J]. Nature, 1998, 393 (6684): 440-442.

[139] Waugh Jr W L, Streib G. Collaboration and leadership for effective emergency management [J]. Public administration review, 2006, 66: 131-140.

[140] West M A, Borrill C S, Dawson J F, et al. Leadership clarity and team innovation in health care [J]. Leadership Quarterly, 2003, 14: 393-410.

[141] Woodruff D T K. The emergence of a new interdiscipline: Oncofertility [J]. Cancer Treat Res, 2007, 138: 3-11.

[142] Wu H, Hayes M J, Weiss A, et al. An evaluation of the standardized precipitation index, the China-Z Index and the statistical Z-Score [J]. International journal of climatology, 2001, 21 (6): 745-758.

[143] Wagner C S, Jonkers K. Open countries have strong science [J]. Nature, 2017, 550 (7674): 32-33.

[144] Yamashita Y, Okubo Y. Patterns of scientific collaboration between Japan and France: Inter-sectoral analysis using Probabilistic Partnership Index (PPI) [J]. Scientometrics, 2006, 68 (2): 303-324.

[145] Wang Y, Wu Y S, Pan Y, et al. Scientific collaboration in China as reflected in co-authorship [J]. Scientometrics, 2005, 62 (2): 183-198.

[146] Zhao R, Wei M. Academic impact evaluation of Wechat in view of social media perspective [J]. Scientometrics, 2017, 112 (3): 1777-1791.

[147] Zuckerman H, Merton R K. Age, aging, and age structure in science [J]. Higher Education, 1972, 4 (2): 1-4.

[148] Zuckerman H. Nobel laureates in science: Patterns of productivity, collaboration, and authorship [J]. American Sociological Review, 1967, 32 (3): 391-403.

[149] Moed H F, Halevi G. A bibliometric approach to tracking international scientific migration [J]. Scientometrics, 2014, 101 (3): 1987-2001.

附录

附表 1　研发支出占 GDP 比例排名前 31 位的国家

序号	Country	国家	序号	Country	国家
1	Israel	以色列	17	United Kingdom	英国
2	Korea，Rep.	韩国	18	Czech Republic	捷克共和国
3	Sweden	瑞典	19	Canada	加拿大
4	Japan	日本	20	Italy	意大利
5	Austria	奥地利	21	Estonia	爱沙尼亚
6	Germany	德国	22	Portugal	葡萄牙
7	Denmark	丹麦	23	Luxembourg	卢森堡
8	Finland	芬兰	24	Hungary	匈牙利
9	United States	美国	25	Spain	西班牙
10	Belgium	比利时	26	Ireland	爱尔兰
11	France	法国	27	Russian Federation	俄罗斯
12	China	中国	28	Greece	希腊
13	Iceland	冰岛	29	United Arab Emirates	阿拉伯联合酋长国
14	Netherlands	荷兰	30	Poland	波兰
15	Norway	挪威	31	Serbia	塞尔维亚
16	Slovenia	斯洛文尼亚			

附表 2 科研人员流动数据部分示例

ID	N_pubs	First_year	Last_year	Full_name	First_name	Country	Country_type	Final_mobile
933	17	2006	2018	olsson，s	stefan	Denmark	origin_country	Traveller
933	17	2006	2018	olsson，s	stefan	Denmark	origin_country	Traveller
933	17	2006	2018	olsson，s	stefan	Denmark	origin_country	Traveller
933	17	2006	2018	olsson，s	stefan	Denmark	origin_country	Traveller
933	17	2006	2018	olsson，s	stefan	Peoples R China	receiving_country	Traveller
933	17	2006	2018	olsson，s	stefan	Denmark	origin_country	Traveller
2555	47	1999	2018	xin，sj	shijie	Peoples R China	origin_country	Not_mobile
2555	47	1999	2018	xin，sj	shijie	Peoples R China	origin_country	Not_mobile
2555	47	1999	2018	xin，sj	shijie	Peoples R China	origin_country	Not_mobile
2555	47	1999	2018	xin，sj	shijie	Peoples R China	origin_country	Not_mobile
2555	47	1999	2018	xin，sj	shijie	Peoples R China	origin_country	Not_mobile
2555	47	1999	2018	xin，sj	shijie	Peoples R China	origin_country	Not_mobile
2555	47	1999	2018	xin，sj	shijie	Peoples R China	origin_country	Not_mobile
2558	24	2001	2016	xin，sg	shigang	Peoples R China	origin_country	Not_mobile
2558	24	2001	2016	xin，sg	shigang	Peoples R China	origin_country	Not_mobile
2558	24	2001	2016	xin，sg	shigang	Peoples R China	origin_country	Not_mobile
2558	24	2001	2016	xin，sg	shigang	Peoples R China	origin_country	Not_mobile